Ergebnisse der inneren Medizin und Kinderheilkunde.

Inhalt des 59. Bandes.

Inhalt des 58. Bandes.

1940 III u. 701 S. gr. 8⁰. Mit 122 Abbildungen.
RM. 78.—, gebunden RM. 86.—.

Inhalt des 57. Bandes.

1939 III u. 971 S. gr. 8⁰. Mit 178 Abbildungen.
RM. 108.—, gebunden RM. 116.—.

ISBN 978-3-662-27265-7   ISBN 978-3-662-28752-1 (eBook)
DOI 10.1007/978-3-662-28752-1

XI. Extrainsuläre hormonale Regulatoren im diabetischen Stoffwechsel[1].

Von

HEINRICH BARTELHEIMER - Greifswald.

(z. Z. im Felde).

Mit 13 Abbildungen.

Inhalt.

---

[1] Aus der Medizinischen Klinik und Poliklinik der Ernst Moritz Arndt-Universität Greifswald und dem Diabetes-Forschungsinstitut im deutschen Diabetikerheim Garz/Rügen (Direktor: Prof. Dr. G. KATSCH).

Literatur.

I. Zusammenfassende und Übersichtsarbeiten (mit weiteren Literaturangaben).

Ammon, R. u. W. Dirscherl: Fermente, Hormone und Vitamine. Leipzig: Georg Thieme 1938.
Anselmino, K. J.: Hypophyse, Kohlehydratstoffwechsel und Diabetes. Schweiz. med.
  Wschr. **1937 II**, 1061.

BARTELHEIMER, H.: Hypophysenvorderlappen und Diabetes. Klin. Wschr. **1939 I**, 647.

BAYER u. v. D. WENSE: Die Physiologie des Nebennierenmarks. Leipzig: Johann Ambrosius Barth 1938.

BERTRAM, F.: Pathogenese und Prognose des Coma diabeticum. Erg. inn. Med. **43**, 258 (1932).
— Die Zuckerkrankheit. Leipzig: Georg Thieme 1934 u. 1939.

BEST, JOSLIN, COLLIP u. a: Die Drüsen mit innerer Sekretion. Leipzig 1937.

BOMSKOV: Die Methodik der Hormonforschung, Bd. I u. II. Leipzig: Georg Thieme 1937 u. 1939.

BÜRGER: Einführung in die pathologische Physiologie, 2. Aufl. Berlin: Julius Springer 1936.

DEPISCH, F.: Die Diät- und Insulinbehandlung der Zuckerkrankheit. Berlin-Wien: Julius Springer 1939.

ELERT, R.: Nebennieren und Schwangerschaft. Klin. Wschr. **1940 I**, 49.

FALTA, W.: Die Zuckerkrankheit. Berlin u. Wien: Urban & Schwarzenberg 1936 u. 1939.

FALTA, R. SCHMIDT, UMBER, KATSCH, PORGES, GRAFE, STERNBERG, MARAÑON, PRIESEL u. WAGNER: Umfrage über: Das endokrine System in der Pathologie und Therapie des Diabetes. Med. Klin. **1935**, H. 1, 2 u. 6.

FLINT, I. and L. MICHAUD: The Effect of the Macallum-Laughton Duodenal Extract upon Hypophyseal Diabetes. London: Ont. 1939.

HANKE, H.: Innere Sekretion und Chirurgie. Berlin 1937.

HIMSWORTH: The mechanism of diabetes mellitus. Lancet **1939 II**, 1, 118, 172.

HOFF: Beiträge zur Pathogenese der Zuckerkrankheit. Münch. med. Wschr. **1938 I**, 161, 209, 245.

HOUSSAY: Diabetes as a disturbance of endocrine regulation. Amer. J. med. Sci. **193**, 581 (1937).

JAGIĆ u. FELLINGER: Die endokrinen Erkrankungen, ihre Klinik, Pathologie und Therapie. Berlin-Wien 1938.

JORES: Die Krankheiten des Hypophysen-Zwischenhirnsystems. BUMKE u. FOERSTERS Handbuch der Neurologie, Bd. 15, S. 261. 1937.
— Klinische Endokrinologie. Berlin: Julius Springer 1939.

JOSLIN: Treatment of diabetes mellitus. London 1935.

KESSEL, F. K.: Morbus CUSHING. Ein Überblick über Klinik und Kasuistik des basophilen Hypophysenadenoms. Erg. inn. Med. **50**, 620 (1936).

KYLIN: Der Blutdruck des Menschen. Dresden u. Leipzig 1937.

LONG, C. N. H. and A. WHITE: Intermediary carbohydrate metabolism. Erg. Physiol. **40**, 164 (1938).

LUCKE: Hypophysenvorderlappen und Kohlehydratstoffwechsel. Das kontrainsuläre Vorderlappenhormon. Erg. inn. Med. **46**, 94 (1934).

MEYTHALER, F.: In ROST-NAEGELI: Pathologische Physiologie chirurgischer Erkrankungen. Berlin 1938.

NIEHANS, P.: Die endokrinen Drüsen des Gehirns. Bern 1938.

NOORDEN, v. u. S. ISAAC: Die Zuckerkrankheit und ihre Behandlung. Berlin 1927.

RAAB: Das Zwischenhirnsystem und seine Störungen. Erg. inn. Med. **51**, 125 (1936).

REISS, M.: Die Hormonforschung und ihre Methoden. Berlin-Wien 1934.
— Gesamtstoffwechsel unter der Wirkung von Inkreten und bei endokrinen Krankheiten. Handbuch der Biochemie des Menschen und der Tiere, 2. Aufl., Erg.-Werk, Bd. 3, S. 188. 1936.
— Die Nebennieren. Handbuch der Biochemie des Menschen und der Tiere, 2. Aufl., Erg.-Werk, Bd. 3, S. 967. 1936.

RUSSELL, J. A.: The relation of the anterior pituitary to carbohydrate metabolism. Physiologic. Rev. **18**, 1 (1938).

SCHÜPBACH, A.: Verschiebt sich unser Bild vom Wesen des Diabetes mellitus? Helvet. med. Acta **4**, 573 (1936).

THADDEA: Die Nebennierenrinde. Leipzig 1936.
— Erkrankungen der Nebennieren. Erg. inn. Med. **54**, 753 (1938).

TRENDELENBURG: Die Hormone. Berlin 1929 u. 1932.

UMBER u. ROSENBERG: Ernährung und Stoffwechselkrankheiten. Berlin-Wien 1925.
— Die Stoffwechselkrankheiten in der Praxis. München 1939.

VERZÁR: Die Funktion der Nebennierenrinde. Basel 1939.

Nach Fertigstellung der Arbeit erschienen:

Horvai, L.: Probleme der experimentellen und klinischen Pathologie und Therapie der Zuckerkrankheit. Erg. inn. Med. 58, 417 (1940).

Malaguzzi-Valeri: Über den Cushingschen Symptomenkomplex. Erg. inn. Med. 58, 29 (1940).

II. Originalarbeiten.

Abelin: Handbuch der pathologischen Physiologie, Bd. XVI/1, S. 94. 1930.

— Zur Kenntnis des Fett- und Zuckerstoffwechsels. Z. exper. Med. 96, 9 (1935).

— u. Kürsteiner: Über den Einfluß der Schilddrüsensubstanzen auf den Fettstoffwechsel. Biochem. Z. 198, 19 (1928).

Adams and Ward: Effect of hypophysectomy and of phyone injections on pancreas and liver of the newt. Endocrinology 20, 496 (1936).

Albers: Kohlehydrate und Minerale in ihrer Bedeutung für die Schwangerschafts-Stoffwechselstörungen. Klin. Wschr. 1938 II, 1792.

Allan and Vanzant: Renal glykosuria with ketosis during surgical complications. Proc. Staff. Meet. Mayo-Clin. 5, 196, 349.

Altenburger: Über die Beziehung der Askorbinsäure zum Glukosehaushalt der Leber. Klin. Wschr. 1936 II, 1129.

Anderson and Haymaker: Adrenal cortical hormone (cortin) in blood and urine of patients with Cushing's disease. Proc. Soc. exper. Biol. a. Med. 38, 610 (1938).

Anselmino, Herold u. Hoffmann: Über die pankreotrope Wirkung von Hypophysenvorderlappen-Extrakten. Klin. Wschr. 1933 II, 1245.

— — — Über die Wirkung des pankreotropen Hormons des Hypophysenvorderlappens bei verschiedenen Tierarten. Z. exper. Med. 97, 329 (1933).

— — — Über eine adrenalotrope Substanz des Hypophysenvorderlappens. Arch. Gynäk. 158, 531 (1934).

— u. Hoffmann: Das Fettstoffwechselhormon des Hypophysenvorderlappens. Klin. Wschr. 1931 I, 2380, 2383.

— — Die pankreotrope Substanz aus dem Hypophysenvorderlappen. Über die Eigenschaften und die Darstellung der pankreotropen Substanz. Klin. Wschr. 1933 II, 1435.

— — Über einen hypophysären Regulationsmechanismus im Kohlehydratstoffwechsel und seine Wirkung beim Diabetes mellitus. Das Kohlehydratstoffwechselhormon des Hypophysenvorderlappens. Klin. Wschr. 1934 I, 1048.

— — Über die getrennte Beeinflußbarkeit von Leberglykogen und Blutketonkörpern durch das Kohlehydratstoffwechsel- und das Fettstoffwechselhormon des Hypophysenvorderlappens. Klin. Wschr. 1934 I, 1052.

— — Über die Blutzuckerwirkungen von Hypophysenvorderlappenfraktionen. Arch. f. exper. Path. 179, 273 (1935).

— Hormone des Hypophysenvorderlappens. Internat. Kongr. Physiol. Zürich 1938, Kongr.ber. Bd. I, S. 56.

Arborelius: Die klinische Bedeutung der menschlichen Rhythmik. Dtsch. med. Wschr. 1938 I, II.

Arnett: Addison's disease and diabetes mellitus occuring simultaneously; raport of case. Arch. int. Med. 39, 698 (1927).

Aschner, B. u. L. Jaso-Roldan: Zur klinischen Bedeutung der Pituitrin-Hyperglykämie. Z. klin. Med. 121, 495 (1932).

Assmann: Cushingscher Symptomenkomplex. Klin. Wschr. 1937 I, 622.

— Dtsch. med. Wschr. 1937 I, 542.

Atkinson: Acromegaly from a study of the literature 1931—1934. Endokrinol. 17, 308 (1936).

— Acromegaly, description of papers reported in 1935, 1936, 1937. Endokrinol. 20, 245 (1938).

Banse: Ergebnisse und Erfahrungen mit verschiedenen Verzögerungsinsulinen in der Diabetesbehandlung. Med. Welt 1938 II.

— Blutcholesterinspiegel und Insulinempfindlichkeit. Klin. Wschr. 1939 I, 1180.

— u. R. Spickernagel: Leistungsfähigkeit und Arbeitseinsatz des Zuckerkranken. Leipzig: Georg Thieme 1940.

BANSI: Beziehungen der Adenohypophyse zum Zuckerstoffwechsel und Diabetes mellitus. Med. Klin. **1937 II**, 1404.

DE BARBIERI: L'hormonothérapie duodéno-jejunale du diabète sucré. Bull. Soc. thér. **1938**, No 7.

— Sull'azione di estratti duodeno-digiunali sopra l'equilibrio glicemico. Rass. Clin. **38**, (1939).

BARNES, B. O. and I. F. REGAN: Relation of anterior pituitary to carbohydrate metabolism. Endocrinology **17**, 522 (1933).

BARR: Recent advances in Endocrinology. J. amer. med. Assoc. **105**, 1760 (1935).

BARTELHEIMER: Zur Frage des neurogenen Diabetes. Med. Klin. **1939 I**.

— Das Nebennierenrindenhormon im Kohlehydratstoffwechsel und bei der renalen Glykosurie. Z. klin. Med. **135**, 222 (1938).

— Hypophysenvorderlappen und Diabetes. 28. Tagg nordwestdtsch. Ges. inn. Med. Hamburg, Jan. 1939. Zbl. inn. Med. **1939**, 386.

— Hyperostosis frontalis interna und hypophysärer Diabetes. Wien. med. Wschr. **1939 I** (Kongreßheft).

— Hypophysärer Diabetes. Dtsch. Arch. klin. Med. **184**, 185 (1939).

— Die Hyperostosis frontalis interna als Symptom des hypophysären Diabetes. Dtsch. med. Wschr. **1939 I**, 1129.

— Ist Diabetes mellitus in allen Fällen erblich? Med. Klin. **1939 II**.

— Hyperostosis frontalis interna, ein endokrines Symptom. 29. Tagg nordwestdtsch. Ges. inn. Med. Stettin, Juni 1939. Zbl. inn. Med. **1939**, 772.

— CUSHING-Syndrom und Diabetes. Med. Welt **1939 II**, 1435.

— Zur Diagnose des hypophysären Diabetes. Kongr.ber. dtsch. Ges. inn. Med. Wiesbaden 1940.

BAUER, J.: Innere Sekretion. Berlin: Julius Springer 1927.

— Neuere Anschauungen über Funktionsstörungen der Hypophyse. Klin. Wschr. **1933 II**, 1553.

— Der Einfluß der Nebennieren und Hypophyse auf die Blutzuckerregulation und Umstimmung der Geschlechtscharaktere beim Menschen. Klin. Wschr. **1935 I**, 361.

BAUMANN, E. I. and D. MARINE: Glycosuria in rabbits following injections of saline extract of anterior pituitary. Proc. exper. Biol. a. Med. **29**, 1220 (1932).

BECKMANN: Über Altersdiabetes. Med. Klin. **1938 II**.

BELKIN, MICHALOWSKY u. FALIN: Über Beziehungen zwischen Pankreas und Geschlechtsdrüsen. Virchows Arch. **280**, 414 (1931).

DI BENEDETTO, E.: Extrait anterior hypophysaire et résistance à l'Insuline. C. r. Soc. Biol. Paris **112**, 499 (1933).

BERBLINGER: Die Korrelation zwischen Hypophyse und Keimdrüsen. Klin. Wschr. **1932 II**, 1329.

— Zur Kenntnis der CUSHINGschen Krankheit. Med. Klin. **1936 II**, 889, 923, 964.

BERGFELD, W.: Klinische Untersuchungen zum Problem Hypophyse und Hochdruck. Dtsch. Arch. klin. Med. **182**, 101 (1938).

BERGMAN and TURNER: The biological assay of the carbohydrate metabolism hormone of the anterior pituitary. J. of biol. Chem. **123**, 471 (1938).

BERGMANN, v.: Funktionelle Pathologie. Berlin: Julius Springer 1936.

— Kongr.ber. deutsch. Ges. inn. Med. Wiesbaden **1938**.

BERNARD, CLAUDE: Leçons sur le diabète et la glycogenèse animale. Paris: Baillière et Fils 1877.

BERNHARDT, H.: Hypophysäre Störungen. Med. Klin. **1939 I**.

BETTONI: Dystrofia adiposo-genitale con sindrome di virilismo et di diabete mellito. Arch. Pat. e Clin. med. **12**, 50 (1932).

BEZNÁK u. PERJES: Pflügers Arch. **236**, 181 (1935).

BIEDL: Innere Sekretion. Berlin-Wien 1922.

BISCHOFF, F. and M. L. LONG: Posterior pituitary hormone in metabolism: effect of pitressin and pituitrin upon carbohydrate reserves of adrenalectomized rabbits. Amer. J. Physiol. **99**, 253 (1931).

— H.: Die Bedeutung der Hormone im Kindesalter. Z. ärztl. Fortbildg **1939**, 481.

BJERING: Investigation of the diabetogeneous hormone in urine. Acta med. scand. (Stockh.) **94**, 483 (1938).

BLUM: Behandlung von Dystrophia adiposo-genitalis mit gonadotropem Hormon aus Schwangerenharn. Acta med. scand. (Stockh.) **93**, 65 (1937).

BØEGGILD, D. H.: Versuche über die Bedeutung des Nebennierenmarks für die Vorbeugung des Insulinshocks. Biochem. Z. **236**, 372 (1931).

BÖSL: Biochem. Z. **202**, 299 (1928).

BOGAN and MORRISON: Bone development in diabetic children; roentgen study. Amer. J. med. Sci. **174**, 313 (1927).

BOISSEZON, DE: Action des urines de femme gravide sur la glycémie et sur la structure histologique des surrénales, de l'hypophyse et du pankreas chez le cobaye et la lapine. C. r. Soc Biol. Paris **137**, 276 (1938).

BOKELMANN: Arch. Gynäk. **151**, 158.

BOLLER u. PILGERSTORFER: Die Hypoglykämie bei Protamin-Zink-Insulin-Anwendung. Klin. Wschr. **1938 II**, 1965.

— u. UIBERRACK: Der Einfluß chronischer und akuter Hyperinsulinisierung auf die alimentäre Hyperglykämie beim Diabetes mellitus. Wien. Arch. inn. Med. **27**, 75 (1935).

BOMSKOV, CH.: Das Hormon der Thymus. 64. Tagg. dtsch. Ges. Chir. Berlin 1940.

— u. Schneider: Nebennierenrinde und Fettsucht. Klin. Wschr. **1939 I**, 12.

BORCHARDT: Die Hypophysenglykosurie und ihre Beziehung zum Diabetes bei der Akromegalie. Z. klin. Med. **66**, 332 (1908).

BOOTHBY and SANDIFORD: Basal metabolism. Physiologic. Rev. 4 (1924).

BRAUCH, F.: Erfahrungen mit der Arbeitstherapie beim Diabetes. Zbl. inn. Med. **39**, 865 (1933).

BREMER, F. W.: Syringomyelie und Status dysraphicus. Fortschr. Neur. **1937**, 103.

BRENTANO: Die Kohlehydrate „der Brennstoff des Lebens" auch für den Diabetiker. Dtsch. med. Wschr. **1936 II**, 1409.

— Der Einfluß des Insulins auf die Glykogenbildung aus Traubenzucker beim Normaltier. Klin. Wschr. **1939 I**, 42.

BRENNING: Über die Verhältnisse des Blutdrucks bei Akromegalie. Z. exper. Med. **90**.

BRINCK u. SPONHOLZ: Hypoglykämie und Pankreassteine. Dtsch. Z. Verdgs- u. Stoffw.krkh. **1**, 3 (1938).

BRITTON, S. W.: Adrenal insufficiency and related considerations. Physiologic. Rev. **10**, 617 (1930).

BRITTON and SILVETTE: Oral administration of cortico-adrenal extract. Amer. J. Physiol. **99**, 15 (1930).

— — Effect of cortico-adrenal extract on carbohydrate metabolism in normal animals. Amer. J. Physiol. **100**, 693 (1932).

— — Apparent prepotent function of adrenal glands. Amer. J. Physiol. **100**, 701 (1932).

— — On function of adrenal cortex-general, carbohydrate and circulatory theories. Amer. J. Physiol. **107**, 190 (1934).

— — The adrenal cortex and carbohydrate metabolism. Cold Spring Harbor Symp. on quant. Biology 5, 357 (1937).

BROSTER, ALLEN, VINES, PATTERSON, GREENWOOD, MARRIAN and BUTLER: The adrenal cortex and intersexuality. London: Chapman & Hall 1938.

BRUGSCH: Die Frage des Diabetes in organätiologischer Beziehung. Z. exper. Path. 11, 169 (1912).

BRUNNER, W.: Pathogenese der Pankreatitis und Infektionsresistenz bei der CUSHINGschen Krankheit. Dtsch. Z. Chir. **249**, 188 (1937).

BUELL, ANDERSON and STRAUSS: On carbohydrate metabolism in adrenalectomized animals. Amer. J. Physiol. **116**, 274 (1936).

BÜHLER u. ROMENOFF: Tierexperimentelle Untersuchungen über den Einfluß der männlichen Keimdrüsen auf den Cholesterinstoffwechsel. Z. exper. Med. **101**, 262 (1938).

BURKHARDT: Inselneubildung im Pankreas bei Stenose des Ausführungsganges durch Pankreaskopfcarcinom. Virchows Arch. **296**, 655.

BURN, J. H.: The modification of the action of insulin by pituitary extract and other substances. J. of Physiol. **24**, 318 (1923).

— Biologische Auswertungsmethoden. Berlin: Julius Springer 1937.

— Hypophysenvorderlappen und Fettstoffwechsel. Schweiz. med. Wschr. **1938 II**, 932.

BURN, H. J. and H. W. LING: Ketonuria in rats on a fat diet a) after injektions of pituitary (anterior lobe) extract, b) during pregnancy. J. of Physiol. **69**, 19 (1930).

— and H. P. MARKS: The relation of the thyreoid gland to the action of insulin. J. of Physiol. **60**, 131 (1925).

CAMPBELL, S.: A method of assaying the potency of anterior pituitary extracts which increase liver fat. Endocrinology **23**, 692 (1938).

— JAMES and BEST: Production of diabetes in dogs by anterior pituitary extracts. Lancet **1938 I**, 1444.

CANNAVÒ: Insulinoresistenza e irradiazioni della regione ipofisaria. Policlinico (Pratica) **43**, 1099 (1936).

— Contributio allo studio delle syndromi di CUSHING. Clin. med. ital. **68**, 23.

CARR: Neuropsychiatric Syndromes associated with hyperostosis frontalis interna; preliminary report. Arch. of Neur. **35**, 982 (1936).

DEL CASTILLO, FINOCHIETTO et SCHLOSSBERG: Le traitement du syndrôme de l'hyperfunction cortico-surrénale. Presse méd. **50**, 1018 (1939).

CHABANIER, PUECH, LOBO-ONELL et LÉLU: Hypophyse et diabète à propos de l'ablation d'une hypophyse normale dans un cas de diabète grave. Presse méd. **1936**, 986.

CHAIKOFF, HOLTON and REICHERT: Glycogen content of liver and muscle in completely hypophysectomized dogs. Amer. J. Physiol. **114**, 468 (1935/36).

CHAMPY, KRITSCH et LLOMBART: Adiposité, pankréas et foie des castrats. C. r. Soc. Biol. Paris **100**, 260 (1929).

CHIARI, H.: Knochenerkrankungen und innere Sekretion. Wien. klin. Wschr. **1938 II**.

CINIMATA: Einfluß der Durchschneidung der Nebennierennerven auf den Diabetes mellitus. Klin. Wschr. **1932 I**, 150.

COLLAZO u. MARAÑON, RODA u. TORRES: Die Einwirkung des Nebennierenrindenextraktes auf die Cholesterinämie. Endokrinol. **13**, 186 (1933).

COLLIP: Inhibitory hormones and the principle of inverse response. Ann. int. Med. **8**, 10 (1934).

— Recent studies on anti-hormones. Ann. int. Med. **9**, 150 (1935).

— and O'DONOVAN: Endocrinology **23**, 718 (1938); **24**, 63 (1939).

COPE, O. and H. P. MARKS: Further experiments on relation of pituitary gland to action of insulin and adrenaline. J. of Physiol. **83**, 157 (1934).

COREY and BRITTON: Hypophyseal and adrenal interrelationship and carbohydrate metabolism. Amer. J. Physiol. **126**, 148 (1939).

CORNIL et PAILLAS: L'épreuve de l'hypoglycémie provoquée par injection d'extrait testiculaire. Paris méd. **1038 I**, 345.

— — Sur l'hyperplasie des ilôts LANGERHANS des chiens, injectés au propionate de testosterone. C. r. Soc. Biol. Paris **129**, 981 (1938).

— et ROSONOFF: Influence du propionate de testosterone sur la glycémie. C. r. Soc. Biol. Paris **129**, 983 (1930).

COSSA et RIVOIRE: L'épreuve de l'hyperglycémie provoquée dans les tumeurs de l'hypophyse. Revue neur. **71**, 267 (1939).

CROOKE, A. C.: Change in basophil cells of pituitary gland common to conditions, which exhibit syndrome attributed to basophil adenoma. J. of Path. **41**, 339 (1935).

— and CALLOW: The differential diagnosis of forms of basophilism (CUSHING-syndrome) particulary by the estimation of urinary androgens. Quart. J. Med. **8**, 233 (1939).

CURSCHMANN, H.: Über postpartuale Magersucht. Mschr. Geburtsh. **86** (1930).

— Über exogene ursächliche Faktoren bei Diabetes mellitus. Klin. Wschr. **1934 I**, 511.

— Über hypophysäre Kachexie. Med. Welt **1939 I**, 727.

— Prähypophyse und Nierenfunktion. Klin. Wschr. **1939 II**, 1464.

— Diskussionsbemerkung zum Referat von BARTELHEIMER: Hypophysenvorderlappen und Diabetes. 28. Tagg. nordwestdtsch. Ges. inn. Med. Hamburg, Jan. 1933. Zbl. inn. Med. **1939**, 386.

— u. J. SCHIPKE: Über familiäre Akromegalie und akromegaloide Konstitution. Endokrinol. **14**, 88 (1934).

CUSHING, H.: Pituitary body, hypothalamus and Parasympathic Hormone System. Baltimore: Charles Th. Thomas 1932.

— and DAVIDOFF: Studies in acromegaly. IV. The basal metabolism. Arch. int. Med. **39**, 673 (1927).

DAMBROSI, LELOIR y NOVELLI: Influencia del extracto cortico-suprarenal y de la glucosa sobre la recomposition del glucógeno muscular en los suprarenoprivos. Rev. Soc. argent. Biol. **9**, 417 (1933).

DAVIS, CLEVELAND and INGRAM: Carbohydrate metabolism, the effect of hypothalamic lesions and stimulation. Arch. of Neur. **33**, 592 (1935).

DENECKE: 24. Tagg. nordwestdtsch. Ges. inn. Med. Stettin, Juni 1939. Zbl. inn. Med. **1939**, H. 42.

— u. DOCKHORN: Polycythämie. Med. Klin. **1939 II**, 1654.

DEPISCH u. HASENÖRL: Experimentelle Untersuchungen über die Insulinresistenz bei Diabetes mellitus. Z. exper. Med. **58**, 110 (1927).

— — Weitere Beiträge zu Blutzuckerregulation, Fettstoffwechsel und Kohlehydratstoffwechsel. Klin. Wschr. **1929 I**, 202.

DIENST, C.: Insulin und Säure-Basenhaushalt. Klin. Wschr. **1939 II**, 1614.

— Blutzucker und Blutketonkörper des Diabetikers im Nüchternzustand und ihre Bewertung im Gesamtstoffwechsel. Z. klin. Med. **136**, 659 (1939).

DIRR u. P. HOFFMANN: Die Lipämie beim menschlichen Diabetes unter Insulinbehandlung und die Lipämie beim Aderlaß von Kaninchen. Z. exper. Med. **100**, 256 (1938).

DOHAN, F. C.: Analysis of Insulin response on rabbits after injection of diabetic serum. Proc. Soc. exper. Biol. a. Med. **39**, 24 (1938).

— and LUKENS: The effect of thyreoidectomy upon pancreatic diabetes in the cat. Amer. J. Physiol. **122**, 367 (1938).

— — Persistent Diabetes following the Injection of anterior pituitary extract. Amer. J. Physiol. **125**, 188 (1939).

DOISY: Sex and internal secretion. (EDGAR ALLEN, Editeur.) Baltimore: Williams & Wilkins Comp. 1932.

DONHOFFER u. LIPOSITS: Insulinbedarf und Diabetestyp. Dtsch. Arch. klin. Med. **183**, 218 (1939) und **184**, 179 (1939).

O'DONOVAN, D. K.: Proc. amer. physiol. Soc. **1937**.

— Amer. J. Physiol. **119**, 381 (1937).

— DAMBROSI u. a.: Rôle des surrénales dans la résynthèse du glycogène musculaire après la fatigue. C. r. Soc. Biol. Paris **114**, 1219.

DOTT and BAILEY: A consideration of the hypophysica adenomata. Brit. J. Surg. **13**, 314.

DRESSLER: Über die Hyperostosen des Stirnbeins. Beitr. path. Anat. **78**, 332 (1927).

DUNCAN: Diabetes mellitus and obesity. Philadelphia 1936.

— SHUMWAY, WILLIAMS and FETTER: The clinical application of duodenal extract in diabetes mellitus. Amer. J. med. sci. **189**, 403 (1935).

DUNN, CH. W.: The Cushing-Syndrome. Endocrinology **22**, 374 (1938).

EAVES: Change in the pituitary after repeated injections of insulin. J. of Physiol. **62**, 7 (1926).

ECKER: The hyaline change in the basophil cells of the pituitary body not associated with basophilism. Endocrinology **23**, 609 (1938).

EITEL, LÖHR u. LOESER: Hypophysenvorderlappen und Schilddrüse. Arch. f. exper. Path. **173**, 205 (1933).

— u. LOESER: Hypophysenvorderlappen, Schilddrüse und Kohlehydratstoffwechsel der Leber. Arch. f. exper. Path. **167**, 381 (1932).

ENGEL: Zur Behandlung des hypophysären Diabetes. Z. Verdgs- u. Stoffw.krkh. **1**, 94 (1938).

EPPINGER, FALTA u. RUDINGER: Über die Wechselwirkungen der Drüsen mit innerer Sekretion. Z. klin. Med. **66**, 1 (1908).

ERDHEIM, I.: Die pathologisch-anatomischen Grundlagen der hypophysären Skeletveränderungen (Zwergwuchs, Typus FRÖHLICH, Akromegalie, Riesenwuchs). Fortschr. Röntgenstr. **52**, 234 (1935).

EULER u. HOLMQUIST: Tagesrhythmik der Adrenalinsekretion und des Kohlehydratstoffwechsels beim Kaninchen und Igel. Pflügers Arch. **234**, 210 (1934).

EVANS, E. I.: Diabetogenic principle of anterior pituitary. Proc. Soc. exper. Biol. a. Med. **30**, 1372 (1933).

EVANS, GERALD: Effect of the low atmospheric pressure on glycogen content on rat. J. of Physiol. **110**, 273 (1934).

— Adrenal cortex and endogenous carbohydrate formation. Amer. J. Physiol. **114**, 297 (1936).

Evans, Moon, Simpson and Lyons: Atrophie of thymus of rat resulting from administration of adrenocorticotropic hormone. Proc. Soc. exper. Biol. a. Med. 38, 410 (1938).
— Shipiner and Soskin: Amer. J. Physiol. 109, 97 (1934).
Falta: Hypophysäre Krankheitsbilder. Wien. Arch. inn. Med. 33, 45, 77 (1939).
— Theoretische Grundlagen der Diabetesbehandlung. Wien. klin. Wschr. 1936 I, 65.
Fenz, E.: Häufigkeit und Besonderheit des insulinempfindlichen und insulinresistenten Diabetes. Klin. Wschr. 1936 I, 681.
— u. Zell: Zur Frage der blutzuckersteigernden Wirkung des menschlichen Liquors. Klin. Wschr. 1938 II, 1046.
Fernandez, R., V. G. Foglia, L. F. Leloir y A. Novelli: Corteza suprarenal y formacion de glicogeno. Rev. Soc. argent. Biol. 9, 522 (1933).
Fichera, G.: Sui rapportis tra ipofisi e pancreas. II. Gli effeti dell'hormone pancreatrope ipofisario sull'apparato insulare del pancreas. Pathologica (Genova) 30, 286 (1938).
Firor and Shumaker: Endocrinology 14, 229 (1934).
Fitz: The relation of hyperthyreoidism to diabetes mellitus. Arch. int. Med. 27, 305 (1921).
Fitzgerald u. Verzár: Die Wirkung von Nebennierenrindenhormon auf den Glykogengehalt hypophysektomierter Ratten. Pflügers Arch. 242, 30 (1939).
Flaum, G.: Insulin-Insensivity: Its possible relation to the pituitary gland. Endocrinology 23, 630 (1938).
Flint, I. M.: Provoqued alimentary hyperglycemia. The mechanism of the toleranztest. London-Canada 1938.
— Further observations on hypophyseal diabetes and the action of the Macallum-Laughton-Synergist. London-Canada 1939.
— a. Michaud: The effect of the Macallum-Laughton duodenal extract upon hypophyseal diabetes. London-Canada 1939.
Foglia, V. G. et P. Mazzocco: Action de l'extrait antéro-hypophysaire sur la graisse hépatique et musculaire. C. r. Soc. Biol. Paris 127, 150 (1938).
Forsgren: Über die Rhythmik der Leberfunktion, des Stoffwechsels und des Schlafes. Göteborg 1935.
Forster and Lowrie jr.: Diabetes mellitus associated with hyperthyreoidism. Endocrinology 23, 681 (1938).
Frada: Influenca della gravidanza sulla risposata glicemica all'ormone gonadotrope o ad estratti preipofisari nella coniglia. Biochemica e Ter. sper. 25, 71 (1938).
Friedreich, N.: Hyperostose des gesamten Skelets. Virchows Arch. 43, 183.
Garrod: Lettosomian lectures on glycosuria. Lancet 1912 I, 629.
Gaunt, Remington and Edelmann: Effect of the progesterone and other hormones on liver glycogen. Proc. Soc. exper. Biol. a. Med. 41, 429 (1939).
Gayet et Guilaume: C. r. Soc. Biol. Paris 97, No 35.
Geelmuyden: Die Neubildung von Kohlehydraten im Tierkörper. Erg. Physiol. 21, 274 (1923).
— Über spezifisch-dynamische Wirkung der Nahrungsmittel und ihre Beziehung zum Grundumsatz beim Diabetes mellitus. Erg. Physiol. 24, 1 (1925).
— Über einige Fragen und Aufgaben der Diabetesforschung nebst Richtlinien einer stoffwechselphysiologischen Theorie des Diabetes mellitus. Erg. Physiol. 30, 1 (1930).
Gellerstedt, R. u. R. Lundquist: Zur Frage des Morbus Cushing ohne basophiles Adenom. Die Bedeutung der sogenannten hyalinen Veränderungen der basophilen Zellen. Uppsala Läk. för. Förh., N. F. 45, 233 (1938).
Gerstel: Über multiple Tumoren der Drüsen mit innerer Sekretion bei einem Akromegalen. Frankf. Z. Path. 52, 485 (1938).
Gill: Treatment of Cushing's syndrome with large doses of oestrin. Lancet 1937 I, 70.
Glen, A. and I. C. Eaton: Insulinantagonism. Quart. J. Med. 7, 271 (1938).
Goldschmidt, E.: Ein Fall von Akromegalie mit Diabetes mellitus. Zugleich ein Beitrag zur Physiologie des Hypophysenvorderlappens. Schweiz. med. Wschr. 1935 II, 766.
Gómöry u. Massorsky: Arch. f. exper. Path. 165.
Grab, W.: Hypophysenvorderlappen und Schilddrüse. Die Wirkung des HVL auf die Schilddrüsenfunktion. Arch. f. exper. Path. 167, 103 (1932).
Gradinesco: Action d'extrait cortico-surrénal (cortine) sur la hypophyse. Bull. Sect. Endocrin. Soc. roum. Neur. etc. 4, 474 (1938).

Grafe: Über Wesen und Ursachen der spezifisch-dynamischen Wirkung der Nahrungsmittel. Klin. Wschr. 1927 II, 793.
— Über die Regulation der Insulinabgabe. Med. Klin. 1932 I.
— u. Meythaler: Über den Traubenzucker als Hormon der Insulinsekretion. Klin. Wschr. 1927 II, 1240.
Gray, Ch. H.: Determination of the ketogenic activity of extracts of endocrine organs. Biochemic. J. 32, 743 (1938).
Greene and Gibson: Coexistence of diabetes mellitus and diabetes insipidus. Report of a case with pregnancy. J. Labor. a. clin. Med. 24, 455 (1939).
Greenwald and Collens: Hypothyreoidism complicated by diabetes mellitus. Amer. J. Dis. Childr. 50, 979 (1935).
Grevenstuk u. Laqueur: Insulin. München: J. F. Bergmann 1925.
Greving, H.: Der Cholesterinstoffwechsel bei endogenen Psychosen als Ausdruck einer Leberfunktionsstörung. Nervenarzt 1940, 1.
Gripwall, E.: Diabetes und Hypophyse im Lichte eines Falles von Akromegalie und Diabetes mit eigenartigem Verlauf. Acta med. scand. (Stockh.) 92, 195 (1937).
Grönberg, A.: The cutis verticis gyrata, a symptom in an endocrine syndrome, which has so far received little attention. Acta med. scand. (Stockh.) 67, 24 (1927).
Grollman, A. and Firor: Studies on adrenal experimental studies on replacement therapie in adrenal insufficiency. Bull. Hopkins Hosp. 57, 281 (1935).
Grote: Die Stoffwechselkrankheiten im Lichte der Regulationspathologie. Stoffwechselerkrankungen. Dresden u. Leipzig 1940.
Grumbrecht, F. Keller u. Loeser: Die Wirkung von Röntgenstrahlen auf Struktur und Funktion des Hypophysenvorderlappens. Klin. Wschr. 1938 I, 801.
— u. Loeser: Ovarium — Hypophyse — Schilddrüse. Experimentelle Untersuchungen zur Pathologie und Therapie ovarieller Ausfallserscheinungen. Arch. f. exper. Path. 189, 345 (1938).
Gülzow, M.: Beitrag zur sozialen Frage des Diabetes mellitus. Med. Klin. 1938 I.
György, A.: Therapeutische Beeinflussung des Diabetes durch hochwertige Hodenhormone. Wien. med. Wschr. 1939 II, 1024.
Habán u. Angyol: Das Verhalten der Langerhansschen Inseln im experimentellen Hyperthyreoidismus. Beitr. path. Anat. 101, 602 (1938).
Haferkorn, H. u. L. Lendle: Untersuchungen über die Wirkungsweise des Tonephins, sowie über das antagonistische Verhalten der Narkotika zur Tonephinwirkung. Arch. f. exper. Path. 172, 501 (1933).
Hanhart: Nachweis der ganz vorwiegend einfach recessiven Vererbung des Diabetes mellitus. Erbarzt 1, 5 (1939).
Hantschmann: Hochdruck und Nebennieren. Kongr. inn. Med. 1938, S. 262.
— Hypertonie und Cushingsche Krankheit. Verh. dtsch. Ges. inn. Med. 1939, 336.
— Hormone, Vitamine und Kreislauf. Med. Klin. 1937 II, 1155.
Harring: Quart. J. exper. Physiol. 11, 231 (1917).
Harrop, Soffer, Nicholson and Strauss: Studies on suprarenal cortex; effects of sodium salts in sustaining suprarenalectomized dog. J. of exper. Med. 61, 839 (1935).
Hartmann, Fr. A.: The hormones of the adrenal cortex. Cold Spring Harbor Symposia on quant. Biology 5, 289 (1937).
Hartmann, Firor and Geiling: Anterior lobe and menstruation. Amer. J. Physiol. 95, 662 (1925).
Hausberger, F. X.: Über die Kohlehydrat- und Fettumsetzung im entnervten Fettgewebe. Verh. Ges. Verdgskrkh., 14. Tagg Stuttgart 1938, 450.
Heller: Über den blutzuckerwirksamen Stoff in Sekretinextrakten. Arch. f. exper. Path. 145, 343 (1929).
Hédon et Loubatières: Le diabète permanent provoqué le chien normal par des injections répétées d'extrait antehypophysaire n'est pas accompagné d'une élévation du metabolism basal. C. r. Soc. Biol. Paris 209, 66 (1939).
Henschen, F.: Morgagni-Syndrom. Veröff. Kriegs- u. Konstit.path. 9 (1937).
— Über die verschiedenen Formen von Hyperostose des Schädeldaches. Acta path. scand. (Københ.) 37, 236 (1938).
Herold u. Effkemann: Die Bedeutung des vegetativen Nervensystems für die innersekretorische Funktion des Hypophysenvorderlappens. Arch. Gynäk. 167, 389 (1938).

HEROLD u. HOFFMANN: Abhängigkeit der Follikelhormonwirkung auf die Brustdrüse von der nervösen Verbindung der Hypophyse zum Zwischenhirn. Klin. Wschr. **1939 I**, 455.

HERBST: Die Bedeutung der Hyperglykämie für die Stoffwechsellage des Diabeteskranken. Verh. Kongr. inn. Med. **1937**, 87.

— Insulinresistenter Diabetes. Ther. Gegenw. **1938**, H. 12.

HERTZ u. KRANES: Endocrinology 18, 350, 415.

HILDEBRAND, K. H.: Zum basophilen Hypophysenadenom CUSHINGs. Klin. Wschr. **1935 I**, 951.

HIMSWORTH, H. P. and D. B. SCOTT: Relation of hypophysis to changes in sugar tolerance and insulin sensivity induced by changes of diet. J. of Physiol. **91**, 447 (1938).

— — Action of YOUNG's glycotropic factor of anterior pituitary gland. J. of Physiol. **92**, 183 (1938).

HIMWICH, FAREKAS and MARTIN: The effect of bilateral ligation of the lumboadrenal veins on the course of diabetes. Amer. J. Physiol. **123**, 725 (1938).

HIRSCH, O.: Variations individuelle au cours de l'hyperglycémie alimentaires provoquée, leur rapports avec differentes conditions physiques. C. r. Soc. Biol. Paris **118**, 704 (1935).

HITZENBERGER: Über den Blutdruck bei Diabetes mellitus. Wien. Arch. inn. Med. **2**, 461 (1921).

HOCHFELD, H. A.: Der Einfluß von Nebennierenrindenhormon auf den Glykogengehalt der Leber. Biochem. Z. **282**, 392 (1935).

HODENBERG, v.: Untersuchungen über die Leistungsfähigkeit und Prognose der Zuckerkranken. Z. klin. Med. **136**, 399 (1939).

HÖGLER u. ZELL: Über den Einfluß des Zentralnervensystems auf die Insulin- und Adrenalinwirkung. Ein Beitrag zur Frage der Insulinresistenz. Klin. Wschr. **1933 II**, 1719.

— — Hypophysenvorderlappen und Kohlehydratstoffwechsel. Wien. Arch. inn. Med. **27**, 145 (1935).

— — Über den Einfluß des Prähormons auf den Zuckerstoffwechsel. Z. exper. Med. **102**, 8 (1937).

— — Präphyson und Zuckerstoffwechsel. Z. exper. Med. **102**, 15 (1937).

HÖRING, F. O.: Endokrine Krankheiten und Infektionsresistenz. Erg. inn. Med. **52**, 336.

— Beitrag zur Frage des Zusammenhangs von Hypophyse und Infektionsresistenz (Fall von Morbus CUSHING). Z. klin. Med. **129**, 627 (1935).

HOFF, F.: Über Änderungen der Stimmungslage bei Verschiebungen des Säure-Basengleichgewichts. Münch. med. Wschr. **1935 II**, 1478.

— Diabetesforschung. Festschrift zum 50. Kongr. inn. Med. München-Berlin 1938.

— Untersuchungen über den Einfluß von Lactoflavin und Corticosteron auf den kunstlichen renalen Diabetes. Klin. Wschr. **1938 II**, 1535.

HOFFMANN, E.: Über die Wechselbeziehungen zwischen dem Inselapparat des Pankreas und den Keimdrüsen. Z. exper. Med. **104**, 721 (1939).

HOHLWEG: Männliche Wirkstoffe und Corpus luteum-Bildung. Klin. Wschr. **1937 I**, 586.

HOMANS: J. metabol. Res. **33**, 1 (1915).

HORNECK: Zur Klinik des Morbus CUSHING. Z. klin. Med. **129**, 191 (1935).

HORSTERS: Klinische und experimentelle Untersuchungen über das thyreotrope Hormon des Hypophysenvorderlappens. Naunyn-Schmiedebergs Arch. **169**, 537 (1933).

HOUCHIN u. C. W. TURNER: The relation of the pituitary to blood lipids. Endocrinology **24**, 638 (1939).

— — A method of assay for the fat metabolism hormone of anterior pituitary. Endocrinology **25**, 216 (1939).

HOUSSAY, B. A.: Hypophyse und Stoffwechsel der Eiweißkörper und Kohlehydrate. Klin. Wschr. **1932 II**, 1529.

— Diabeteserregende Wirkung des Vorderlappenextraktes. Klin. Wschr. **1933 I**, 733.

— Hypophysis and metabolism. New England J. Med. **214**, 961 (1936).

— Les hormones du lobe antérieur de l'hypophyse. Internat. physiol. Kongr. Zürich 1938, Kongr.ber. Bd. I, S. 52.

— and MAGENTA: Sensitiveness to insulin of dogs after loss of pituitary. Rev. Assoc. méd. argent. **37**, 389 (1934).

— u. BIASOTTI: Hypophysektomie und Pankreasdiabetes bei der Kröte. Pflügers Arch. **227**, 239 (1931).

Houssay, B. A. u. Biasotti: Pankreasdiabetes und Hypophyse beim Hund. J. of Physiol. **77**, 81 (1932).
— — Rôle de l'hypophyse et de la surrénale dans le diabète pancréatique du crapaud. C. r. Soc. Biol. Paris **123**, 497 (1936).
— — Action diabétogène antéro-hypophysaire chez des chiens surrénalectomisés. C. r. Soc. Biol. Paris **129**, 1261 (1938).
— — Action diabétogène des extracts antérohypophysaires. Internat. Physiol.-Kongr. Zürich 1938, Kongr.ber. Bd. 2, S. 317.
— — di Benedetto et Rietti: Action diabétogène des extraits antéro-hypophysaires chez le chien. C. r. Soc. Biol. Paris **112**, 494 (1933).
— — y Rietti: Action diabetógena de los extratos antero-hipofisarios. Rev. Soc. argent. Biol. **8**, 563 (1932).
— et Foglia: Diabète antérohypophysaire et fonction endocrine pancréatique. C. r. Soc. Biol. Paris **123**, 824 (1936).
— et Leloir: Action diabétogène anté-hypophysaire indépendante des surrénales. C. r. Soc. Biol. Paris **120**, 670 (1935).
— y Mazzocco: El contendo de las suprarenales de los hipofisoprivos en adrenalina. Rev. Soc. argent. Biol. **9**, 226 (1933).
— Mazzocco et Rietti: Action de l'insuline sur les crapauds hypophysectomisés ou portuers de lésion infundibulo-tubérienne. C. r. Soc. Biol. Paris **93**, 968 (1925).
Illmann u. Wendt: Beobachtungen an einem Patienten mit Diabetes mellitus mit jahrelanger Remission (Heilung?). Klin. Wschr. **1939 I**, 427.
Invernizci e Sala: Contributio allo studio istologica dei tumori dell'ipofisi con syndrome acromegalica. Pathologica (Genova) **31**, 107 (1939).
Issekutz: Über den Angriffspunkt des Thyroxins. Wien. klin. Wschr. **1935 II**, 1325.
Jahn, D.: Die Stoffwechselstörungen bei der Asthenie und ihre Beziehungen zum Krankheitsbild und zur Behandlung der Schizophrenie. Klin. Wschr. **1938 I**, 1.
Jamin: Die hypophysäre Plethora. Münch. med. Wschr. **1934 II**.
Janssen: Kritik der Hormontherapie. Med. Welt **1939 I**.
John: Hyperthyreoidism showing carbohydrate metabolism disturbances. J. amer. med. Assoc. **99**, 620 (1932).
— Growth of children. Amer. J. digest. Dis. a. Nutrit. **1**, 855 (1935).
— H.: Spontaneous disappearance of diabetes. J. amer. med. Assoc. **85**, 1629 (1925).
Johns, O'Mulvenney, Potts and Laughton: Studies on anterior lobe of pituitary body. Amer. J. Physiol. **80**, 100 (1927).
Johnson, Selle and Westra: Massive Roentgen irradiation of the hypophysis in experimental diabetes. Amer. J. Roentgenol. **39**, 95 (1938).
Jonas: Morbus Cushing. Med. Klin. **1936 I**, 814.
Jores: Untersuchungen über die Wirkung der Nebennieren auf die Hypophyse. I. Änderungen in dem Gehalt der Hypophyse an Melanophorenhormon unter der Mitwirkung von Adrenalin und Cortidyn. Z. exper. Med. **97**, 805 (1936).
— Endokrines und vegetatives System in ihrer Bedeutung für die Tagesrhythmik. Dtsch. med. Wschr. **1938 I/II**.
— Über die Hormonbestimmung bei Morbus Cushing. Klin. Wschr. **1938 II**.
— u. Glogner: Gibt es einen funktionstüchtigen Zwischenhirnlappen der menschlichen Hypophyse? Untersuchungen über Gehalt und Bildungsstätte des Melanophorenhormons der menschlichen Hypophyse. Z. exper. Med. **91**, 91 (1933).
Kalbfleisch, H. H.: Gestaltliche Veränderungen der inkretorischen Drüsen bei Stoffwechselkrankheiten. Stoffwechselerkrankungen, S. 152. Dresden-Leipzig 1940.
Kalk: Paroxysmale Hypertension. Blutdruckkrisen und Tumor des Nebennierenmarks. Klin. Wschr. **1934 I**, 613.
Karlick, L. N.: Über Wechselbeziehungen zwischen Hypophyse und Pankreas. Z. exper. Med. **98**, 314 (1936).
Katsch, G.: Diabetes als zweite Krankheit. Jkurse ärztl. Fortbildg **1930**, H. 3.
— Garzer Thesen. Klin. Wschr **1937 I**, 399.
— Zum Gegenwartsstreit über die Ernährungsführung des Zuckerkranken. Med. Welt **1937**, H. 51 u. 52.
— Zur Physiologie und Pathologie des intermediären Fettstoffwechsels (Einleitung). Klin. Wschr. **1938 I**, 449.

KATSCH, G.: Die Arbeitstherapie der Zuckerkranken. Ergebnisse der physikalisch-diätetischen Therapie, Bd. I, S. 1. 1939.
— Moderne Diabetesprobleme. Z. ärztl. Fortbildg **1939**, 513.
— u. KRAINICK: VII. Mitt. Hyperlipämie und Diabetes. Klin. Wschr. **1939 I**, 436.
KEHRER: Das Syndrom von CUSHING, seine Analyse und Synthese. Erg. inn. Med. **55**, 178 (1938).
KEMP u. MARX: Beeinflussung von erblichem hypophysärem Zwergwuchs bei Mäusen durch verschiedene Hypophysenauszüge und Thyroxin. Acta path. scand. (København.) **14**, 197 (1937).
KENDALL, E. C.: The function of the adrenalcortex. Internat. Physiol.-Kongr. Zürich 1938, Kongr.ber. 1, S. 47.
— The influence of some of the ductless glands on metabolic processes. Endocrinology **24**, 798 (1939).
KÉPINOV, L.: Système glykogénolytique hormonal: Sur le mécanisme de l'action glyco-génolytique de l'adrénaline et le rôle de l'hormone hypophysaire dans ce mécanisme. Arch. internat. Physiol. **46**, 265 (1938).
— Sur l'action glycogénolytique de la substance hyperglycémiante accompagnant l'insuline non purifiée et sur le mécanisme de cette action. C. r. Soc. Biol. Paris **127**, 851 (1938).
KEPLER, E. J. u. R. M. WILDER: Disturbances of carbohydrate metabolism, observed in association with tumors of the adrenal cortex. Acta med. scand (Stockh.) Suppl. **90**, 87 (1938).
KERR, K.: The carbohydrate metabolism of brain. VI. Isolation of glycogen. J. of biol. Chem. **123**, 443 (1938).
KJEMS, H. and T. BJERING: A method of determining diabetogeneous hormone in urine. Acta med. scand. (Stockh.) **99**, 492 (1939).
KLEIN u. HOLZER: Weitere Mitteilungen über Insulinhyperglykämie und Insulinshock beim Menschen. Z. klin. Med. **107**, 94 (1928).
— u. RISCHAWY: Dtsch. Arch. klin. Med. **148** (1925).
KOCH u. LEHNDORFF: Hyperglykämisierendes (kontrainsuläres) Hormon im Liquor cere-brospinalis. Wien. Arch. inn. Med. **29**, 291 (1936).
— u. WESTPHAL: Über den gesamten Lipoidkomplex im Blut und in den Nebennieren bei inneren Erkrankungen, besonders des Kreislaufs. Dtsch. Arch. klin. Med. **181**, 413 (1938).
KÖHNE: Diabetes mellitus und Hypophysen-Zwischenhirnsystem. Endokrinol. **22**, 241 (1939).
KOHL, H.: Über kristallinisches Insulin. XII. Mitt. Das Verhalten der insulinzerstörenden Kraft (I.Z·K.) des Blutes beim Diabetes mellitus. Naunyn-Schmiedebergs Arch. **194**, 452.
— Untersuchungen über die insulinzerstörende Kraft des Blutes. Klin. Wschr. **1939 I**, 69, 487.
— Niederrhein. Ges. Naturwiss. Heilkde., Med. Abt. 5, Bd. VI. 1939. Ref. Dtsch. med. Wschr. **1939 II**, 1366.
— SELBACH u. JANNING: Über kristallinisches Insulin; der zeitliche Ablauf der Insulin-aktivierung durch Normalblut. Arch. f. exper. Path. **185**, 212 (1937).
KOLTA, V. u. IRÁNYI: Die Behandlung der Zuckerkrankheit mit Röntgenstrahlen. Z. exper. Med. **105**, 168 (1939).
KONSCHEGG: Zur Frage des Mechanismus des normalen und erhöhten Blutdrucks. Klin. Wschr. **1934 II**, 1452.
KORANYI, V. u. KYLIN: Blutdruck- und Blutzuckerstudien beim Kaninchen mit Hypo-physentransplantation. Sv. Läkartidn. **1938**, 75.
KOTSCHNEFF u. LONDON: Fiziol. Ž. (russ.) **22**, 372 (1937).
KRAINICK, H. G. u. FR. MÜLLER: Zur Physiologie und Pathologie des intermediären Fett-stoffwechsels. III. Mitt. Exogene Ketosis. Klin. Wschr. **1938 II**, 1040.
— — Zur Physiologie und Pathologie des intermediären Stoffwechsels. IV. Mitt. Ketosis und Ketolysis. Klin. Wschr. **1938 II**, 1275.
— — Zur Physiologie und Pathologie des intermediären Fettstoffwechsels. VI. Mitt. Das diabetische Blutketontagesprofil. Klin. Wschr. **1938 II**, 1760.
KRAUS, E. I.: Welche Zellen der menschlichen Hypophyse bilden außerhalb der Schwanger-schaft das Vorderlappengeschlechtshormon? Klin. Wschr. **1932 I**, 1020.
— Über Beziehungen der chromophilen Zellen der Hypophyse zum Kohlehydrat-, Fett- und Cholesterinstoffwechsel. Med. Klin. **1933 I**, 449.

Kraus, E. I.: Morbus Cushing, konstitutionelle Fettsucht und interrenaler Virilismus. Klin. Wschr. 1934 I, 487.
— Chronischer Hirndruck und Leberverfettung. Virchows Arch. 300, 43 (1937).
— Über die Leberverfettung bei zerstörenden Prozessen im Hypophysen-Zwischenhirnsystem und bei Morbus Cushing. Frankf. Z. Path. 50 (1937).
— Morbus Cushing und basophiles Adenom. Klin. Wschr. 1937 I, 533.
— Chronischer Hirndruck, Hypophyse und Nebennierenrinde. Frankf. Z. Path. 52, 255 (1938).
Krichesky, B.: Relation of anterior pituitary to volume of islet tissue in male rat. Proc. Soc. exper. Biol. a. Med. 34, 126 (1936).
Krönke u. Parade: Morbus Cushing bei Ovarialteratom. Z. klin. Med. 134, 698 (1938).
Kugelmann: Das Verhalten der Adrenalinblutzuckerkurven bei Erkrankungen des Leberparenchyms. Klin. Wschr. 1929 I, 264.
Kuhlmey: Sind Diabetes oder extrainsuläre Glykosurien durch männliches Hormon zu beeinflussen? Dtsch. med. Wschr. 1939 I, 5.
Kylin, E.: Die Simmondsche Krankheit. Erg. inn. Med. 49, 1 (1935).
Kylin, Kjellin u. Kristensson: Blutzuckersteigernder Stoff im Liquor cerebrospinalis, besonders bei der essentiellen Hypertomie. Dtsch. Arch. klin. Med. 177, 139 (1935).
— u. v. Koranyi: Blutdruck- und Blutzuckerstudien bei Kaninchen. Klin. Wschr. 1938 I, 668.
La Barre: La Secrétine. Liège 1936.
Lämmli, K. A.: Heilung eines akromegalen Diabetes durch Strumektomie. Ein Beitrag zur Pathogenese der hypophysären Stoffwechselstörungen. Dtsch. Arch. klin. Med. 180, 372 (1937).
Langecker: Arch. f. exper. Path. 187, 256.
Laqueur u. Deelen: Die therapeutische Wirkung von Menformon bei der Cushingschen Krankheit. Nederl. Tijdschr. Geneésk. 1936, 748.
Lassen u. L. Hansen: Investigations into the effect of anterior pituitary extract on the carbohydrate metabolism in normals and in diabetics. Acta med. scand. (Stockh.) Suppl. 89, 288 (1938).
Lauter u. Neuenschwander-Lemmer: Über den Ketonkörpergehalt bei Fettsüchtigen und Normalen. Z. exper. Med. 99, 745.
Lawrence: Brit. med. J. 20, 69.
— Quart. J. Med. 21, 359 (1938).
Lehwirt, St.: Experimentelle Untersuchungen über den Einfluß der weiblichen Sexualhormone auf den Kohlehydratstoffwechsel. Zbl. Gynäk. 1935, 78.
Leites u. Odinow: Der humorale Faktor im Regulationsmechanismus der Ketonämie. Bull. Biol et Méd. exper. N.R.S.S. 5, 103 (1938).
Lemser: Die Entstehungsbedingungen der Zuckerkrankheit. Biologe 1939, 19.
Lendvai, I.: Ein Fall von Cushingschem Syndrom, symptomfrei nach Parathyreoidea-Behandlung. Wien. klin. Wschr. 1936 I, 749.
Lewis et Magenta: C. r. Soc. Biol. Paris 92, 821 (1925).
Lippross: Untersuchungen über den Einfluß von Cortin und von Suprareninchlorid auf die Struktur der Hypophyse, der Keimdrüsen und Nebennieren von Ratten. Endokrinol. 18, 18 (1936).
— Ergebnisse der Behandlung mit männlichem Keimdrüsenhormon. Münch. med. Wschr. 1938 II, 1668.
Locasio: La polipeptidemia nel diabetes mellito. Riforma med. 1938, 693.
Loeb: The adrenal cortex. J. amer. med. Assoc. 1935.
Loeschke u. Weinnoldt: Über den Einfluß von Druck und Entspannung auf das Knochenwachstum des Hirnschädels. Beitr. path. Anat. 70, 406 (1922).
Loeser: Zur Pharmakologie und Toxikologie des Diäthylstilboestrols. Klin. Wschr. 1939 I, 346.
Lommel, F.: Über die durch Trauma hervorgerufene Zuckerkrankheit. Med. Welt 1939 I, 836.
London u. Kotschneff: Der Mechanismus der alimentären Hyperglykämie. Die Rolle der Zuckerresorption aus dem Darme und der Inkretion des Pankreas. Z. exper. Med. 101, 767 (1937).
Long, C. H. N.: Influence of pituitary and adrenal glands upon pancreatic diabetes. Harvey Lectures, Vol. 32, p. 194. Baltimore: Williams & Wilkins 1936/37.

Long, C. H. N.: Studies on the diabetigenic action of the anterior pituitary. Cold Spring Harbor Symp. on Quant. Biology **5**, 344 (1937).

Long and Lukens: Effect of adrenalectomy and hypophysectomy upon experimental diabetes in cat. J. of exper. Med. **63**, 465 (1936).

Lucadou, V.: Die Nebennieren bei der Hypertonie. Klin. Wschr. **1935 II**, 1529.

— Beitrag zur Morphologie der Nebenniere. Beitr. path. Anat. **101** (1938).

Lucandri, G.: Die Bedeutung der Abderhaldenschen Reaktion zum Nachweis innersekretorischer Störungen im Diabetes mellitus. Fermentforsch. **15**, 503 (1938).

Lucke, H.: Stellt die Entnervung der Nebennieren eine aussichtsvolle Diabetesbehandlung dar? Z. klin. Med. **125**, 361 (1933).

— Die Bedeutung des kontrainsulären Vorderlappenhormons für die Regulation des Kohlehydratstoffwechsels. Z. ärztl. Fortbildg **1939**, 551.

— Heydemann u. Berger: Kontrainsuläres Hormon des Hypophysenvorderlappens und Pankreasdiabetes. Z. exper. Med. **92**, 120 (1933).

— — u. Hechler: Die Blutzuckerregulation bei isolierter Schädigung des Vorderlappens. Z. exper. Med. **87**, 103 (1933).

— u. A. Koch: Der periphere Angriffspunkt des für Ausschüttung des kontrainsulären Vorderlappenhormons maßgebenden Blutzuckerreizes. Z. exper. Med. **103**, 274 (1938).

— u. Werner: Der Ausschüttungsreiz des kontrainsulären Vorderlappenhormons. Z. exper. Med. **102**, 248 (1938).

— — Untersuchungen über die Ausschüttungsbedingungen des kontrainsulären Hormons aus dem Hypophysenvorderlappen. Z. exper. Med. **102**, 242 (1938).

Lukens and Dohan: Further observations on the relation of the adrenal cortex to experimental diabetes. Endocrinology **22**, 51 (1938).

— and Long: Further observations on the effect of total adrenalectomy upon experimental pancreatic diabetes. Amer. J. Physiol. **116**, 98 (1936).

Lyall and Innes: Diabetes mellitus and pituitary gland; case of diabetes with intercurrent pituitary lesions and concomitant improvement of diabetes. Lancet **1935 I**, 318.

Macallum, A. B.: Role of duodenum in carbohydrate metabolism. Univers. of Western Ontario Med. J. **6**, H. 2.

MacBryde, C.: Response to insulin as index to dietary management of diabetes. Med. J. Clin. Invest. **15**, 577 (1936).

MacKay and Barnes: Influence of adrenalectomy upon ketolytic activity. Amer. J. Physiol. **122**, 101 (1938).

— Eaton and Wick: Influence of adrenalectomy on the blood and urine ketosis during fasting and anterior pituitary extract administration. Amer. J. Physiol. **126**, 753 (1939).

Macleod: Kohlehydratstoffwechsel und Insulin. Berlin: Julius Springer 1927.

— Der Brennstoff des Lebens. Experimentelle Untersuchungen an normalen und diabetischen Tieren. Erg. Physiol. **30**, 408 (1930).

— u. Donhoefer: Über die nervöse Regulation des Blutzuckerspiegels. Die Decerebrationshyperglykämie. Klin. Wschr. **1933 I**, 778.

Mainzer u. Joel: Über Insulingewöhnung. Wien. klin. Wschr. **1935 I**, 1040.

Mann and Magath: Studies on the physiology of the liver. VII. The effect of insulin on the blood sugar following total and partial removal of the liver. Amer. J. Physiol. **65**, 403 (1923). — Proc. Soc. exper. Biol. a. Med., N. s. **23**, 515 (1922).

Mansfeld, R.: Versuche zu einer operativen Behandlung des Diabetes. Klin. Wschr. **1927 I**, 195; **1928 I**, 14.

Marañon and Morros: Pituitrin hyperglycemia and its possible value in diagnosis. Endocrinology **13**, 564 (1929).

— Surdel u. Netter: Die möglicherweise hypophysäre Entstehung der Vitiligo und Pigmentverschiebungen. Semana méd. **45**, 113.

Marine, D. and I. H. Rosen: The effect of the thyreotropic hormone on auto- and homotransplants of the thyreoid and its bearing on the question of secretory nerves. Amer. J. Physiol. **107**, 677 (1934).

Marinesco et Buttu: L'hypophyse du point de vue de son influence sur la croissance. Bull. Sect. Endocrin. Soc. roum. Neur. etc. **4**, 405 (1938).

Marks and Young: Chem. a. Ind. **58**, 652 (1939).

— — Metabolism of dog made diabetic by anterior pituitary injections. J. of Physiol. **126**, 753 (1939).

MARSHALZ, FERNALD and MARBLE: The effect of fasting on the blood sugar of hereditary dwarf mice. Amer. J. Physiol. **125**, 457 (1939).

MARTENS, R.: Les troubles du metabolism azoté dans le diabète. Ann. Soc. sci. Brux. **1935**, 129.

MARX: Der heutige Stand der Hormontherapie in der inneren Medizin. Med.-naturwiss. Ges. Münster. Ref. Münch. med. Wschr. **1938 II**, 1213.

MAZZEO, M.: La cholesterina del serio di sangue et delgi organi nel dopo introduzione d'adrenalina. Arch. di Sci. biol. **11**, 381 (1928).

MCPHAIL, M. K.: Studies on hypophysectomized ferret; effect of hypophysectomy on pregnancy and lactation. Proc. roy. Soc. Lond. **45**, 117 (1935).

MEERWEIN, F.: Über die multiple Blutdrüsensklerose. Z. Path. **52**, 55 (1938).

MERING, V. u. MINKOWSKI: Diabetes nach Pankreasexstirpation. Arch. f. exper. Path. **26**, 371 (1889).

MERTEN: Zum Problem Hypophysenvorderlappen und Stoffwechsel: Die Wirkung von Hypophysenvorderlappen-Ultrafiltraten auf den Kohlehydrat- und Eiweißstoffwechsel unter besonderer Berücksichtigung der C- und N-Ausscheidung, sowie des Kohlenstoffquotienten im Harn von Kaninchen. Z. exper. Med. **106**, 585 (1939).

— Die hormonale Beeinflussung des Leberglykogens mit besonderer Berücksichtigung des Kh-Stoffwechselhormons der Hypophyse. Z. exper. Med. **105**, 273 (1939).

— u. HINSBERG: Hypophysenvorderlappen und Kohlehydratstoffwechsel. Klin. Wschr. **1939 I**, 901.

— — Über die Wirkung von gereinigten Hypophysenvorderlappenextrakten auf den freien und gebundenen Zucker und die Milchsäure des peripheren Blutes. Z. exper. Med. **105**, 281 (1939).

MEYTHALER u. H. MANN: Über den Einfluß der Schilddrüse auf den Kohlehydratstoffwechsel. I. Die Wirkungsintensität des Insulins bei Basedow und Myxödem. Klin. Wschr. **1937 II**, 983.

— u. M. TH. MANN: Über den Einfluß der Schilddrüse auf den Kohlehydratstoffwechsel. II. Die Wirkungsintensität des Insulins bei thyreodektomierten Kaninchen. Klin. Wschr. **1937 II**, 1009.

MINOUCHI: Fol. endocrin. jap. 7 (1932), deutsche Zusammenfassung S. 185.

MÖLLERSTROEM: Die therapeutische Bedeutung der menschlichen Rhythmik. Dtsch. med. Wschr. **1938 I/II**.

MOORE: Metabolic craniopathy. Amer. J. Roentgenol. **35**, 30 (1936).

MOREL: L'hyperostose frontale interne. Paris 1930.

MORI: Über die Bedeutung der Schilddrüse im Zucker- und Fettstoffwechsel. Z. Biochem. **26**, 107 (1937).

MORTIMER, LEVENE and ROWE: Cranial dysplasias of pituitary origin. Radiology **29**, 135, 279 (1937).

MOSONYI: Über die Ätiologie der Fettsucht hypophysektomierter Hunde. Klin. Wschr. **1940 I**, 15.

MÜLLER, L. R.: Über die Altersschätzung beim Menschen. Berlin: Julius Springer 1922.

MÜLLER, W.: Über die familiäre akromegalieähnliche Skeleterkrankung. Bruns' Beitr. **150**, 616 (1930).

MUNOZ, S. M.: Action de l'extrait antéro-hypophysaire sur les graisses du sang. C. r. Soc. Biol. Paris **127**, 156 (1938).

NEUFELD and COLLIP: Studies on the effect of pituitary extracts on carbohydrate metabolism. Endocrinology **23**, 735 (1938).

NEUHAUS, FR.: Über die Bedeutung der Nebennierenrindenadenome bei der Hypertonie. Beitr. path. Anat. **97**, 213 (1936).

NICHOLSON: Observations on pathological changes in suprarenalectomized dogs with particular reference to anterior lobe of hypophysis; comparison with ADDISON's disease. Bull. Hopkins Hosp. **58**, 405 (1936).

NITZESCU et NENETATO: Hypophysine et glyconéogenèse. C. r. Soc. Biol. Paris **98**, 58 (1928).

NOOTHOVEN, VAN GLOOR and SCHALY: Rare complications of pituitary tumors; generalized diabetic xanthoma. Formed edema with hypercholesterinemia and diabetes; nervous ileus. Nederl. Tijdschr. Geneesk. **75**, 1422 (1931).

NOTHMANN: Einfluß der Durchschneidung der Nebennierennerven auf den Diabetes mellitus. (Bemerkungen zu der Arbeit von A. CINIMATA in Jg. **1932**, S. 150 der Klin. Wschr.). Klin. Wschr. **1932 I**, 774.

OEHME, G.: Familiäre akromegalieartige Erkrankung besonders des Skelets. Dtsch. med. Wschr. **1919 I**, 207.

OKKELS and BRANDSTRUP: Studies on the thyreoid glands. X. Pancreas, hypophysis and thyreoid in children of diabetic mothers. Acta path. scand. (Københ.) **15**, 268 (1938).

OPPENHEIMER: Über das Wesen der Zuckerkrankheit bei Akromegalie. Klin. Wschr. **1930 I**, 17.

PANNHORST, R.: Die erbliche Diabetesanlage. Verh. dtsch. Ges. inn. Med. **1934** (Kongr. ber.), 101.

— Zwillingsuntersuchungen bei Diabetes mellitus. Dtsch. med. Wschr. **1934 II**, 1950.

— Die Mitarbeit des Diabetikers an der Überwindung der Zuckerkrankheit. Dtsch. med. Wschr. **1937 I**, 481.

— Verbreitung des Diabetes mellitus in einem geschlossenen Siedlungsraum. Verh. dtsch. Ges. inn. Med. **1940**.

— u. BARTELHEIMER: Änderung der Blutzuckerregulation unter Verzögerungsinsulin. Z. klin. Med. **136**, 81 (1939).

PARHON et CAHANE: Influence de la surrénalectomie sur la quantité de graisse abdominale. Bull. Soc. roum. d'Endocrin. **5**, 140 (1939).

PARKINS, HAYS and SWINGLE: Studie of blood sugar of adrenalectomized dog. Amer. J. Physiol. **117**, 13 (1936).

PARTOS u. KATZ-KLEIN: Über den Einfluß des Pituitrins auf den Blutzucker. Z. exper. Med. **25**, 98 (1921).

PASCHKIS: Hypophysis in protein metabolism. Is the pituitary factor active in protein metabolism identical with the growth hormon? Endocrinology **23**, 368 (1938).

— u. SCHWONER: Hypophyse und Eiweißstoffwechsel. Wien. klin. Wschr. **1937 II**, 1516.

PATTISON and SWAN: Surgical treatment of pituitary basophilism. Lancet **1938 I**, 1265.

PENDE, N.: Über eine wenig bekannte Krankheit: Die hyperostotische Endokraniose. Med. Klin. **1940 I**, 134.

PITZ, H.: Cutis verticis gyrata bei Akromegalie. Z. Neur. **168**, 269 (1940).

POCZKA, N.: Diabetesprobleme. Dtsch. med. Wschr. **1937 II**, 1501.

POLLAK: Über den Insulingehalt im Pankreas von Diabetikern. Naunyn-Schmiedebergs Arch. **116**, 15 (1926).

POPPE, H. u. D. WOSAZEK: Zur Kenntnis des Glykogengehaltes der Leichenleber. Wien. med. Wschr. **1929 I**, H. 14.

QUERIDO, A. and G. A. OVERBEEK: Hypophysis and bloodpicture. Arch. internat. Pharmacodynamie **49**, 370 (1938).

RAAB, W.: Analogien zwischen gewissen Alterserscheinungen und der CUSHINGschen Krankheit. Wien. klin. Wschr. **1936 I**, 112.

— Arterioskleroseentstehung und Nebennieren-Lipoid-Adrenalin („NLA)"-Komplex. Z. exper. Med. **105**, 657 (1939).

— Nebennieren und Angina pectoris. Wien. klin. Wschr. **1938 I**.

RADOVICI, R. PAPAZIAN et M. SCHAECHTER: Le problème du diabète sucré hypophysaire. Bull. Soc. Roum. d'Endocrin. **5**, 7 (1939).

RAHIER: L'Étiologie du Diabète. J. belge Gastro-enterologie **7**, 129 (1939).

RANSON, FISHER and INGRAM: Adiposity and diabetes mellitus in a monkey with hypothalamic lesions. Endocrinology **23**, 175 (1938).

— and MAGONN: The Hypothalamus. Erg. Physiol. **41**, 56 (1939).

RATHERY, BARGETON et TROVERSE: Influence du sang du chien dépancréaté sur la glycémie du chien normal. C. r. Soc. Biol. Paris **123**, 1036 (1936).

— et FROMENT: Insulino-résistance prolongée et radiothérapie hypophysaire. Bull. Soc. méd. Hôp. Paris, III. s. **53**, 861 (1937).

RATNER, I.: Morbus Cushing und Interrenalismus. Z. klin. Med. **130**, 97 (1936).

RATSCHOW: Die peripheren Durchblutungsstörungen. Dresden-Leipzig: Theodor Steinkopff 1939.

REBAUDI: Eierstock, Corpus luteum und LANGERHANSsche Zellinseln. Zbl. Gynäk. **1908**, 1323.

REGAN, I. F. and B. O. BARNES: Effect of previous hypophysectomy on Diabetes resulting from pancreatectomy. Amer. J. Physiol. **105**, 83 (1933).

REICHSTEIN: Chemie des Cortins und seiner Begleitstoffe. Erg. Vitamin- u. Hormonforsch. **1**, 334 (1938).

REINHERTZ u. SCHULER: Beitrag zur Kasuistik des CUSHING-Syndroms. Klin. Wschr. **1938 I**, 849.

REISS, M.: Experimentelle Beiträge zur pathologischen Analyse hypophysärer Krankheitsformen. Klin. Wschr. **1937 II**, 937.
— Hypophysenvorderlappen und Stoffwechselfunktion. Klin. Wschr. **1939 I**, 57.
— EPSTEIN, FLEISCHMANN u. SCHWARZ: Veränderungen des Fettumsatzes epinephrektomierter Ratten. Endokrinol. **17**, 302 (1936).
— — u. GOTHE: Hypophysenvorderlappen, Nebennierenrinde und Fettstoffwechsel. Z. exper. Med. **101**, 67 (1937).
— KUSAKABE u. BUDLOWSKY: Zur Beziehung zwischen Hypophysenvorderlappen und Kohlehydratstoffwechsel. Z. exper. Med. **104**, 55 (1938).
RENANDER: Cutis verticis gyrata one of the symptoms of acromegaly. Acta med. scand. (Stockh.) **96**, 186 (1938).
REYE, E.: Die SIMMONDsche Krankheit und verwandte Zustände. Zbl. inn. Med. **41**, 946 (1931).
RICHARDSON, K.C. and F. G. YOUNG: Histology of diabetes induced in dogs by injection of anterior pituitary extracts. Lancet **1938 I**, 1098.
— — Pancreotropic action of anterior pituitary extracts. J. of Physiol. **91**, 352 (1938).
RICHTER: Über Insulinbehandlung hepatargischer Zustände. Med. Klin. **1924 II**, 1381.
RIDDLE: Contemplating the hormones. Endocrinology **19**, 1 (1935).
— The hormones of the anterior pituitary. Ohio J. Sci. **37**, 446 (1937).
— SMITH, BATES, MORAN and LAHR: Action of anterior pituitary hormone on basal metabolism of normal and hypophysectomized pigeons and on paradoxical influence of temperature. Endocrinology **20**, 1 (1936).
RIML, O.: Nachweis eines Giftes im Serum nebennierenloser Tiere durch humorale Übertragbarkeit. Klin. Wschr. **1936 II**, 1648.
— Über humorale Auslösung der durch Muskelarbeit bedingten Nebennierenhypertrophie. Naunyn-Schmiedebergs Arch. **188**, 35 (1937); **189**, 660 (1938).
— Der heutige Stand des Nebennierenrindenproblems. Med. Klin. **1938 I**.
— Cortinmangelzustände. Klin. Wschr. **1939 I**, 265.
ROBBERS u. WESTENHOEFFER: Der Einfluß des Lactoflavins und des Nebennierenrindenhormons auf den renalen Diabetes und die Phlorizinglykosurie. Klin. Wschr. **1939 II**, 927.
ROGOFF, I.M.: ADDISON's disease: Further report on treatment with „interrenalin" (adrenal cortex extract). J. amer. med. Assoc. **99**, 1309 (1932).
— Das Nebennierenmark. Die Drüsen mit innerer Sekretion. Wien u. Leipzig 1937.
— and STEWARDT: Studies on adrenal insufficiency. V. The influence of adrenal extracts on the survival period of adrenalectomized dogs. Amer. J. Physiol. **84**, 660 (1928).
ROOM, N. W.: Vizualisation of the adrenal glands by air injection. J. amer. med. Assoc. **112**, 196 (1939).
ROOT, H. F.: Insulinresistance and bronze-diabetes. New England J. Med. **201**, 201 (1929).
ROSENFELD, G.: Die Schicksale des Fettes. Med. Klin. **1932 I**, 709.
RÜHL u. THADDEA: Zur Frage des renalen Diabetes. Arch. klin. Med. **182**, 1 (1938).
RUPP: Der Einfluß des Nervensystems auf den Zuckergehalt des Blutes. Z. exper. Med. **44**, 476 (1925).
SALMON: Quelques remarques sur la disparation du diabète hypophysaire au cours des accès fébriles. Presse méd. **1939 I**, 1033.
SÁNCHEZ RODRIGUEZ, u. BARBUDO: Therapeutischer Wert der Extrakte der Nebennierenrinde (span.). Madrid: Sáez Hermanos 1935.
SANSONE: Sindromi tipo Cushing. Arch. Soc. méd. **64**, 681 (1937).
SANTO: Die Beeinflussung der LANGERHANSschen Inseln durch das sogenannte pankreotrope Hormon der Hypophyse. Z. exper. Med. **102**, 390 (1938).
SCHELLER u. STROEBE: Hypoglykämische Anfälle bei Inselzellenadenom mit Ausgang in hypoglykämisches Koma. Mschr. Psychiatr. **99**, 520 (1938).
SCHELLONG: Hypophyse und Kreislauf. Med. Welt **1938 II**.
SCHEPARDSON and SHAPIRO: The diabetes of bearded women. A clinical correlation of the function of suprarenal cortex in carbohydrate metabolism. Endocrinology **24**, 237 (1939).
— and WEVER: Myxoedema and diabetes mellitus. Internat. Clin. **4**, 132 (1934).
SCHILLING: Med.-naturwiss. Ges. Münster, 27. Jan. 1936. Ref. Münch. med. Wschr. **1936 I/II**, 749, 1404.
— Hypophysäre Theorie der CUSHINGschen Krankheit und des MARFANschen Symptomenkomplexes. Münch. med. Wschr. **1936 I**, 749.

Schittenhelm, A.: Über zentrogene Formen des Morbus Basedowi und verwandter Krankheitsbilder. Klin. Wschr. **1935 I**, 401.

— u. Bühler: Die Beeinflußbarkeit der Spontankreatinurie innersekretorischer Störungen durch Sexualhormon. Z. exper. Med. **95**, 197 (1935).

— u. Eisler: Über die Therapie der Fettsucht mit besonderer Berücksichtigung der Thyroxinbehandlung. Klin. Wschr. **1931 I**, 680.

— — Über die Verteilung des Jodes im Zentralnervensystem bei Mensch und Tier. Z. exper. Med. **86**, 290 (1933).

— — Untersuchungen der Wirkung des thyreotropen Hormons auf die Tätigkeit der Schilddrüse. Klin. Wschr. **1932 I**, 1092.

— — Über das Vorkommen von thyreotropem Hormon im Zentralnervensystem und Liquor. Z. exper. Med. **95**, 121 (1935).

Schlomka, G. u. H. Frentzen: Zur Frage der Blutzuckerregulation. II. Mitt. Über das Ausmaß und die Altersabhängigkeit der Schwankungen der unbeeinflußten Vormittagsblutzuckerkurve des Gesunden. Klin. Wschr. **1938 I**, 48.

Schmidt, M. B.: Über die Beziehung der Langerhansschen Inseln des Pankreas zum Diabetes mellitus. Münch. med. Wschr. **1902 I**, 51.

Schmidt, R.: Fettsucht. Med. Klin. **1937 II**, 921.

Schmitker, Raatle and Cutler: Arch. int. Med. **57**, 857 (1926).

Schmitz u. Kühnau: Über die innere Sekretion der Nebennierenrinde. Biochem. Z. **259**, 301 (1933).

Schneider, I. A.: Sellabrücke und Konstitution. Leipzig: Georg Thieme 1939.

— Die getarnte Hypophysenschwäche, besonders bei Brückenbildung an der Sella turcica. Konstit. u. Klin. **1939**, 1.

Schnetz, H.: Besserung der Pankreasgesamtfunktion durch Fermentersatztherapie (Pankreon) bei cholangiogenem Diabetes. Dtsch. Arch. klin. Med. **181**, 325 (1937).

Schockaert, I. A. and G. L. Foster: Influence of anterior pituitary substances on total iodine content of thyreoid gland in young duck. J. of biol. Chem. **95**, 89 (1932).

Schoeller, Dohrn u. Hohlweg: Die Überlegenheit des weiblichen Hormons in seiner Wirkung auf die männliche und weibliche Kastraten-Hypophyse gegenüber männlichen Hormonen. Klin. Wschr. **1936 II**, 1907.

Schüttemeyer, O.: Zur Frage der Wehrdienstfähigkeit bei Morbus Cushing. Klin. Wschr. **1940 I**, 10.

Schumann, H.: Weitere Untersuchungen über den Einfluß der Sexualhormone auf den Glykogen-, Phosphagen- und Adenylpyrophosphatgehalt der Herz- und Skeletmuskulatur. Klin. Wschr. **1940 I**, 361.

Schwarz: Über die Beziehungen der Schilddrüse zum Blutzuckergehalt und zur Glykogenspeicherung (nach Versuchen von A. Bohrn und A. Mayer). Biochem. Z. **293**, 295 (1937).

Schweers, A.: Störungen der Stoffwechselregulation bei essentieller Hypertonie. Z. klin. Med. **134**, 239 (1938).

Severinghaus: Some aspects of anterior lobe function suggested by a cytological analysis of experimentally altered glands. Cold Spring Harbor Sympos. on Quant. Biology **5**, 144 (1937).

— and Thompson: Cytological changes induced in the hypophysis by the prolonged administration of pituitary extract. Amer. J. Path. **15**, 391 (1939).

Seyderhelm: Polyglandulärer Diabetes mellitus. Dtsch. med. Wschr. **1937 I**.

Seyfried, H. u. G. Wachner: Röntgentherapie der Nebennieren und Adrenalinwirkung. Wien. klin. Wschr. **1939 I**.

Shapiro and Pincus: Pancreatic diabetes and hypophysectomie in rat. Proc. Soc. exper. Biol. a. Med. **34**, 416 (1936).

Shipner and Soskins: Amer. J. Physiol. **91**, 97 (1934).

Shipley and C. H. N. Long: Studies on the ketogenic activity of the anterior pituitary. III. The nature of the ketogenic principle. Biochemic. J. **32**, 2242.

Shumaker and Firor: Interrelationsship of adrenal cortex and anterior lobe of hypophysis. Endocrinology **18**, 676 (1934).

Simon, A.: Über die Wirkungen verschiedener Hormone auf den Gehalt des Hypophysenhinterlappens an blutdruck- und uteruswirksamen Stoffen. Naunyn-Schmiedebergs Arch. **182**, 584 (1936).

Sòs, J.: Über die Bedeutung außerpankreatischer Faktoren für die diabetische Stoffwechsel-störung. Naunyn-Schmiedebergs Arch. **192**, 457 (1939).

Soskin, S., I. A. Mirsky, L. M. Zimmermann and N. Crohn: Influence of hypophysectomy on glyconeogenesis in normal and depankreatectomized dogs. Amer. J. Physiol. **114**, 110 (1935).

— — — and R. C. Heller: Normal dextrose tolerance curves in absence of insulin in hypophysectomized-depancreatized dogs. Amer. J. Physiol. **114**, 648 (1936).

Steiniger, G.: Zur Genetik des Diabetes mellitus. Z. menschl. Vererbgslehre **24**, 27 (1939).

Stengel, W.: Untersuchungen des Kohlehydratstoffwechsels bei Hyperthyreosen mit Hilfe der doppelten Blutzuckerbelastung nach Staub-Traugott. Inaug.-Diss. Greifs-wald 1938.

Steppuhn: Über das Stoffwechselhormon und die insulinogene Substanz des Hypophysen-vorderlappens. Wien. Arch. inn. Med. **26**, 87 (1934).

Stewart: J. of Neur. **8**, 321 (1928).

Störring, F. K.: Psychotische Insulinreaktion und Erbgut. Dtsch. med. Wschr. **1937** I, 10.

— u. H. Lemser: Über die Beziehung von Akromegalie und Diabetes. Münch. med. Wschr. **1940** I, 338.

Stötter, G.: Die Kohlehydratbelastung zur Prüfung des normalen und krankhaften Kohle-hydratstoffwechsels (Morbus Addison, Akromegalie, Diabetes mellitus). Z. exper. Med. **106**, 622 (1939).

— Die Belastung des Kohlehydratstoffwechsels. 29. Tagg nordwestdtsch. Ges. inn. Med. Stettin, Juni 1939. Zbl. inn. Med. **1939**.

Strauber: Zur Stoffwechselwirkung von Hypophysenextrakten. Z. exper. Med. **100**, 117 (1937).

Strauch, F. W.: Hypophyse und Zuckerkrankheit. Dtsch. med. Wschr. **1939** II, 1715.

Strieck: Über auffallende Besserungen mittelschwerer Diabeteserkrankungen. Klin. Wschr. **1937** I, 381.

— Experimenteller Beitrag zur Frage des cerebralen Diabetes. Z. exper. Med. **104**, 232 (1938).

Susman: Adenomata of pituitary with special reference to pituitary basophilism of Cushing. Brit. J. Surg. **22**, 539 (1935).

Sutton and Brief: Endocrinology **23**, 211 (1938).

Swann and Fitzgerald: Insulinshock in relation to the components of the adrenals and the hypophysis. Endocrinology **22**, 687 (1938).

Sweeney, J. S.: Arch. int. Med. **40**, 818 (1927).

— Twenty four hour blood sugar variations in fasting and non fasting subjects. Arch. int. Med. **45**, 257 (1930).

Syllaba: Diabète hypophysaire. J. méd. Paris int. **1937**.

de Takáts: Chirurgische Maßnahmen zur Hebung der Zuckertoleranz. Klin. Wschr. **1933** I, 623.

Teaque: Melanophore hormone of the pituitary gland and metabolism stimulation. Proc. Soc. exper. Biol. a. Med. **40**, 516 (1939).

Teihum, G.: Sur l'hypercholestérinémie après castration chez l'homme. C. r. Soc. Biol. Paris **125**, 577 (1937).

Teitge: Die Behandlung der Endangitis obliterans und des Ulcus cruris mit Sexualhormon. Med. Klin. **1937** II, 1153.

Terbrüggen: Über Diabetes mellitus, Inselregeneration und Inseladenome. Münch. med. Wschr. **1933** I, 291.

— u. Heinlein: Hypoglykämie nach experimenteller Röntgenbestrahlung des Pankreas. Klin. Wschr. **1932** I, 1139.

Tesseraux, H.: Zur Kasuistik und Pathologie der Cushingschen Krankheit. Endokrinol. **18**, 379 (1937).

Thaddea: Die Beziehung der isolierten Hypophysenhinterlappenhormone zum Kohle-hydratstoffwechsel des Menschen. Z. klin. Med. **125**, 175 (1933).

— Nebennierenrinde und Kohlehydratstoffwechsel. Experimentelle Untersuchungen über die funktionelle Bedeutung der Nebennierenrinde zum Gesamtkohlehydratstoffwechsel. Z. exper. Med. **95**, 600 (1935).

— Akromegalie und Morbus Basedow. Dtsch. med. Wschr. **1937** II, 1577.

THEN BERGH, H.: Zur Frage der psychischen und neurologischen Erscheinungen bei Diabeteskranken und deren Verwandten. Z. Neur. **165**, 278 (1939).

TONKES: Coma diabeticum in graviditate. Geneesk. Bl. (holl.) **36**, 145 (1939).

TROPP u. KÖHLER: Untersuchungen über die perorale Kohlehydratbelastung bei nebennierenlosen Hunden unter dem Einfluß von Corticosteron. Verh. dtsch. Ges. inn. Med. **1938**, 248.

TUSQUES: La formation d'ilôts de Langerhans aux dépens des acinis dans le pancréas des castrats. C. r. Soc. Biol. Paris **129**, 1103 (1938).

— Natürliche Regelung des gestörten Stoffwechsels und ihre Beeinflussung durch die ärztliche Behandlung. Z. ärztl. Fortbildg **1936**, Nr 8.

— Diabetes und Erbanlage. Münch. med. Wschr. **1939** II, 1479.

UNVERRICHT: Insulinempfindlichkeit und Nebenniere. Dtsch. med. Wschr. **1926** II, 1298.

URBAN: Ein Fall von „Basophilismus" (Morbus Cushing). Wien. klin. Wschr. **1937** II, 1122.

VEIL u. LIPPROSS: „Unspezifische" Wirkungen der männlichen Keimdrüsenhormone. Klin. Wschr. **1938** I, 655.

VELHAGEN, K. jun.: Über die antagonistischen Beziehungen zwischen Hinterlappenhormon und Insulin. Arch. f. exper. Path. **142**, 127 (1929).

— Experimentelles zur Frage des hypophysären Diabetes. Klin. Wschr. **1929** II, 1577.

VENTURA, L.: Contributio allo studio del metabolismo dei carbohydrati nel vecchio. La proba di STAUB. Giorn. Clin. med. **20**, 337 (1939).

— Contributio allo studio del metabolismo dei carbohydrati nel vecchio. Giorn. Clin. med. **20**, 648 (1939).

VIDOS u. WEINER: Beiträge zur Wirkung des uteruswirksamen Hormons des Hypophysenhinterlappens auf den Blutzucker. Naunyn-Schmiedebergs Arch. **189**, 732 (1938).

VOLHARD, F.: Die Behandlung des Hochdrucks. Kongrßzbl. inn. Med. **1939**, 299.

VONDERAHE, A. R.: Central nervous system and sugar metabolism. Arch. int. Med. **60**, 694 (1937).

VOSS, G.: Das CUSHING-Syndrom als Initialerscheinung bei Schizophrenen. Z. Neur. **165**, 458 (1939).

WERCH and ALTSCHULER: Study of Blood sugar raising substance in urine of diabetic and non-diabetic patients. Amer. J. Physiol. **118**, 659 (1937).

DE WESSELOW and GRIFFITHS: On the possible role of the anterior pituitary in human diabetes. Lancet **1936** I, 991.

— — The action of normal and diabetic sera on animal liver glycogen. Lancet **1939** I, 670.

WESTERLUND, E.: Klinische und experimentelle Untersuchungen über die hormonale Regulation der Fettresorption. Nord. med. Hosp. tid. (dän.) **1939**, 1065.

— Eine klinische Untersuchung über die Wirkung des Nebennierenrindenhormons auf die Fettbelastungskurve bei der ADDISON-Krankheit. Klin. Wschr. **1939** I.

WHITE, P.: Endocrine manifestations in juvenile diabetes. Arch. int. Med. **63**, 39 (1939).

WICHELS, P. u. H. LAUBER: Der experimentelle Insulindiabetes. Klin. Wschr. **1929** II, 2146.

— — Untersuchungen über den Entstehungsmechanismus des Insulindiabetes. Z. klin. Med. **114**, 27 (1930).

— — Insulin und Hyperglykämie. Dtsch. Arch. klin. Med. **172**, 613 (1932).

WIECHMANN: Hypertension und Diabetes. Dtsch. Arch. klin. Med. **161**, 92 (1928).

WIGGLESWORTH, WODROW, SMITH and WINTER: J. of Physiol. **57**, 447 (1923).

WILBRAND u. LENGYEL: Der Einfluß der Nebennierenrinde auf die Zuckerresorption. Biochem. Z. **267**, 204 (1933).

WILDER: Hyperthyreoidism, myxoedema and diabetes. Arch. int. Med. **38**, 736 (1926).

WILDER, FORSTER and PEMBERTON: Total thyreoidectomie in diabetes mellitus. Proc. Staff. Meet. Mayo-Clin. 8, 720 (1933).

LE WINN: Hyperinsulinism and pregnancy. Amer. J. med. Sci. **196**, 217 (1938).

WISLICKI: Extrainsuläre Glykosürie und Diabetes mellitus. (Zur Frage der Insulinresistenz bei der Akromegalie.) Z. klin. Med. **119**, 745 (1931/32).

WOLF, R.: Zur Frage des Diabetes renalis. Med. Welt **1939** I, 909.

WÜLLENWEBER: Paradentose mit Zahnwanderung bei Hypophysentumor. Paradentium **1939**, H. 7.

YOUNG, F. G.: Glycogen and metabolism of carbohydrate. Lancet **1936** II, 237, 297.

— Sugar formation from fat. J. of Physiol. **87**, 11 (1936).

YOUNG, F. G.: Permanent experimental diabetes produced by pituitary (anterior lobe) injections. Lancet **1937 I**, 372.
— The influence of glycotropic pituitary extracts on liver glycogen. J. of Physiol. **90**, 20 (1937).
— Experimental Investigations on the relationship of the anterior hypophysis to diabetes mellitus. Proc. roy. Soc. Med. **31**, 1305 (1938).
— The diabetic action of crude anterior pituitary injections. Biochemic. J. **32**, 513 (1938).
— Studies of the fractionation of diabetogenic extracts of the anterior pituitary gland. Biochemic. J. **32**, 524 (1938).
— Dogs made permanently diabetic by anterior pituitary injections. J. of Physiol. **92**, 15 (1938).
— The relation of the anterior pituitary gland to carbohydrate metabolism. Brit. med. J. **1939 II**, 393.
YRIAT, M.: Tiroidectomia y diabetes experimental. Rev. Soc. argent. Biol. **6**, 297 (1930).
— Tiroidectomia et diabète pancréatique. C. r. Soc. Biol. Paris **105**, 128 (1930).
ZAHLER: Über den hormonalen Ausgleich bei männlichen Kastraten. Z. klin. Med. **136**, (1939).
— u. LITZKA: Über klinische Versuche mit synthetischem Corticosteron (Cortenil). Münch. med. Wschr. **1939 I**, 446.
ZONDEK, H. u. KAATZ: Diabète hypophysaire. Presse méd. **1938**, 1835.
ZÜLZER: Untersuchungen über den experimentellen Diabetes. Verh. dtsch. Kongr. inn. Med. **24**, 258, 263 (1907).
ZUNZ: C. r. Soc. Biol. Paris **108**, 223 (1931).
— Arch. internat. Physiol. **35**, 56 (1932).
— et LA BARRE: De l'hyperinsulinémie consécutive à l'hyperglycémie provoquée par injection de dextrose. Arch. internat. Physiol. IV. Mitt. **29**, 265 (1927); V. Mitt. **29**, 281 (1927).
ZWEMBER and SULLIVAN: Corticoadrenal influence on blood sugar mobilization. Endocrinology **18**, 730 (1934).

Einleitung.

A. Zum Wesen des Diabetes.

Nur in wenigen Zweigen der medizinischen Forschung besteht eine solche Fülle oft diametral voneinander abweichender Anschauungen, Theorien und leider auch in der Therapie divergierender Meinungsverschiedenheiten wie bei der Zuckerkrankheit. Und das trotz ungeheuer intensiver Forschungsarbeit, die ihr von Klinikern, Pathologen, Physiologen, physiologischen Chemikern und Angehörigen anderer medizinischer Fachrichtungen gewidmet wurde. Woran liegt das?

1. Diabetes keine pathogenetische Einheit. Mehr als irgendwo anders tritt die Verschiedenheit der einzelnen Erkrankungen zutage, die nicht nur durch die Reaktion des Individuums ihr Gepräge bekommt, sondern die auch durch wesentlich anders beschaffene Ätiologie begründet sein kann. Zu sehr hat das Symptom der Zuckerausscheidung das Blickfeld eingeengt. Die unglückselige Bezeichnung Zuckerharnruhr, verknüpft mit mehr oder weniger ausgeprägten, aber auch beim Diabetes fehlenden Begleiterscheinungen, wie Durst, Gewichtsabnahme, körperlicher Schwäche usf., hat dabei verhängnisvolle Dienste geleistet. Sie sollte verschwinden. Die Zuckerausscheidung ist ein Symptom und keineswegs dem Diabetes obligat. Sie gehört ebenso zur wesensverschiedenen „*renalen Glykosurie*". Dagegen täuscht die Abtrennung einer sogenannten extrainsulären Glykosurie, auch „*Reizglykosurie*" genannt, vom „*echten Diabetes*" das Vorliegen grundsätzlich anders gearteter Störungen vor. Eine Auffassung, die in dieser Form heute keinesfalls mehr aufrecht erhalten werden kann, da beiden die Dekompensation desselben Regulationssystems eigen ist.

Eine Klassifizierung nach dem Grad der Kh-Stoffwechselstörung in einen leichten, mittleren oder schweren Diabetes, auch wenn Form und Ausmaß der Blutzuckerschwankung, Zuckertoleranz und Insulinansprechbarkeit noch besonders berücksichtigt werden, führt leicht zu Fehlschlüssen. Zwar steht die *Entgleisung des Kh-Stoffwechsels im Vordergrund*, aber sie ist nicht das Ausschlaggebende, Verlauf, Prognose und Therapie allein Entscheidende, wie lange Zeit — manchenorts auch heute noch — geglaubt wurde. Alle weiteren Stoffwechselstörungen seien sekundäre Folgen. Es bestehen vielmehr zahlreiche Anhaltspunkte dafür, wie in erster Linie die experimentelle Forschung der letzten Jahre eindrucksvoll gezeigt hat, daß *Fett- und Eiweißstoffwechselstörungen* zwar *eng dazugehörige, aber auch unabhängig und parallel verlaufende Vorgänge* sein können, nicht selten entstanden durch analoge Ursachen. Ebenso erfolgt die bei Kh-Hunger der Gewebe kompensierend einsetzende Zuckerbildung aus Eiweiß und Fett in durchaus ungleichem Maß. Charakteristikum des Diabetes ist das Zusammentreffen der Stoffwechselsymptome: Blutzuckersteigerung, Zuckerausscheidung, Ketosis und Ketonurie, Polyurie und Polydipsie, aber auch N-Erhöhung im Blut und Urin und anderes. Grad und gegenseitiges Verhältnis differieren, einzelne können zeitweise oder auch einmal dauernd fehlen. Kräfte, die dazu führen, wirken diabetogen, entgegengesetzte antidiabetogen. Das zur Klarstellung.

2. Der Diabetes eine Folge gestörter Stoffwechselregulation. *Nicht allein Inselinsuffizienz macht einen Diabetes.* Für seine Manifestierung ist die *Funktion der im glykoregulatorischen Wechselspiel entgegengesetzt arbeitenden Inkretdrüsen gleich bedeutungsvoll.* Ein pankreas- *und* hypophysenloser Organismus kann wieder Kh an- und umsetzen. Bei noch intaktem oder gar vermehrt insulinproduzierendem Pankreas vermag die Überfunktion des diabetogenen Hypophysenvorderlappens (HVL) bereits ein Stoffwechselbild zu erzeugen, das die Hauptcharakteristika, die für die Diagnose der Zuckerkrankheit gefordert werden, aufweist, das also zum Diabetes gerechnet werden muß. *So entscheidet letzten Endes die Fähigkeit des Individuums, die Stoffwechselregulation im Gleichgewicht zu halten.* Mangelnde Anpassungsfähigkeit einer Seite dieses Systems macht den Diabetes. Gelingt es, den Überschuß diabetogener Faktoren durch antidiabetogene zu eliminieren, so bleibt ebenso der Diabetes aus wie bei Insulinmangel und Fehlen diabetogener Stoffe. *Primäre Ursache des Diabetes kann also ein Zuviel diabetogener Hormone, aber auch ein Mangel antidiabetogener sein,* das Verhalten der Regulation bleibt das Maßgebende. Unausgeglichene Plus- und Minusdekompensation, beide kommen vor. Experiment und Klinik lassen heute dafür genügend Beweise erbringen. Durch die Analyse der diabetogenen Seite der Regulation wird sich das am besten zeigen lassen.

Es ist begreiflich, daß der genialen Entdeckung des Pankreatektomiediabetes durch MERING und MINKOWSKI eine Zeit folgen mußte, die sich sträubte, irgendwo anders als im Pankreas die Ursache des menschlichen Diabetes zu suchen. Eine gleichsinnige Wirkung mußte die Entdeckung des Insulins durch BANTING und BEST zur Folge haben. Aber schon die Tatsache, daß es nur bei einem Teil der Diabetiker gelang, durch Insulin einen völligen Ausgleich der Stoffwechselstörung herbeizuführen, ließ ahnen, daß die *Vorstellung einer alleinigen Insulin-mangelkrankheit unzureichend war.* Frühe Versuche, einem Diabetes durch Hormonüberproduktion der Hypophyse Geltung zu verschaffen, zu denen die Beobachtung hypophysärer Überfunktionskrankheiten, besonders der Akromegalie, Anlaß gab, fanden deswegen durchweg Ablehnung. Erst die sorgfältige experimentelle Analyse des Stoffwechselregulationssystems, die ihre Krönung in der Erzeugung einer Zuckerkrankheit durch HVL-Extrakte fand, ist im Begriff, einem *Diabetes durch Hormonüberschuß* zur Anerkennung zu verhelfen. Wie immer in der Medizin sind jedoch reine Ausprägungen selten und Übergangs- und Mischformen bilden das Gros der Fälle. Die Vielgestaltigkeit diabetischen Stoffwechselverhaltens wird so verständlich, ebenso wie die Verflechtung mit anderen endokrinen Abweichungen. Die Entstehung mancher diabetischer Komplikationen wird durch diese Betrachtungsweise erst begreiflich. Vor allem das CUSHING-Syndrom als komplettes Bild der Überfunktion des basophilen Teils des HVL brachte sie dem Verständnis näher.

Eine solche Aufschließung des Wesens der Zuckerkrankheit steht keineswegs im Widerspruch zu der heute so eingehend durchforschten Erbgebundenheit. *Nur ein konstitutionell und erbmäßig hochwertiges, ebenso wie ein von exogenen Schäden unbelastetes Pankreas kann einen diabetogenen Ansturm kompensieren. Ebenso tief ist die Neigung zu überschießender Hormonproduktion auf der diabetogenen Seite verankert.*

Hinzukommt, die Einsicht erschwerend, die hochbedeutsame Bindung ans *Nervensystem, das der hormonalen Regulation teils über-, teils eingeordnet* ist. Sie modifiziert in wechselndem Maße die Schwankungen dieses Regulationsmechanismus und ist neben hormonalen und humoralen Einflüssen entscheidend für die „Nierenschwelle", über deren Wesen so vieles noch unklar ist, die aber besonders für die „extrainsulären Glykosurien" bestimmend wird. Nichtsdestotrotz hängen auch hier Verlauf und Prognose letzten Endes vom weiteren Verhalten der hormonalen Regulation ab.

Es ist nur zu verständlich, daß dieses Zusammenwirken zahlreicher stoffwechselsteuernder Momente zu den verschiedensten Folgerungen für die Diabetespathogenese geführt hat. Noch ist die endgültige und vollständige Klärung keineswegs gelungen. Am wenigsten ist die nicht zu unterschätzende Beteiligung des Nervensystems offen zu übersehen. Allein die Erforschung des hormonalen Anteils der Regulation, wie sie in den letzten Jahren intensiv vorwärts getrieben wurde, erlaubt schon jetzt, neue, auch der Klinik nutzbare Gesichtspunkte herauszuarbeiten.

Aber noch andere Schwierigkeiten stellten sich hemmend der Erforschung der Diabetesgenese entgegen. Erst die Ausarbeitung subtiler Untersuchungsverfahren, angefangen bei der Bestimmung des Blutzuckers, bei Belastungs- und Toleranzprüfungen und dem Nachweis einzelner Stoffwechselprodukte, gab die wichtigste Voraussetzung für ein eingehenderes Studium. Verständlich, daß lange Zeit deskriptiv analytisch gearbeitet wurde, zumal die Diabetesätiologie durch einen Insulinmangel hinreichend gesichert schien und erst neuerdings wieder die *Frage nach kausalen Momenten in den Vordergrund* rückt. Den alten intuitiv vorgehenden Klinikern war dieser Unterschied einzelner Diabetesformen vielfach schon klar zum Bewußtsein gekommen. Manche ihrer Beobachtungen erfahren heute eine glänzende Bestätigung und Vertiefung.

Ein weiteres Hemmnis war die Geringfügigkeit der morphologischen Veränderungen in den Inkretdrüsen, verbunden mit der Schwierigkeit, aus solchen Funktionsstörungen abzulesen. Aber auch hier hat gerade die letzte Zeit in der Struktur der einzelnen Zellen, so beim hypophysären Basophilismus, neue Möglichkeiten erschlossen. Aber mancher experimentelle Befund und mancher klinische Rückschluß verlangt noch als Schlußstein die pathologisch-anatomische Bestätigung.

B. Praktische, die Bedeutung einer ätiologischen Diabetesforschung kennzeichnende Folgerungen.

Das sind nur einige Hauptursachen der Verschiedenheiten und Widersprüche, die dem mit der Materie nicht allzu vertrauten Arzt und Studenten den Einblick so schwierig gestalten und die Zuckerkrankheit zur Domäne des Internisten und Pädiaters stempeln. Man möchte bedauerlicherweise fast sagen, nur eines Teiles von ihnen, denn anders ist es nicht zu verstehen, daß die therapeutischen und sozialen Erfolge so erheblich voneinander abweichen. Die von einigen Schulen oft auf verschiedenem Wege — je nachdem, wie heute klar wird, ob das Hauptgewicht auf die Beeinflussung der diabetogenen oder antidiabetogenen Seite gelegt wurde — meisterhaft entwickelte Diätetik wie die von v. NOORDEN, FALTA, PETRÉN, JOSLIN, die „elastische Diät" von KATSCH, um nur einige herauszugreifen, gestalten die Behandlung in vielen Einzelfällen zu einer wahren Kunst, die durch die allgemeine Einführung des Insulins erleichtert oder erst ermöglicht wurde. *Ein Pankreas-Unterfunktionsdiabetes und ein HVL-Überfunktionsdiabetes, gar ein solcher mit hervorstechender Fettstoffwechselentgleisung, müssen natürlich ganz verschieden eingestellt werden.* Anders als eine Zuckerkrankheit, bei der eine Ketosis nur in jenem Umfang auftritt, wie es der unzureichenden Kh-Verwertung entspricht, ein insulinresistenter Diabetes nicht so wie ein norm- oder überempfindlicher. *Dazu ist die richtige Erkennung und Beurteilung der Stoffwechselstörung also notwendig.* Die optimale Einstellung sollte nicht mehr allein — dem ungeübten Beobachter rätselhaft und intuitiv erscheinend — durch langjährige Erfahrung, sondern heute auch durch bewußte ätiologische und patho-physiologische Analyse des Einzelfalls erzielt werden. Ein vielfach üblicher Schematismus im Stoffwechselregime trägt den vorhandenen Möglichkeiten keineswegs Rechnung.

Wenn gerade bei der Erörterung einer rationellen Diabetestherapie die alte Redewendung: „Es führen viele Wege nach Rom" angeführt wird, so muß demgegenüber nachdrücklichst betont werden, daß einige von ihnen doch unnötig beschwerlich sind und auch Endziel und Endergebnis oft recht unterschiedlich. Nach gründlicher Analyse des Einzelfalls führen zudem nur sorgfältige Schulung und eigene Disziplin des Stoffwechselkranken bei individueller Einstellung zur erstrebten Höchstleistung, die den Diabetiker von dem Los befreit, der Gemeinschaft zur Last fallen, und ihn zum produktiven Glied derselben werden läßt. Auch verpflichten, um diesem Ziel näher zu kommen, *ermutigende Ansätze einer kausalen Therapie bei Formen mit Überfunktion des insulinantagonistischen hormonalen Systems* zu weiterem Ausbau dieser Forschungsrichtung, ferner eröffnen sich *Aussichten zur Verhütung und Besserung von Komplikationen.* Eine „Heilung" oder anhaltende Besserung einzelner Fälle von Zuckerkrankheit ist am ehesten bei vornehmlich extrainsulär gestörten zu erwarten.

Es ist also an der Zeit, dafür Sorge zu tragen, daß die bisher erreichten Ergebnisse Allgemeingut werden und in der Klinik ihre Auswertung erfahren, zumal sich schon heute bedeutsame Folgerungen für die Pathogenese, Therapie und Prognose mancher Diabetesformen ergeben haben und zweifellos in noch größerem Maße aufzufinden sein werden.

Ziel der vorliegenden Arbeit soll es sein, vom Standpunkt des Klinikers aus sichtend einen Einblick in die Vielzahl dieser Erkenntnisse zu verschaffen. Das geschieht am besten durch *Betrachtung der extrainsulären Regulation* unter Klarlegung des *Diabetes als Regulationserkrankung.* Das Pankreas hat in ungezählten Arbeiten bereits eine sorgfältige Bearbeitung erfahren. Das Inselorgan wird daher nur so weit Erwähnung finden, wie nötig ist, um die von ihm beherrschte Seite des Regulationssystems zu kennzeichnen.

C. Ein kurzer orientierender Überblick über das extrainsuläre System in der bisherigen Diabeteslehre.

Die alten Autoren sahen unter dem Einfluß des Zuckerstichs Claude Bernards in *nervöser Fehlregulation des Stoffwechsels*, möchte man heute sagen, die Ursache der diabetischen Störung, bis Mering und Minkowskis fundamentale Versuche (1889) und später wieder die Entdeckung des Insulins durch Banting und Best in einer zweiten Phase (1921) die Aufmerksamkeit auf das *Pankreas* konzentrierten. Alle anderen Faktoren wurden dadurch in den Hintergrund gedrängt. Selbst v. Noorden, der sich gegen die Nichtausnutzungstheorie Minkowskis zugunsten vermehrter Zuckerproduktion wandte, räumte erst *nach und nach der Hypophyse und anderen Inkretorganen eine Bedeutung* ein.

Die ersten klaren, auch experimentell begründeten Erkenntnisse von der *diabetogenen Funktion der Hypophyse*, ausgehend von Beobachtungen an Akromegalen, sind Borchardt zu danken (1908). Bald darauf wurden auch gleichgerichtete Angaben Harvey Cushings laut. Aber Brugsch erlebte 1916 noch eine allgemeine Ablehnung des hypophysären Diabetes. Immer war allerdings dabei der Blick auf den *Hinterlappen* gerichtet und erst die schönen Versuche Houssays und seiner Mitarbeiter, die von der experimentellen Medizin aus ungewöhnlich fruchtbare Anregungen gaben, eröffneten die tiefere Kenntnis vom *Vorderlappendiabetes.* Im deutschen Schrifttum haben dazu die Arbeiten Luckes, Anselmino und Hoffmanns, Reiss' und vieler anderer beigetragen, ebenso wie zahlreiche der angelsächsischen Literatur. Die Erzeugung einer permanenten Zuckerkrankheit durch HVL-Injektionen, die Young (1936) gelang, stellt ihren Gipfelpunkt dar. In der Klinik bedeutete die *Lehre von der Gegenregulation*, die Falta und seine Schüler vom insulären Diabetes aus entwickelten, eine beträchtliche Bereicherung. *Sie lenkte das Hauptaugenmerk auf die Insulinansprechbarkeit.* Mauriac-Aubertin schieden vom Diabète insulair einen Diabète insulien mit unzureichendem Insulinerfolg aus unersichtlichen Gründen. Angelsachsen trennten insulin-sensitive von insensitiven Fällen. Die neuesten Versuchsergebnisse haben jedoch erst endgültig die Bedeutung, die das extrainsuläre System besitzt, zu umreißen vermocht. *Der extrainsuläre Diabetes verliert mehr und mehr die ihm zugewiesene Ausnahmestellung.*

Erst zögernd mehren sich in den letzten Jahren Stimmen, die die Natur der *Regulationsstörung* mehr oder weniger betont vertreten (R. SCHMIDT, LICHTWITZ, LUCKE, ANSELMINO und HOFFMANN, SCHÜPBACH, HOFF, BARTELHEIMER, BERNHARDT u. a., vornehmlich angelsächsische Autoren). FLINT u. a. begannen, die *Einordnung der aus Duodenum und Pankreas gewonnenen Faktoren* vorzunehmen. KATSCH unterschied vom Defekt im diabetischen Geschehen einen Regulationsanteil. UMBER vertrat mit Nachdruck die Gegenüberstellung von *Pankreasdiabetes und sympathicotoner chromaffiner Reizglykosurie*, die er völlig trennte, allerdings unter Einräumung von Mischformen, die er zu analysieren aufforderte. Neuerlich wurde zunehmend die diabetogene Überproduktion des HVL anerkannt, ja eine primäre, diabetesauslösende oft vermutet. Klinische Beobachtungen im Verein mit den Ergebnissen der Experimentalforschung waren BARTELHEIMER Veranlassung, das im *Überfunktionsdiabetes, der dem Unterfunktionsdiabetes gegenübergestellt wurde*, zu präzisieren *unter breiter Einsetzung von Zwischenformen*, die die Klinik beherrschen. Schon R. SCHMIDT dachte an die ätiologische hormonale Überfunktion mit absolutem oder relativem Insulinmangel.

Eine *konstitutionelle Betrachtungsweise* hatte früh den fetten vom mageren Diabetes trennen lassen, schon vor zwei Jahrtausenden durch indische Ärzte, im letzten Jahrhundert zuerst wieder durch französische Autoren. Hinzukam die wichtige *Einbeziehung des Blutdruckverhaltens* (R. SCHMIDT, KYLIN u. a.). Im klinischen Teil wird dazu noch viel zu sagen sein. Ähnlich erging es der *neurogenen Zuckerkrankheit* oder, wie man heute nach dem durch die schönen Versuche STRIECKs gesicherten Schwerpunkt besser sagen sollte, dem *mesencephalen Fehlsteuerungsdiabetes* (BARTELHEIMER). Während nervöse Faktoren ursprünglich unter der Direktion der genialen Entdeckung des Zuckerstichs durch CLAUDE BERNARD im vorigen Jahrhundert das Primat besaßen, führten Kriegserfahrungen (JOSLIN, v. NOORDEN, UMBER u. a.) vorübergehend dazu, ihre ätiologische Bedeutung völlig abzulehnen. Erst die weitere Analyse des glykoregulatorischen Systems im Verein mit klinischen Einzelbeobachtungen (CURSCHMANN, RAAB, GRAFE, BARTELHEIMER u. a.) verschafft ihr in der Klinik neue Geltung und eine Stellung, die der hormonalen Regulation über- und zugeordnet ist. Zu ihren eifrigsten Verfechtern gehörte LESCHKE, ebenso BRUGSCH mit seinen Schülern.

Hauptteil.

Experimentelles und Klinisches
zur diabetogenen Regulationsverschiebung.

Eine Aufteilung des Stoffes in einen experimentellen und einen klinischen Teil, die zum besseren Verständnis und um einen klareren Überblick über die Fülle der Tatsachen zu geben, zweckmäßig ist, kann nicht immer schematisch nach diesem Gesichtspunkt erfolgen. Manches grundsätzlich Bedeutungsvolle wird sich eher und zuweilen ausschließlich im Tierversuch entscheiden lassen, aber dabei darf die Anregung gebende klinische Beobachtung nicht unerwähnt bleiben ebenso wie Korrektionen, die die Klinik liefert. Umgekehrt kann die klinische Forschung auch den Tierversuch nicht missen, beide ergänzen sich.

Experimentelle Ergebnisse:
I. Die einzelnen Inkretdrüsen und ihre Stoffwechselwirkung.

Klare Gesichtspunkte und grundsätzliche Entscheidungen sind vor allem der tierexperimentellen Forschungsrichtung zu danken. Sie hat in den letzten beiden Jahrzehnten einen unerhörten Aufschwung erfahren. Dabei kommt jenen Versuchen größte Bedeutung zu, die den durch Ausschaltung einer Inkretdrüse entstehenden Effekt prüfen, der einmal in einem Fortfall der erzeugten Wirkstoffe, dann aber auch in dem ungehemmten Überwiegen seiner Antagonisten besteht. Ein Ausgleich soll wieder durch Implantation des entfernten Organs oder durch Zufuhr entsprechenden Inkretes zu erzielen sein. Die pathologische Mehrabsonderung einer Drüse wird am besten durch längere künstliche Zufuhr des als Extrakt gewonnenen, mehr oder weniger gereinigten Wirkstoffes oder gar des synthetisch hergestellten nachgeahmt, wobei die Wirkung durch Entfernung oder Verkleinerung antagonistischer Drüsen weiter gesteigert werden kann.

Solange die Reindarstellung und chemische Identifizierung noch nicht gelungen ist, sollte weniger von Hormonen und statt dessen lieber von Wirkstoffen gesprochen werden. Das muß vor allem für die zahlreichen aus dem HVL gewonnenen, sehr aktiven, aber noch nie sauber isolierten Stoffe gefordert werden. Vieles spricht dafür, daß einige unter verschiedenem Namen beschriebene identisch sind oder der einem Wirkstoff zugeschriebene Effekt durch Zusammentreffen mehrerer, auch indirekt wirkender „glandotroper" erfolgt. Hinzukommt die Beteiligung des Nervensystems, besonders des autonomen und des Hirnstammes, die aber hier nur so weit Erwähnung finden soll, wie in Zusammenhang mit der hormonalen Regulation unbedingt geboten erscheint, und diejenige von Fermenten, die sich am Wirkungsort der Hormone in vieler Weise einschalten.

A. Hypophysenvorderlappen.

1. Pankreatektomie-Diabetes und Diabetes durch Injektion von HVL-Extrakten.

Außer der schon früh erkannten *Neigung hypophysektomierter Tiere zur Hypoglykämie*, die während des Fastens, obligat ist, stellten Houssay und Magenta 1924 bereits fest, daß hypophysektomierte Hunde auffällig *gegen Insulin empfindlich* sind. Lucke, Heydemann und Hechler u. a. bestätigten das. Die erhöhte Insulinempfindlichkeit ließ sich bei zahlreichen anderen Tieren wie Affen, Katzen, Kaninchen, besonders früh bei Kröten, bei denen der Eingriff leicht durchführbar ist, ebenfalls nachweisen (Hartmann und Mitarbeiter, McPhail, Cope und Marks, Fujimoto, Houssay, Mazzocco und Rietti, Lucke und Mitarbeiter, Karlik u. a.). Wie zu fordern war, konnte diese Insulinüberempfindlichkeit durch Zufuhr von HVL-Extrakt wieder beseitigt werden (Di Benedetto u. a.). Sie ist unabhängig davon, ob das Pankreas vorhanden ist oder entfernt wurde (Regan und Barnes).

Noch aufschlußreicher und überzeugender sind die schönen Experimente, die wieder durch Houssay (1929) eingeleitet wurden, die die wechselseitige Beziehung von Pankreatektomie und Hypophysektomie aufdeckten. Zuerst an Kröten und Hunden, bei diesen auch von Lucke, Heydemann und Berger, ließ sich zeigen, daß *die der Entfernung des Pankreas folgende diabetische Stoffwechselstörung* — Glykosurie und Hyperglykämie, Azidose bis zum Koma und

auch vermehrte N-Ausscheidung — *durch die Hypophysektomie zu bessern* ist,
ja Normoglykämie und unter bestimmten Voraussetzungen, wie im Hunger,
gefährliche Hypoglykämien zur Folge haben kann (COLLIP u. a.). Leber- und
Muskelglykogen steigen wieder auf normale Werte. KÉPINOV entdeckte bei
pankreaslosen Tieren einen Insulinantagonisten im Blut, der nach der Hypophysektomie verschwand. Auch die Azidose blieb aus oder verminderte sich
wenigstens (HOUSSAY, SOSKIN u. a.), ebenso ging die gesteigerte Stickstoffausscheidung im Urin zurück. Unter anderem bei Katzen (LONG und LUKENS)
und Ratten (PINCUS und SHAPIRO) ließen sich diese Versuche bestätigen. Heute
ist die Tatsache besonders wichtig, daß allein der Ausschluß der Hypophyse
diese Wirkung hatte. HOUSSAY und seine zahlreichen Schüler konnten aus-
drücklich nachweisen, daß weder intakte Nebennieren noch die Schilddrüse
oder ein unversehrtes vegetatives Nervensystem dazu erforderlich waren. Die
humorale Natur der Störung wird durch die Möglichkeit, durch HVL-Extrakt
die Stoffwechsellage von neuem zu verschlechtern (HOUSSAY, BIASOTTI und
RIETTI, BURN sowie COPE und MARKS, LUCKE, LONG u. a.), offenbar. Die
fehlende oder nur *geringe Glykosurie hypophysektomierter, pankreatektomierter
Tiere nimmt nach Injektion alkalischer Vorderlappenextrakte rasch zu, vor allem
steigert sich die Azidose* und kann schnell zum letalen Koma führen, während
diese Tiere sonst monatelang am Leben erhalten werden können (HOUSSAY und
BIASOTTI, LONG und LUKENS) und erst infolge der übrigen hypophysären Ausfallserscheinungen zugrunde gehen. SEYDERHELM, auch H. CURSCHMANN, erzeugten ebenfalls beim Menschen in einem Fall von Zuckerkrankheit mit Vorderlappeninsuffizienz durch Präphyson eine Verschlechterung des Stoffwechsels.

Selbst die *Zuckerbelastungskurven doppelt operierter Tiere können normal
oder fast normal sein* (BARNES und REGAN, BIASOTTI u. a.), manchmal weisen
sie allerdings auch erhöhte Werte auf (LONG und LUKENS, SOSKIN und Mitarbeiter). *Kennzeichnend gegenüber dem normalen Individuum bleibt sonst immer
die Schwerfälligkeit, höhergradige Eingriffe in das Stoffwechselgleichgewicht regulierend auszubalancieren.*
Noch wichtigere Argumente für das Zustandekommen einer Zuckerkrankheit
durch zuviel HVL-Hormon — in die Pathophysiologie übertragen für die
Existenz eines HVL-Überfunktionsdiabetes — liefern jene Arbeiten, die sich
der Einspritzung von HVL-Extrakt bei gesunden Tieren bedienten. BORCHARDT,
der zuerst (1908) die inneren Zusammenhänge von Akromegalie und Diabetes
klar erkannte, benutzte einen wenig wirksamen Auszug aus Pferdehypophysen.
Er stellte Glykosurie und Hyperglykämie fest, erhielt aber damals keine allgemein überzeugenden Ergebnisse. Nur eine geringe Glykosurie erzeugten
(1911) CUSHING, GOETSCH und JACOBSOHN. Experimente in ähnlicher Richtung
wurden außerdem schon früh von FALTA und seinen Schülern unternommen.
Der diabetogene Faktor wurde damals meist im Hinterlappen vermutet. 1927
vermochten JOHNS, O'MULVENNEY, POTTS und LAUGHTON *durch tägliche Injektionen von Vorderlappenauszügen vorübergehend einen diabetischen Stoffwechsel*
mit Hyperglykämie und Glykosurie sowie Polyurie an bisher gesunden Hunden
zu erzeugen. Eindeutig gelang dies HOUSSAY, BIASOTTI und RIETTI, dann
BAUMANN und MARINE, EVANS, BARNES und REGAN, ANSELMINO und HOFF-
MANN und später zahlreichen anderen Untersuchern. Bei vielen Tieren zeitigten
solche Versuche Erfolge, allerdings traten Glykosurie und Hyperglykämie oft

in verschiedenem Ausmaß auf, so kaum bei der Ratte, die bekanntermaßen ein besonders leistungsfähiges Inselorgan besitzt. Jedoch gelang es bei der teilweise pankreatektomierten Ratte leicht, den milden Diabetes in eine schwere Form umzuwandeln.

Gleichzeitig stieg das Leberglykogen an und ebenso stellte sich eine *Insulinresistenz* ein. Höchst bemerkenswert, daß Houssay und Mitarbeiter die den Injektionen folgende Glykosurie und Hyperglykämie nicht bei fastenden, sondern nur bei gefütterten Tieren beobachteten. Aber nicht nur der Kh-Stoffwechsel ließ sich vorübergehend beeinflussen, sondern auch Fett- und Eiweißstoffwechsel. *Lipämie und Anstieg des Lipoid- und Cholesterinspiegels, Azidose mit entsprechender Acetonurie*, ebenso eine *vermehrte N-Ausscheidung* wurden vielfach festgestellt. Es kam zur *Leberverfettung* (Raab, Campbell, Foglia und Mazzocco u. a.) bei Verwendung höher gereinigter Präparate, die ähnlich dem Lipoitrin das Blutfett verringerten (Strauber, Gray, Houchin und Turner u. a.). Das unterschiedliche Verhalten des Fettgehaltes des Blutes gegenüber HVL-Extrakten zeigt, daß dieser keineswegs nur durch ein Hormon gesteuert werden kann. Hier schaltet sich vor allem noch die Nebenniere ein. Die ketogene Wirksamkeit von HVL-Extrakten dagegen war durch Adrenalektomie kaum zu verringern (MacKay, Eyton und Wick). Houssay und seine Schüler beschrieben die Steigerung des Eiweißstoffwechsels und erkannten die vermehrte Zuckerneubildung aus Nicht-Kh, wobei sie größten Nachdruck auf die aus Eiweiß legten. Neuerdings haben Lassen und Hansen an 2 Gesunden und 2 Diabetikern gezeigt, daß alkalische HVL-Extrakte auch beim Menschen die gleiche Wirkung entfalten. Die Blutzuckertagesschwankungen erreichten ein sehr viel höheres Niveau, auch ein ketogener Effekt war deutlich, bei den Gesunden weniger als bei den Zuckerkranken. Kh-Belastungen ließen allerdings die veränderte Regulation nicht erkennen.

Am Kaninchen konnten Kylin und Korányi nicht allein die Blutzuckersteigerung, sondern auch die des Blutdrucks nach der von ihnen geübten modifizierten Hypophysentransplantation feststellen.

Polydipsie und Polyphagie stellten sich nach Angaben verschiedenster Untersucher *nach HVL-Extraktzufuhr* wenigstens vorübergehend ein. Neben einer passageren Insulinresistenz, die als erstes zu beobachten war, verriet sich eine *vermehrte Adrenalinempfindlichkeit* durch Erhöhung der Blutzuckerkurve nach Adrenalingabe (Houssay und Di Benedetto). Übereinstimmend wurde von zahlreichen Untersuchern festgestellt, daß die geschilderten *Stoffwechseländerungen in der Regel 3—5 Tage nach Beginn der Injektionen des HVL-Extraktes* offen zutage traten, aber auch daß sie *trotz Fortsetzung der Extraktbehandlung wieder verschwanden*. Nach mehr oder weniger langer Zeit fiel der Blutzucker zur Norm, manchmal sogar bis auf hypoglykämische Werte mit entsprechenden Symptomen (Evans, Young). Daraus war auf das Bestehenbleiben der Funktion des Inselorgans und eine langsam einsetzende reaktive Hypertrophie mit vermehrter Insulinproduktion zu schließen. Die viel länger auffindbare Insulinresistenz bewies das Anhalten einer inzwischen erfolgten Steigerung der Antagonisten.

Solche Ergebnisse, die Houssay veranlaßten, eine *diabetogene Substanz im HVL* festzustellen, blieben nicht unbestritten, vor allem wurde zunächst vor klinischen Rückschlüssen gewarnt, insbesondere weil es nicht gelang, den wirksamen Faktor zu isolieren. Im Gegenteil wurde gerade beobachtet, daß weitgehend gereinigte Extrakte, besonders auch die Handelspräparate, nicht jene geschilderte diabetogene Wirkung besaßen, die von ANSELMINO als „HOUSSAY-Effekt" bezeichnet worden ist. Hinzukommt, daß die Intensität der einzelnen Auszüge verschiedener Untersucher schwankte und dadurch die Möglichkeit vergleichender Nachprüfungen eingeschränkt wurde.

Eine alte Forderung, *die Erzeugung eines anhaltenden Diabetes durch Zufuhr von HVL-Extrakten*, erfüllt zu haben, ist das große Verdienst YOUNGs. Damit war die experimentelle Grundlage für den anfangs gekennzeichneten Überfunktionsdiabetes geschaffen. In sehr schönen Versuchen gelang es diesem Autor, durch dauernde regelmäßige intraperitoneale Einspritzung von großen Mengen eines nach der Methode von SCHOCKAERT aus frischen Hypophysenvorderlappen hergestellten Extraktes die von den Voruntersuchern beobachtete, nach einiger Zeit sich einstellende Resistenz gegen den injizierten HVL-Auszug zu brechen und eine permanente diabetische Stoffwechselstörung an mehreren Hunden — später auch an Katzen und Kaninchen — zu erzeugen, die sogar nach Absetzen von versuchsweise verabfolgtem Insulin zum Tode führte. Diese grundlegenden Ergebnisse haben heute durch die inzwischen erfolgte Bestätigung HOUSSAYs, des besten Kenners dieses Gebietes, sowie von DOHAN und LUKENS, HÉDON und LOUBATIÈRES, CAMPBELL, JAMES und BEST Beweiskraft erlangt.

Wie ist das zu verstehen? Nach mehrtägiger Latenz erzeugen die täglichen großen HVL-Extraktinjektionen Glykosurie und Ketonurie. Beide bilden sich vorübergehend zurück, wohl durch eine reaktive Mehrproduktion von Insulin. Bei Fortsetzung der Einspritzungen ist das Pankreas jedoch nicht mehr imstande, erfolgreich die diabetogenen Kräfte zu unterdrücken und auch eine *Zucker- und Glykogenbildung aus Eiweiß und Fett* zu verhindern. Ebenso kann die die Glucosespeicherung in der Peripherie hemmende Vorderlappenwirkung von dem mobilisierbaren Insulin nicht mehr völlig überwunden werden. Ein *Überfließen des Zuckers* ist die Folge. Mit fortschreitendem Versagen des Inselorgans wird das Mißverhältnis der Stoffwechselregulatoren immer größer und bleibt auch nach Absetzen der HVL-Injektionen erhalten. Ein Dauerdiabetes ist das Ergebnis. Inzwischen entstehende morphologische Veränderungen im HVL (SEVERINGHAUS und THOMPSON) lassen dort Funktionsänderungen vermuten. Die langsam sich bessernde Insulinansprechbarkeit (YOUNG) verrät erst deren Abklingen und das Zurückbleiben eines Pankreasdefektes.

Ähnlich wie der von V. MERING und MINKOWSKI zuerst *erzeugte Pankreasdiabetes* den *Prototyp des Unterfunktionsdiabetes* darstellt, ist *der durch wiederholte HVL-Injektionen hervorgerufene Dauerdiabetes* YOUNGs im Verein mit den älteren HOUSSAYschen Ergebnissen der Ausgangspunkt und die *experimentelle Grundlage des Überfunktionsdiabetes*. Damit eröffnen sich der experimentellen Forschung neue Wege und der klinischen Forschung die Pflicht, unter diesem Gesichtspunkt die Pathogenese der Zuckerkrankheit des Menschen einer Revision zu unterziehen.

Als besonders *eindrucksvolle Eigenschaft der so diabetisch gemachten Hunde* fiel gleich auf, daß eine *Insulinzufuhr trotz beträchtlicher Glykosurie unnötig* war, *da Ernährungs- und auch Kräftezustand erhalten blieben.* Ja, es stellte sich *anfangs eine Fettsucht* ein. War dann allerdings einmal längere Zeit Insulin gegeben worden, von dem wegen der vorhandenen Resistenz auffällig große Mengen erst einen Effekt erzielten, die dann aber zu vermehrter schneller Gewichtssteigerung führten, so hatte dessen Wegfall baldige Verschlechterung, selbst Azidose und Exitus im Gefolge. Young glaubt, daß die durch die Insulinisierung erzeugte Gewichtszunahme daran schuld sei, und erinnert an die Allenschen Theorien. Auffällig war ferner *das lebhafte und wenig beeinträchtigte Wesen und das Wohlbefinden* vor der probeweisen Insulinisierung im Gegensatz zu dem Verhalten pankreatektomierter Hunde. Die eingehende Stoffwechselprüfung (1938) wurde von Marks und Young vorgenommen und dabei eine Reihe höchst interessanter Entdeckungen gemacht.

Bei einseitiger Eiweißkost war die *Zuckerneubildung deutlich,* zusätzlich zugeführte Glucose wurde quantitativ ausgeschieden. Ersatz eines großen Teils des Eiweißes durch Kohlehydrate in äquivalenten Mengen verursachte eine geringere Zuckerausscheidung, als zu erwarten war. Weiterer Klärung bedarf die an einem solchen Hund gemachte merkwürdige Beobachtung, daß sich außer der Glykosurie auch die Ketonurie unter einer fast ausschließlichen Fettkost verminderte.

Houssay und Foglia stellten nicht nur unter dem Einfluß der Vorderlappenstoffe eine Beeinträchtigung des Inselsystems fest, sondern mit Biasotti zusammen erklärte Houssay den so erzeugten Diabetes durch eine funktionelle „réduction" der Langerhansschen Inseln. Während der Zeit der Injektionen sahen Richardson und Young Proliferationen, die aus Mitosen erschlossen wurden, und hydropisch degenerative Veränderungen in den Langerhansschen Inseln entstehen, im Pankreas eines 10 Monate diabetisch gewesenen Hundes fanden sich neben normalen Inselzellen in anderen, vor allem in den Betazellen, Schädigungen der Granulierung. Bei einem Hunde, der nach vorübergehender Insulinbehandlung zugrunde ging, waren angeblich weder normale Alpha- noch Betazellen in den Langerhansschen Inseln vorhanden. Sie zeigten eine hyaline Degeneration. Auf die endgültige Erklärung dieser *morphologischen Pankreasbefunde* verzichteten diese Autoren wegen der noch zu geringen Zahl ihrer Untersuchungen. Inzwischen haben Campbell, James und Best bei einem solchen diabetischen Hund, der gut auf Insulin ansprach, das Pankreas exstirpiert, danach beobachteten sie, daß die zum Stoffwechselausgleich erforderliche Insulinmenge sich nur unwesentlich erhöhte. Im Pankreas sahen sie ähnliche morphologische Befunde, der *Insulingehalt war außerordentlich erniedrigt.* Fraglos liefert diese Bestätigung einen hervorragenden Beitrag über die Wechselbeziehungen des HVL zum Inselorgan und gibt Anhaltspunkte dafür, daß durch vorübergehendes Vorhandensein großer Mengen von Vorderlappenwirkstoffen eine Dauerschädigung des Inselorgans möglich ist. Ein außerordentlich wichtiges Argument für die *Diabetesentstehung durch primäre HVL-Überfunktion, nicht nur durch das Zuviel von Vorderlappenwirkstoffen, sondern auch sekundär durch die Beeinträchtigung des Pankreas.* An der Hypophyse und, was ebenso wichtig ist, an den übrigen endokrinen, von dort gesteuerten Drüsen konnten Richardson und Young keine überzeugenden histologischen Abweichungen erkennen, dagegen beschrieben Severinghaus und Thompson kürzlich solche bei fortlaufend mit HVL-Extrakt behandelten Ratten in den basophilen Zellen des Vorderlappens, die den von Crooke beschriebenen des basophilen Pituitarismus ähnelten.

Ähnliche histologische Befunde an der Bauchspeicheldrüse sind schon früher nach der subtotalen Pankreatektomie in den zurückgelassenen Inseln festgestellt worden (HOMANS, ALLEN u. a.), vor allem nach starken Zuckerbelastungen, die zu einer Verschlimmerung des Diabetes führten und anscheinend das Pankreas erschöpften. Der MARKS und YOUNG kürzlich an der Ratte gelungene Nachweis einer hochgradigen *Vermehrung des Insulingehaltes des Pankreas nach HVL-Extraktbehandlung* — von Tieren also, bei denen es bisher noch nicht möglich war, einen Überfunktionsdiabetes zu erzeugen — wird nur durch eine Funktionssteigerung der Inseln erklärlich. Das zeigt besonders schön, daß das *Verhältnis der sich gegenüberstehenden Stoffwechselhormone die Entstehung eines Diabetes entscheidet.* Beide Seiten des hormonalen glykoregulatorischen Systems sind vermehrt, aber solange das Gleichgewicht erhalten wird, entsteht kein Diabetes. Die Ratte besitzt, was schon aus anderen Versuchen bekannt war, im Gegensatz zum Hund ein außerordentlich leistungsfähiges Inselorgan, das keinen HVL-Überfunktionsdiabetes entstehen läßt, weil die Insulinproduktion genügend angepaßt wird. Die Erschöpfung des Pankreas gelingt nicht, eine Schädigung der Inseln bleibt aus, nicht einmal ein relativer Insulinmangel tritt zutage. Das Gleichgewicht bleibt immer erhalten.

Wenn auf den ersten Blick die Erklärung für den im Hundeversuch erreichten Dauerdiabetes nach Absetzen der HVL-Extraktinjektion durch diese Pankreasschädigung gegeben zu sein scheint, so darf aber nicht übersehen werden, daß die *zurückbleibenden Stoffwechselstörungen sich in wesentlichen Punkten vom experimentellen Pankreasdiabetes unterscheiden.* Die Unterschiede im Allgemeinzustand wurden schon erwähnt. Einige Beispiele seien noch herausgegriffen, die YOUNGschen Hunde zeigten trotz hochgradiger Glykosurie, Hyperglykämie usf. keine schnelle Stoffwechseldekompensation, die Glykogendepots blieben im Gegensatz zum Pankreasdiabetes erhalten. Diese Feststellung, wie vor allem die auch nach Absetzen der Injektionen zurückbleibende Insulinresistenz, legt die schon früher geäußerte Annahme nahe, daß es *unter dem Einfluß des Hypophysenextraktes zur Ankurbelung eines nun weiter in vermehrtem Maß diabetogene Hormone produzierenden Organs* kommt, etwa der *Nebennierenrinde*, woran auch JORES denkt, aus Beobachtungen von SEVERINGHAUS zu schließen vielleicht mehr des *basophilen Vorderlappens.* Bei einzelnen Tiergattungen (Katzen, Kröten) war das Vorhandensein der intakten Nebennierenrinde für die Stoffwechselwirkung des Extraktes notwendig, bei anderen, Hunden zum Beispiel, nicht.

Diese Auffassung hat zweifellos in der allerletzten Zeit durch die genannten Versuche von SEVERINGHAUS und THOMPSON eine hervorragende Bestätigung erfahren. Bei Ratten, denen fortlaufend Vorderlappenextrakt injiziert wurde, ließen sich in den basophilen Zellen der Hypophyse histologische Veränderungen erkennen, die den von CROOKE beim CUSHING-Syndrom beschriebenen entsprachen und von denen dort bekannt ist, daß sie in engem Zusammenhang mit der Hormonüberproduktion des HVL stehen. Der CUSHING-Typ ist ja schlechthin der Prototyp des Überfunktionsdiabetes (BARTELHEIMER). Da Ratten ein ungewöhnlich widerstandsfähiges Inselorgan besitzen, ist es begreiflich, daß trotz HVL-Überfunktion keine Stoffwechselentgleisung zustande kommt. Wodurch entsteht überhaupt diese Veränderung im HVL? SEVERINGHAUS und Mitarbeiter haben eine ausführliche Erklärung gegeben. Im wesentlichen läuft sie darauf hinaus, daß dem Überschuß glandotroper Hormone ein Versagen der peripheren Drüsen folgt, das rückwirkend wieder eine vermehrte HVL-

Tätigkeit auslöst, ähnlich wie nach der Kastration oder der Thyreoidektomie, wenn auch in anderer Weise.

Ein weiteres Argument für die Verschiedenheit der beiden extremen Diabetesgrundformen ist das Verhalten des *Grundumsatzes*, der *beim HVL-Injektionsdiabetes normal* (Hédon und Loubatières), *beim Pankreatektomie-Tier um ein Drittel erhöht* ist. Auch der Ausfall der exkretorischen Funktion des Pankreas genügt nicht, um die Unterschiede zu erklären, was schon die Beseitigung der endokrinen Pankreatektomiefolgen durch eine Implantation zeigt.

Daß die diabetische Stoffwechsellage nicht allein die Folge einer erfahrungsgemäß kaum reparablen Pankreasschädigung zu sein braucht, wurde weiterhin in letzter Zeit besonders eindrucksvoll durch Untersuchungen Flints veranschaulicht, der einen ausgeprägten, mehrere Jahre studierten hypophysären Diabetes mit dem aus Duodenum und Pankreas isolierten Macallum-Insulin-Synergisten behandelte und normale Toleranzreaktionen erzeugen konnte, was nur möglich ist, wenn ein genügend intaktes Pankreas noch vorhanden war. Dabei ging vorübergehend auch die Insulinresistenz zurück, was Flint nicht auf Abnahme der HVL-Tätigkeit, sondern auf Unterbrechung des vorhandenen Antagonismus durch den Duodenal-Pankreasextrakt zurückführte, so den Nutzen des Extraktes erklärend.

Wie ist nun die *Nebennierenrinde einzuordnen*, auf deren diabetogene Bedeutung vornehmlich Long und Mitarbeiter die Aufmerksamkeit neuerdings lenkten? Während die Injektion von rohem alkalischem HVL-Extrakt bei zahlreichen hypophysektomierten und depankreatektomierten Tiergattungen wieder zur Steigerung der diabetischen Stoffwechsellage führt, gelang es diesen Autoren nicht, dasselbe bei adrenalektomierten-depankreatektomierten Katzen und Ratten zu erreichen. Weder die eigene Hypophyse noch der injizierte HVL-Wirkstoff vermochte bei Fehlen der Nebennieren eine Verschlechterung herbeizuführen. Erst nach Reimplantation von Nebennierenrindengewebe gibt Long an, die Ansprechbarkeit auf den HVL-Extrakt wieder beobachtet zu haben. Fernerhin *mildert ja die Adrenalektomie den Pankreasdiabetes*, vor allem die Azidose, ähnlich wie die Hypophysektomie. Hierbei zeigt sich, daß die Rinde, und nicht das Mark diabetogen wirkt, denn nur durch Rindenextrakte läßt sich die diabetische Stoffwechsellage von neuem entscheidend steigern. Long und Lukens haben als erste daher den Schluß gezogen, daß die *Stoffwechselbesserung beim pankreaslosen Tier nach Entfernung der Hypophyse auf den funktionellen Ausfall der nicht mehr stimulierten Nebennierenrinde zurückzuführen* ist. Im Gegensatz dazu konnte Houssay mit Leloir und ebenso mit Biasotti feststellen, daß der *diabetogene Erfolg auch ohne intakte Nebennierenrinde zu erreichen* ist. Eine durch HVL-Extraktinjektionen erzeugte Hyperglykämie — bei Hunden, denen eine Nebenniere exstirpiert war — wurde durch Entfernung der zweiten Nebenniere nicht aufgehoben. Ebenso sahen Houssay und Biasotti einen Anstieg des Blutzuckers adrenalektomierter depankreatektomierter Kröten nach HVL-Einpflanzung, obgleich bei dieser Tiergattung die Stoffwechselbeeinflussung durch Adrenalektomie sonst der der Hypophysektomie entspricht. So weichen die Auffassungen und die an verschiedenen Versuchstieren gewonnenen Ergebnisse hier außerordentlich voneinander ab und erlauben einstweilen noch kein eindeutiges und endgültiges Urteil über die Lage des Schwerpunktes in der zweifellos sehr engen Zusammenarbeit von HVL und Nebennierenrinde (NNR) beim Diabetes. *Wieweit die HVL-Stoffwechselwirkung über die Nebennierenrinde geht und welche Änderungen sie direkt oder über andere Inkretdrüsen erzielen kann, ist eine der heute aktuellen Fragen*, die der Entscheidung harrt.

Zum Schluß noch etwas über die Phlorrhizin-Glykosurie, deren charakteristische Eigenschaft ja die Senkung der Nierenschwelle ist. Auch diese wird durch die Hypophysektomie abgeschwächt (HOUSSAY und BIASOTTI). Selbst bei Nahrungszufuhr nehmen Glykosurie, Acetonurie und N-Ausscheidung ab. Injektion von Vorderlappenextrakten führt entsprechend zur Verschlechterung (HOUSSAY, BIASOTTI, DI BENEDETTO und RIETTI).

Ebenso wie es einen Diabetes durch Unterfunktion des Inselorgans gibt, erweisen neue experimentelle Ergebnisse die Existenz eines solchen durch Überfunktion des HVL, bei dem möglicherweise ebenso die Ankurbelung des HVL wie auch die glandotrop gesteuerter Inkretdrüsen, sowie das Versagen des reaktiv überbeanspruchten antagonistischen Inselorgans, ausschlaggebend werden können.

2. HVL-Wirkstoffe mit direkter und indirekter Beeinflussung des Kh-Stoffwechsels.

Nach diesem kurzen Rundblick über die Grundlagen, die das Tierexperiment für die hormonale Stoffwechselregulation, insbesondere auch die *dominierende Stellung des HVL* in der *Diabetespathogenese*, überzeugend vermittelt, das Wichtigste über die stoffwechselaktiven „HVL-Wirkstoffe". Nur diejenigen, die nach dem heutigen Stand unseres Wissens einer Kritik standhalten, können Erwähnung finden. Einige von diesen stellen zweifellos ein Gemisch verschiedener Stoffe dar, wie das diabetogene Prinzip HOUSSAYs, andere sind wahrscheinlich identisch, kontrainsuläres und adrenalotropes Hormon z. B., auch wenn über Einzelheiten ihres Mechanismus verschiedene Angaben existieren. Im ganzen kann der Hoffnung Ausdruck gegeben werden, daß mit zunehmender Klärung der Verhältnisse die Zahl der intra vitam tätigen HVL-Hormone eher geringer wird. Eine Reihe endokriner Vorgänge scheint das Ergebnis des Zusammenwirkens verschiedener „Hormone" zu sein. COLLIP hat die Ansicht geäußert, daß zum Teil auch Abbauprodukte komplexer Eiweißmoleküle die biologischen Wirkungen entfalten könnten. Obgleich man sich hier in vielen Punkten noch mitten in der Problematik befindet, so gebieten die im vorigen Absatz wiedergegebenen Grundtatsachen, mit denen, wie später zusammenhängend gezeigt werden wird, die erst im Anfang stehenden klinischen Erfahrungen gut übereinstimmen, nachdrücklichst eine auswertende Bearbeitung, wie sie von CUSHING, ANSELMINO, BARTELHEIMER, FLINT u. a. schon begonnen wurde.

Die aus dem HVL stammenden Faktoren verursachen einerseits direkt, zum anderen indirekt über peripher gelegene Inkretdrüsen Stoffwechseländerungen. Im Widerspruch dazu ist, unter anderen von JORES, als fraglich hingestellt worden, daß der HVL überhaupt eine Stoffwechseldrüse mit direktem Angriffspunkt sei, und der Vergleich einer regulierenden Schaltstelle mit teils nervösen, teils hormonalen Verbindungen gebraucht worden. Die eigentliche Stoffwechselaktivität sei in den abhängigen Inkretdrüsen zu suchen. Ob diese einengende Theorie, für die zweifellos gewisse Argumente sprechen, zu Recht besteht, läßt sich noch nicht entscheiden. Die meisten Versuche der HOUSSAYschen Schule sprechen dagegen, aber Ergebnisse der letzten Zeit, wie die von LONG und Mitarbeitern, haben gelehrt, daß ganz ähnliche Resultate zu erzielen sind, wenn analog statt des HVL die Nebennieren, insbesondere die Rinde, eingesetzt werden, die ja zu den funktionell am engsten an den HVL gekoppelten Inkretdrüsen gehören. Jedoch besteht kein Zweifel — das ist praktisch und klinisch entscheidend — daß trotz alledem die übergeordnete Hypophyse im Mittelpunkt der diabetogenen Seite der hormonalen Stoffwechselregulation stehenbleibt.

Von den kh-stoffwechselregulierenden HVL-Wirkstoffen wird vor allem vom diabetogenen Prinzip Houssays und dem Kh-Stoffwechselhormon Anselmino und Hoffmanns ein direkter Mechanismus angegeben, während die meisten anderen „glandotrope Hormone" sind. Unter diesen nimmt das von Anselmino und Hoffmann behauptete, viel umstrittene pankreotrope Hormon eine bemerkenswerte Sonderstellung ein, insofern als es durch seinen Weg über das Inselorgan entgegengesetzt wie die übrigen Vorderlappenfaktoren wirkt. Bedeutungsmäßig ist es den auf der diabetogenen Seite angreifenden immer unterlegen und vermag ihre Tätigkeit nicht nennenswert einzuschränken. Das zeigten am besten die Tierversuche.

a) Das diabetogene Prinzip Houssays. Das Wesentlichste über diesen stoffwechselaktiven Faktor ist durch den allgemeinen experimentellen Teil, in dem er immer die dominierende Rolle innehat, belegt. Kurz zusammengefaßt: Es handelt sich um einen hochmolekularen Eiweißkörper, sicherlich *nicht um ein einheitliches Hormon, sondern um ein Gemisch, das durch verschiedene, insgesamt aber diabetogen wirkende Faktoren gebildet wird.* Unter diesen findet sich zweifellos auch der eine oder andere der näher analysierten. Das Houssaysche Prinzip führt Glykosurie, Hyperglykämie, Azidose, Lipämie, vermehrte Stickstoffausscheidung, Insulinresistenz, vermehrte Hyperglykämie nach Glucose- und Adrenalinbelastung herbei, im Experiment alles erst nach mehrtägiger Latenzperiode. *Zusammenfassend* nimmt es also in der physiologischen Stoffwechselregulation eine dem Insulin und seinen Synergisten entgegengesetzte Stellung ein. Es regt die Zuckerneubildung (vornehmlich anscheinend aus Eiweiß) an. Aber erst in größeren Mengen führt es zur Hyperglykämie mit Minderung des peripheren Zuckerverbrauchs und anderen diabetischen Stoffwechselstörungen. Houssay hat daher auch von ihm als dem Glucose regulierenden Hormon gesprochen. Seine Gesamtwirksamkeit wird aber wohl besser durch Betonung des diabetogenen Charakters veranschaulicht, der bei höherer Dosierung deutlich wird. Ebenso wie das anschließend zu behandelnde Kh-Stoffwechselhormon Anselmino und Hoffmanns wirkt es unabhängig *vom vegetativen Nervensystem und den peripheren Inkretdrüsen,* aber im Gegensatz zu diesem vermehrt es die Glykogenlager.

b) Das Kh-Stoffwechselhormon Anselmino und Hoffmanns. Anselmino und und Hoffmann gelang es, durch eine sorgfältig ausgearbeitete Methodik, die sich der Ultrafiltration bei verschiedenem p_H bedient, aus dem Blut eine Reihe von biologisch sehr aktiven HVL-Substanzen zu extrahieren, die sie Hormone nannten. Inzwischen hat Anselmino ähnlich wie Houssay betont, daß *mit dem Wort Hormon zu freigiebig verfahren* worden sei, und den *Begriff Wirkstoff* nahegelegt. Doch sollen die bisher gebräuchlichen Namen bis zur endgültigen Differenzierung, um Irrtümer zu vermeiden, auch in dieser Arbeit beibehalten bleiben.

Das Kh-Stoffwechselhormon geht im Gegensatz zu dem diabetogenen Prinzip Houssays durch Kollodiumfilter hindurch. Es findet sich *nach reichlicher*

Kh-Zufuhr, so nach der probatorischen Zuckerbelastung, bei Mensch und Tier *im Blut und verhindert eine zu große Glykogenanreicherung der Leber*. Entsprechend soll es eine Blutzuckersteigerung verursachen. Im Tierversuch kommt es *nach Injektion* dieses Stoffes zur deutlichen *Entleerung der Glykogendepots der Leber*, die innerhalb von 2 Stunden fast völlig — bis auf $^1/_{10}$ — geschwunden sein können. Als Test wurde die Untersuchung der Rattenleber ausgearbeitet. Nach Hypophysektomie konnte es im Hundeversuch nicht mehr erhalten werden. Von einigen Autoren, unter anderen von SINGER und TAUBENHAUS, wurden Zweifel an der Existenz dieses Stoffes geäußert. Was den obigen Test anlangt, so hat FALTA unter Hinweis auf die von FORSGREN, MÖLLERSTROEM u. a. eingehend studierten rhythmischen Schwankungen im Glykogengehalt der Leber geltend gemacht, daß Glykogenbestimmungen keine überzeugende und zuverlässige quantitative Kontrolle gewährleisten. ANSELMINO und Mitarbeiter haben die gleiche Substanz *im Diabetikerblut und -harn erheblich vermehrt* gefunden, durch Vergleich des biologischen Verhaltens und des Filtrationsoptimums mit dem Drüsenextrakt konnten sie hinreichend die Identität sichern.

    c) Das kontrainsuläre Hormon LUCKEs. Die Besprechung dieses in schöner Weise von LUCKE und seinen Mitarbeitern bearbeiteten Kapitels der Funktion des HVL führt zur Gruppe der glandotropen Wirkstoffe, die die Stellung des HVL als zentrale hormonale Schaltstelle kennzeichnen.

Das kontrainsuläre Hormon spielt, das kann heute wohl schon sicher gesagt werden, bei der Diabetesentstehung keine primäre, sondern nur eine zusätzliche, aber auch zweifellos wichtige Rolle. Ihm obliegt *hauptsächlich die Aufgabe*, in dem Bestreben des Organismus, ein physiologisches Gleichgewicht aufrecht zu erhalten oder immer wieder herzustellen, in Gemeinschaft mit dem Adrenalin *eine Unterzuckerung des Blutes, etwa durch Insulinüberschuß, zu verhindern* und so Gefahren, die durch die Hypoglykämie drohen, abzuwenden. So ist diese auch der adäquate Ausschüttungsreiz. Sinkt der Blutzucker unter 60 mg-%, nach LA BARRE 75 mg-%, nach HOUSSAY 50 mg-%, so läßt sich der Adrenalinanstieg im Blut bis auf das 10fache der Norm (LOCASIO) nachweisen. Die Receptoren des Ausschüttungsreizes liegen in der Leber oder im Pankreas. Dieser wandert über den linken Vagus zum Zwischenhirn und zur Hypophyse. Das jetzt im Vorderlappen gebildete kontrainsuläre Hormon wird in den Liquor abgegeben, wo es in dieser Phase gut auffindbar ist. Es veranlaßt über eine Reizung des Zuckerzentrums via Sympathicus eine Adrenalininkretion des Nebennierenmarks. Wie schon früh erkannt wurde, führt Adrenalin endlich zum Abbau des Leberglykogens zu Glucose, wodurch die den Gesamtmechanismus auslösende Hypoglykämie beseitigt, der Ring geschlossen wird. Also nicht allein das Adrenalin, das erst an sekundärer Stelle steht, ist der direkte Insulinantagonist, sondern ebenso das funktionell eng verbundene kontrainsuläre Hormon, das zum physiologischen Ablauf nicht entbehrt werden kann. Das Ganze ist ein didaktisch besonders wertvolles, abgerundetes Beispiel der innigen Verflechtung der Arbeit von Nerven- und Inkretsystem. In gleicher Weise wie in der Kreislaufregulation hat auch hier die Adrenalinausschüttung den Charakter einer Notfallsreaktion (CANNON), deren Fehlen in beiden Fällen durchaus mit dem Leben vereinbar bleibt, wenn die auslösende Belastung verhindert werden kann. MEYTHALER und Mitarbeiter konnten außerdem in der Insulindepressionskurve schon im hyperglykämischen Bereich gegenregulatorische Stöße feststellen, die zu der Annahme führten, daß trotz erhöhten Blutzuckers, allein durch seinen Abfall, vor allem, wenn dieser steil und plötzlich vor sich geht, die Adrenalininkretion in der genannten Weise in Gang kommt. *Der Notfallsreaktion geht also eine Sicherungsreaktion voraus.* Bei extrem erhöhten Blutzuckerwerten nach großen Zucker- oder Adrenalindosen, konnten LUCKE und WERNER durch Nachweis des kontrainsulären Hormons sogar feststellen, daß die Ausschüttung auch ohne einen Blutzuckerabfall ausgelöst sein kann.

KÉPINOV und mit ihm eine Reihe anderer Autoren beschrieben Versuche, die darauf schließen lassen, daß für die glykogenolytische Funktion des Adrenalins nur eine parallel angeordnete Mitwirkung des HVL nötig ist. Literatur darüber bringen BAYER und V.D. WENSE.

Es sei vorweggenommen, daß *für einen Diabetes einzig durch zuviel kontrainsuläres Hormon oder auch Adrenalin überzeugende experimentelle und klinische Beweise fehlen.* Beim Pankreatektomiediabetes ist die Sekretion der Nebennieren sogar verringert (ROGOFF).

Seinem Zweck entsprechend läßt sich das kontrainsuläre Hormon, ähnlich wie das Kh-Stoffwechselhormon, das ja auch eine dringliche Aufgabe hat und die Glykogenüberfüllung der Leber nach Nahrungszufuhr verhindern soll, schon kurze Zeit nach dem auslösenden Reiz nachweisen. Seine *schnelle Wirkungsweise* wird durch den Blutzuckeranstieg, Maximum 20—60 Minuten nach der Injektion, demonstriert. Einige Handelspräparate enthalten den wirksamen Stoff, beispielsweise Präphyson und Preloban. HÖGLER und ZELL kamen zu gleichen Ergebnissen mit Prähormon (aus Harn schwangerer Stuten).

Gleichfalls auf ein adrenotropes, also auf ein über das Nebennierenmark wirkendes Hormon schließen ANSELMINO, HEROLD und HOFFMANN unter anderem, weil sie bei Ratten und Mäusen, denen diese HVL-Fraktion gespritzt wurde, Zellveränderungen im Nebennierenmark sahen. Aber nach der Hypophysektomie fehlen morphologische Befunde im Mark (SMITH), und auch der Adrenalingehalt ist nicht verändert (HOUSSAY und MAZZOCCO). Dadurch wird wahrscheinlich gemacht, daß keine so innige hormonale Stimulation, wie sie von der Rinde bekannt ist, vorliegt, zumindest nervöse Reize — wechselseitige vom entwicklungsgeschichtlich verknüpften Sympathicus — genügen, um keine Atrophie entstehen zu lassen. Fernerhin scheint Acetylcholin auch unter physiologischen Bedingungen Sekretionsreize ausüben.

Die wesentliche Bedeutung des Nebennierenmarks im Kh-Stoffwechsel besteht in den oben umrissenen, Normoglykämie erhaltenden und zur Beseitigung von Hypoglykämien erforderlichen Reaktionen. Unter vielen anderen haben REISS und COLLIP die das Nebennierenmark stimulierende Wirkung des Vorderlappens bearbeitet.

d) „Glycotropic factor" YOUNGs. Eng verbunden mit dem Prolactin ist ein von YOUNG studierter Wirkstoff, von dem sich nachweisen ließ, daß er mit diesem ebensowenig identisch ist wie mit dem gonadotropen oder thyreotropen Hormon. HIMSWORTH und SCOTT konstatierten seine Unabhängigkeit von dem Vorhandensein von Schilddrüse und Nebennieren. So wurde auch die Wirkung über eine Adrenalininkretion abgelehnt, gleichermaßen scheidet die Möglichkeit, daß es sich um das für den Glykogenaufbau entscheidende corticotrope Hormon handelt, dadurch aus. Das interessiert, weil dieser Faktor Einfluß auf die Glykogendepots nimmt. *Seiner Applikation folgt ein erhöhter*

Gehalt der Leber an Glykogen, auch des Muskelorgans, den YOUNG sogar im Hungerzustand fand. Die verminderte Insulinhypoglykämie bringt YOUNG damit in Zusammenhang ebenso wie eine Erhöhung der Adrenalinblutzuckerkurve. Ob eine Identität mit einer glykostatischen Substanz RUSSELLs besteht, die die Glykogendepots fixiert und die Oxydation der Kh insbesondere in der Muskulatur unterdrückt, läßt YOUNG offen. *Der „glykotrope Faktor" verändert den Blutzucker nicht, er ist „per se" nicht diabetogen, soll vielleicht aber ein Teil des diabetogenen Komplexes sein.*

e) Das „corticotrope Hormon". Wohl der bestfundierte der zahlreichen von ANSELMINO und Mitarbeitern gefundenen, für den Stoffwechsel wichtigen HVL-Stoffe ist das corticotrope Hormon, dessen *hervorragende Stellung* vor allem REISS immer wieder betont hat. Durch die Arbeiten von LONG und Mitarbeitern, die sich bemühen, darüber Klarheit zu schaffen, welche Stellung der NNR im diabetischen Stoffwechsel zukommt, gewinnt es immer mehr an Bedeutung. ANSELMINO, HEROLD und HOFFMANN zeigten 1934, daß dieser *Wirkstoff zur Verbreiterung der Nebennierenrinde* führt. Die Hypophysektomie hat entsprechend eine Atrophie zur Folge, die sich, wie zu fordern ist, durch Injektion des corticotropen Hormons vermeiden, bzw. deutlich verringern läßt. Dieser sekundäre Nebennierenrindenschwund wird von jenen Autoren, die die diabetogene Tätigkeit des Vorderlappens mit diesem Organ eng verknüpfen wollen, vielfach im Verein mit der Tatsache zitiert, daß der experimentelle Pankreasdiabetes nicht nur durch Hypophysektomie, sondern auch durch Epinephrektomie gemildert wird. Das corticotrope Hormon ließ sich in kleinen Mengen auch im Hypophysenhinterlappen nachweisen. Seine klinische und pathogenetische Bedeutung erhellt aus der Tatsache, daß beim CUSHING-Syndrom und bei der essentiellen Hypertonie der Nachweis im Blut des Menschen gelang (JORES, KYLIN, WESTPHAL u. a.). Die Wirkung im Stoffwechsel ist eine ausgesprochen indirekte, ein intaktes NNR-Organ gehört dazu. *Der Endeffekt gleicht also dem des NNR-Hormons.* So liegt sein Haupttätigkeitsfeld, was den Diabetes anlangt, in der *Regulierung der Glykogendepots, deren Aufbau und Erhaltung es fördert.* REISS hat die Beziehungen zu Fettsucht und Blutfettspiegel erörtert. Näheres darüber bei der Betrachtung des Fettstoffwechsels.

f) Thyreotropes Hormon. Über dieses viel untersuchte Hormon braucht hier nur wenig gesagt zu werden, da seine Wirkung, was den intermediären Stoffwechsel anlangt, absolut vom Erfolgsorgan, von der Schilddrüse, abhängig ist. Es sei daher vor allem auf den die Stoffwechselfunktion der Schilddrüse behandelnden Absatz verwiesen. *Ebenso wie beim Schilddrüsenhormon steht der glykogenolytische Effekt, insbesondere auf die Leber, ganz im Vordergrund.* EITEL und LOESER konnten im Meerschweinchenversuch bereits 2 Stunden nach Injektion von thyreotropem Hormon darin einen Glykogenschwund feststellen. Ausbleiben desselben nach Schilddrüsenentfernung bewies unzweifelhaft die Einschaltung der Thyreoidea. Eine Blutzuckersteigerung tritt in zunehmendem Maße bei täglicher Wiederholung der Hormonzufuhr auf, aber nur bis ein refraktäres Stadium erreicht wird. Selbst eine Hypoglykämie kann als Folge der Vermehrung des thyreotropen Hormons (HORSTERS, MERTEN und HINSBERG) wegen verringerter Glykogenmobilisierung nach Verarmung der Leber und infolge des gleichzeitig gesteigerten Grundumsatzes mit vermehrtem Zuckerverbrauch zustande kommen. Die letzten Autoren haben sich besonders um die Trennung der thyreotropen Fraktion von anderen kh-stoffwechselaktiven bemüht.

Hypophysektomie führt zur Atrophie, thyreotropes Hormon wenigstens *vorübergehend zur Hypertrophie der Schilddrüse* (Loeb, Janssen und Loeser, Kahler u. a.). Das thyreotrope Hormon ist außer im HVL im Zwischenhirn, Liquor, Blut und Harn nachgewiesen worden (Schittenhelm u. a.). *Prolactin* (Riddle und Mitarbeiter) und Melanophorenhormon (O'Donovan) sollen von den HVL-Hormonen ebenfalls eine Grundumsatzsteigerung erzeugen können.

Ähnlich ergaben sich hier wie anfänglich bei der Erforschung der diabetogenen Wirksamkeit von HVL-Extrakten Schwierigkeiten durch Beobachtung einer zeitlichen Begrenzung der Wirkung, aber anscheinend aus anderen Gründen ist der hyperthyreotische Effekt des thyreotropen Hormons (Schittenhelm und Eisler, Collip u. a.) nur ein vorübergehender. Später kam es im Versuch sogar zur entgegengesetzten Beeinflussung des Grundumsatzes. Als Ursache wurde die Entstehung echter Antigenbildung gegen daran gebundene Eiweißkörper erkannt.

Außer dem *wechselseitigen Inkretionsantagonismus zwischen Schilddrüsen- und thyreotropem Hormon* ist der zu den Sexualdrüsen noch besonders interessant. Kastration führt zur Vermehrung des thyreotropen Hormons neben der des gonadotropen (Grumbrecht und Loeser).

Zu der bearbeiteten Fragestellung sind klinische Beobachtungen mehr oder weniger ausgeprägter Basedow-Symptome bei Akromegalie und auch im Postklimakterium erwähnenswert, da dann nicht selten ein Diabetes, bzw. eine noch latente oder erst beginnende Stoffwechselentgleisung nachzuweisen ist, die für das Problem des HVL-Überfunktionsdiabetes von großem Interesse sein können.

g) Das pankreotrope Hormon. Als letzter der kh-stoffwechselaktiven, glandotropen HVL-Wirkstoffe muß das pankreotrope Hormon Anselmino und Hoffmanns etwas ausführlicher behandelt werden. Weitere, wie die gonadotropen und parathyreotropen, sind hier nur insofern von Interesse, als durch sie erzeugte klinische Symptome die gesteigerte HVL-Inkretion verraten können und erst Veranlassung geben, einmal zu prüfen, ob sich nicht gleichzeitig noch Anhaltspunkte für das Vorhandensein gleichgerichteter Störungen der stoffwechselaktiven Vorderlappenfaktoren finden lassen.

Anselmino, Herold und Hoffmann geben an, daß dieser von ihnen aus HVL-Extrakten durch Filtration abgetrennte Faktor zu einer *Vergrößerung und Funktionssteigerung der* Langerhans*schen Inseln* führt, also diametral entgegengesetzt zu den bisher besprochenen Stoffwechselfaktoren arbeitet. Wie aus der Gesamtwirkung roher Extrakte geschlossen werden kann, muß derselbe quantitativ weit unterlegen sein. Steppuhn sprach von einer „insulinogenen" Substanz des Vorderlappens. Eine Leberglykogen mindernde Wirkung wurde auf die Beimengung von Kh-Stoffwechselhormon bezogen. Ebenfalls fanden Shipner und Soskins eine Blutzuckersenkung. Während Bjering und Fichera die anatomischen Befunde der erstgenannten Autoren bestätigt haben, konnten Richardson und Young (1937) bei Anwendung des rohen Extraktes nur nach einigen Präparaten eine Hyperplasie wahrscheinlich machen, so daß sie an der Existenz des pankreotropen Hormons zweifeln. Die vor kurzem von Young und Marks nach intensiver HVL-Extraktbehandlung — zwecks Erzeugung eines

HVL-Injektionsdiabetes — entdeckte Vermehrung des Insulingehalts des Pankreas (bei Ratten) ist nicht als Erfolg pankreotropen Hormons, sondern durch antagonistische Aktivierung des Inselorgans zu erklären. Zu ähnlich ablehnenden Ergebnissen kam Santo (1938). In seinen Versuchen an der Ratte unterschieden sich die Inseln nicht von denen der Kontrolltiere. Andererseits haben außer Houssay vornehmlich Zunz und La Barre eine Steigerung der Insulinproduktion durch „pankreotropen HVL-Extrakt" angegeben. Nach der Hormoninjektion wurde das Pankreasvenenblut eines Hundes durch eine Anastomose in die Halsvene eines zweiten geleitet, und bei diesem Hund entstand dann eine Hypoglykämie, die auf das beim ersten Hund ausgeschüttete Insulin zurückgeführt wurde. Lami (1937) glaubt, daß die hypoglykämische Reaktion, die er bald nach Injektion eines Vorderlappenpräparates bei einem Diabetiker sah, auf das pankreotrope Hormon zurückzuführen ist. In neuerer Zeit hat vor allem Reiss die Existenz dieses Faktors, aber auch die der meisten früher genannten bestritten.

Kaum vereinbar mit diesen Untersuchungen Anselmino und Hoffmanns ist die Mitteilung von Adams und Ward sowie von Krichesky, daß eine Hypertrophie und Vermehrung der Langerhansschen Inseln nach Hypophysektomie von ihnen festzustellen gewesen wäre. Cowley sowie Képinov und Guillaume geben sogar an, hypoglykämische Eigenschaften bzw. Insulin in absolut vermehrter Menge im Blut hypophysektomierter Tiere gefunden zu haben, doch konnten diese Ergebnisse von Di Benedetto u. a. nicht reproduziert werden.

Also eine *Fülle widersprechender Ergebnisse* und keineswegs eine Lösung findet sich hier trotz größten Interesses, das eine pankreotrope Hypophysentätigkeit weckt. Experimentelle Eingriffe in die hormonale Stoffwechselregulation warnen, selbst wenn dieser Faktor allgemeine Anerkennung gewinnen sollte, seine physiologische Bedeutung zu überschätzen.

Unter den umrissenen kh - stoffwechselaktiven HVL-Wirkstoffen finden sich also solche, die zur Glykogenese, und andere, die zur Glykogenolyse führen, teils direkt, teils indirekt über periphere Drüsen. Nicht alle haben allgemeine Anerkennung gefunden.

3. HVL-Wirkstoffe mit direkter oder indirekter Beeinflussung des Fettstoffwechsels.

Schon die *Regulatoren des Kh-Stoffwechsels*, seien sie hormonaler oder nervöser Art, besitzen bei der engen gegenseitigen Bindung der intermediären Verarbeitung und Ablagerung von Eiweiß, Fett und Kohlehydraten einen wichtigen *Einfluß auf die Steuerung des Fettstoffwechsels*, derart daß lange Zeit die Frage, ob eine unmittelbare Regulation des Fetthaushaltes überhaupt Bedeutung hat, nur geringes Interesse fand. Die Abhängigkeit von den Kohlehydraten wurde besonders eindringlich in dem alten Rubnerschen Satz zum Ausdruck gebracht: „*Die Fette verbrennen im Feuer der Kohlehydrate.*" Damit ist immer noch der maßgebliche praktische Gesichtspunkt, vor allem für klinische und didaktische Zwecke, umrissen, ohne daß aber über Ursache und Wesen dieser Beziehung schon etwas ausgesagt wäre.

Ja, heute hat die Beobachtung Youngs, der einen durch HVL-Extrakte diabetisch gewordenen Hund allein durch Fette am Leben erhalten konnte, ernste Zweifel an dieser Theorie geweckt. Eine Azidose trat bei dem durch

HVL-Injektion diabetisch gemachten Hund nur kurzdauernd im Anfang der Umstellung ein. Aber nur ausgewachsene Tiere vertragen diese Kost, wachsende gehen in kürzester Frist im Koma zugrunde. Wigglesworth kam bei Verfütterung eines Salz-Buttergemisches im Rattenversuch zu ähnlichen Ergebnissen. Dienst forderte, daß $^1/_{10}$ der Calorien aus Kh bestehen müßten, um intermediäre Störungen zu vermeiden. Nicht nur die Leber, auch Muskelorgan und Nieren beteiligen sich an Fettspaltung und Ketolyse (Snapper, Poczka u. a.).

Antagonistisches Verhalten von Kh- und Fettgehalt der Leber ist zwar *die Regel* (Geelmuyden, Rosenfeld u. a.), aber es gibt auch ein Freibleiben der glykogenarmen Leber von der Fetteinlagerung, wie es bei der Thyreotoxikose vorkommt. Diese Tatsache veranschaulicht bereits die *Abhängigkeit von hormonalen Einflüssen.* Das *rhythmische Schwanken der Leberglykogenmenge,* das Forsgren, Möllerstroem u. a. ausgiebig studiert haben, weckt ebenfalls den Verdacht auf steuernde Einflüsse durch die im Körper rhythmisch arbeitende Drüse, das ist die mit dem Zwischenhirn eng verknüpfte Hypophyse, auch wenn noch andere Ursachen dafür angenommen wurden. Der hier im Mittelpunkt stehende diabetische Stoffwechsel zeigt dem Kliniker durch die Möglichkeit des Vergleichs einzelner Zuckerkranker eindrucksvoll, daß *Art und Schwere der Kh-Stoffwechselentgleisung sich gegenüber der der Fette und Lipoide außerordentlich verschieden* verhalten können. Eine einfache Beobachtung, die am besten für das *Vorhandensein eigener Fettstoffwechselregulatoren* spricht. Die wichtigste Stützung erhielten diese durch die anfangs besprochene tierexperimentelle Diabetesforschung, die am ehesten Einblick in die Ursachen der Stoffwechselsteuerung zu verschaffen vermag. Total oder auch subtotal pankreatektomierte Tiere gehen in kurzer Zeit im Koma, also in der Vergiftung durch unvollständige Abbauprodukte der Fette, zugrunde. *Die Hypophysektomie verhindert oder mildert die Azidose.* Injizierte *Vorderlappenextrakte dagegen,* wie sie von Houssay, Young u. a. verwendet wurden, *führen* bei solchen Tieren *zu schnellstem Anstieg* derselben und zum Exitus. Die hervorstechende Azidoseneigung auch anfangs gesunder Tiere, die durch HVL-Extraktinjektionen diabetisch gemacht wurden, ist ein weiterer triftiger Grund für das Vorhandensein eines besonderen ketogenetischen Vorderlappenstoffes, zumal die Glykogenvorräte in der Nähe der Norm liegen im Gegensatz zu ihrer Verminderung beim experimentellen Pankreasdiabetes. Die stärkere Tendenz des HVL-Injektionsdiabetes zur Azidose wird durch den Vergleich mit einem, an Hyperglykämie und Glykosurie gemessen, gleich schweren artefiziellen Pankreasdiabetes am deutlichsten offenbar, so durch probeweise Fettzufuhr. Auf Absetzen etwa gegebenen Insulins antwortet natürlich der Unterfunktionsdiabetes mit größerer Ketosis, weil plötzlich das nahezu in völlige Balance zu bringende Stoffwechselgleichgewicht aufs schwerste gestört wird, während das Insulin den Überfunktionsdiabetes von vornherein nur sehr beschränkt auszugleichen vermag.

Zwei HVL-Stoffe mit spezifischer fettstoffwechselregulierender Wirkung haben der Kritik standgehalten. Das sind *das Lipoitrin* Raabs *und das Fettstoffwechselhormon* Anselminos und Hoffmanns, das mit dem Orophysin Magistris identisch ist und nach seiner Funktion vielfach ketogenetisches Hormon genannt wird. Lipoitrin und Fettstoffwechselhormon unterscheiden sich grundsätzlich.

Vor ihrer Gegenüberstellung erscheint es zweckmäßig, sich kurz zu vergegenwärtigen, wie die Fettstoffwechselstörung zu erkennen und wo sie exakt nachzuweisen ist. Einmal gelingt das durch die Analyse des Blutfettgehaltes, der sich vornehmlich im Sinne einer Steigerung zur Lipämie ändert, von der die (physiologische) Transportlipämie nach Nahrungsaufnahme getrennt werden muß, ebenso die bei Kh-Mangel vorübergehend einsetzende (BÜRGER, KATSCH), dann durch die gewöhnlich parallel verlaufende Lipoidämie, bestimmbar in erster Linie durch die Cholesterinämie. Transportlipämie und Lipämie auf Grund hormonaler Fehlregulation stehen nebeneinander, verbunden durch Übergangsformen, wie die Lipämie des diabetischen Komas. Eine Leberverfettung, noch mehr die periphere Fettsucht sind schon klinisch faßbar. Im Vordergrund des stoffwechselphysiologischen Interesses aber steht die Vermehrung der Ketonkörper — Acetessigsäure, beta-oxy-Buttersäure und Aceton — wenn sie auch nicht mehr wie vor weniger als 2 Jahrzehnten die Prognose der Zuckerkrankheit absolut beherrscht. Sie alle, auch Fett- und Cholesteringehalt des Blutes, werden durch HVL-Extrakte vermehrt (HOUSSAY, YOUNG, MUNOZ u.a.). Über die Beteiligung der NNR soll später im Zusammenhang berichtet werden.

Gerade jetzt in der Insulinära, wo der Kh-Haushalt befriedigend, der der Fette aber vornehmlich nur, soweit er davon abhängig ist, künstlich reguliert werden kann, wecken „die Pathologie und Physiologie des Fettstoffwechsels“, wie sie unter der Führung von KATSCH *studiert wurden, eine Fülle von Problemen.*

a) Lipoitrin. Im Jahre 1925 beschrieb Raab eine vom Pituitrin zu trennende, Lipoitrin genannte Substanz, die, *im Vorder- und Hinterlappen vorhanden,* zu einer *Senkung des Blutfettspiegels und zur Fettanreicherung in der Leber* führt. Sie ließ sich auch in den Wänden des III. Ventrikels wahrscheinlich machen (RAAB und KERSCHBAUM), zudem wirkt sie bei intracerebraler Injektion weitaus am stärksten. Ihr Effekt bleibt nach Zerstörung des Tuber cinereum, nach funktioneller Ausschaltung der diencephalen Stoffwechselzentren aus, schreibt RAAB, ebenso nach Splanchnicus- und Halsmarkdurchschneidung.

RAAB stellt sich den *Wirkungsmechanismus* so vor, daß das in der Blutbahn kreisende Fett unter dem Einfluß der durch Lipoitrin tonisierten Nervenbahnen von der Leber aufgenommen wird. Die Weiterverarbeitung des dort gespeicherten Fettes erfolgt mittels des Fettstoffwechselhormons ANSELMINO und HOFFMANNs, dabei kommt es dann zur Steigerung des Blutketongehaltes. Entsteht im Organismus eine Verminderung des Lipoitrins oder eine Unterbrechung seiner Bahn — durch Hypophysektomie, durch Trennung des Hypophysenstiels oder bei bestimmten Zwischenhirnläsionen —, so findet die notwendige Aufsaugung und Weiterverarbeitung des Fettes in der Leber nicht mehr statt. Das zu reichlich in der Blutbahn vorhandene Fett gelangt fortan uneingeschränkt in die Peripherie, wird dort abgelagert und kann auf diese Weise zur Entstehung der Fettsucht führen. Fettsuchtformen, bei denen auch sonst Anhaltspunkte für eine partielle ungenügende Tätigkeit der Hypophyse zu finden sind, wie die Dystrophia adiposo-genitalis, könnten so ihre Erklärung finden, während solche wie der basophile Pituitarismus (CUSHING), bei denen die HVL-Überfunktion heute unbestreitbar ist, anders zustande kommen müssen.

Zur hormonalen Erklärung der Fettsucht ist eine andere von REISS und Mitarbeitern neuerlich ausgesprochene Vorstellung von besonderem Interesse, die die Einlagerung der auch fettneubildenden Nebennierenrinde zuschreibt. Selbst die Fettsucht partiell hypophysektomierter Tiere soll durch eine krankhafte

Steigerung der Inkretion des corticotropen Hormons verursacht werden, also genau genommen keine Folge hypophysärer Unterfunktion sein. Partiell hypophysektomierte Ratten bekamen nämlich eine Nebennierenhypertrophie und gleichzeitig auch eine relative Zunahme ihres Gesamtfettgehaltes (bis um 80%). Total hypophysektomierte dagegen zeigten bei der chemischen Totalaufarbeitung entsprechend der beobachteten Abmagerung den prozentualen Fettgehalt (um 60%) vermindert. Parhon und Cahane hatten ähnliche Ergebnisse nach der Adrenalektomie, ebenfalls bei Ratten. Durch Behandlung mit corticotropen bzw. NNR-Extrakten konnten Reiss und Mitarbeiter die Fettverringerung verhindern. Ebenso wie durch Lipoitrin ließ sich durch das corticotrope HVL-Hormon ein Absinken des Blutfettspiegels erzeugen. Unter anderem wurde Reiss dadurch veranlaßt, eine Identität mit dem Lipoitrin zu vermuten. Ebenso führte erwartungsgemäß eine Funktionssteigerung der NNR (im Rattenversuch) zur Fettsucht (Bomskov und Schneider). Die Zweifel, die noch kurz vorher Verzár über diese Funktion der NNR auf Grund zahlreicher widerspruchsvoller Ergebnisse des Schrifttums geäußert hatte, dürften durch diese schönen, später noch zu besprechenden Versuche eine weitere Minderung erfahren. Der Morbus Cushing wäre das Analogon in der menschlichen Pathologie, Reiss will aber auch, entsprechend seinen Beobachtungen an partiell hypophysektomierten Tieren, die Adipositas der Fröhlichschen Krankheit, ebenfalls die von Formen cerebraler Genese, so erklären. Bei der mit Stammfettsucht einhergehenden Cushingschen Krankheit konnten Jores u. a. im Blut die Vermehrung des corticotropen Hormons nachweisen. Reiss kam jedoch, allerdings mit anderer Technik, nicht zum gleichen Ergebnis.

Mosonyi andererseits hat kürzlich in einer vorläufigen Publikation mitgeteilt, daß bei Hunden, die nach der totalen Hypophysektomie fett geworden waren, eine Zunahme der Langerhansschen Inseln stattgefunden habe, so daß er geneigt ist, einen absoluten Hyperinsulinismus neben dem sekundären Hypothyreoidismus als Ursache der Fettsucht anzusehen. Eine Wechselwirkung der Hypophyse auf das Pankreas, die in dieser Form noch unklar ist. Der Hyperinsulinismus als Ursache der Fettsucht ist natürlich längere Zeit schon geläufig.

Ob die *Leberverfettung unter dem Einfluß von Vorderlappenwirkstoffen* — durch zahllose Versuche erwiesen — ausschließlich durch das corticotrope Hormon zustande kommt, muß noch entschieden werden. Best und Campbell sahen, entsprechend der von Raab postulierten Lipoitrinwirkung, die peripheren Fettdepots kleiner werden. 50% des Fettes waren in der Leber wiederzufinden, außerdem im Urin eine Vermehrung der Acetonkörper, die der gleichen Menge entsprach. Aber das Verhalten der Fettlager der Peripherie war entgegengesetzt wie in den Versuchen von Reiss und Mitarbeitern. Für das blutfettsenkende Prinzip des HVL haben Houchin und Turner eine Testmethode angegeben, die den Abfall im Blut von Meerschweinchen mißt.

Außer einem blutfettsenkenden Wirkstoff des HVL wird, wenn es sich hier nicht um eine indirekte Wirkung handelt, das *Vorhandensein entgegengerichteter Faktoren* nahegelegt, denn übereinstimmend wurden die Angaben Houssays und seiner Mitarbeiter bestätigt, daß *selbst vorübergehende HVL-Extraktzufuhr eine deutliche Lipämie zur Folge* hat. Absoluter oder relativer Insulinmangel befriedigt als alleinige Erklärung wenig.

Nachdrücklichst ist, wie bei allen anderen Stoffwechselfehlregulationen, daran zu erinnern, daß immer — für die Fettsucht noch in besonderem Maße — die Störungen bereits vom funktionell eng verbundenen *Zwischenhirn* ihren Ausgang nehmen können. Ausführlich hat RAAB vor einigen Jahren in einer Studie über das Hypophysen-Zwischenhirnsystem und seine Störungen jene bis dahin bekannten Zusammenhänge abgehandelt, so daß hier darauf verzichtet werden kann.

b) Fettstoffwechsel- oder ketogenes Hormon. Schon 1931 haben ANSELMINO und HOFFMANN durch Ultrafiltration einen in seiner Wirkungsweise *dem Kh-Stoffwechselhormon analogen fettstoffwechselaktiven Faktor* isoliert, den sie das Fettstoffwechselhormon nannten. *Nach Fettbelastung, aber auch im Hunger, erfolgt die Ausschüttung* in das Blut. Es verursacht eine *hochgradige Ketonkörpervermehrung*, beim Versuchstier und beim Menschen. Vermutlich hat es für den *Abbau von Nahrungs- bzw. Körperfett* zu sorgen.

Vom Lipoitrin wurde außerdem mehrfach eine Ketonkörpersenkung behauptet, eine Wirkung, die CANNAVÒ einer besonderen Fraktion des HVL zugeschrieben hat.

RAAB hat sich unter Hinweis auf ältere Untersuchungen auf dem gleichen Gebiet gegen die von ANSELMINO und HOFFMANN gewählte Bezeichnung Fettstoffwechselhormon ausgesprochen und vorgeschlagen, den ketogenen Stoff Orophysin zu nennen nach dem Vorgehen MAGISTRIs. Doch hat sich der Begriff des Fettstoffwechselhormons ANSELMINO und HOFFMANNs so eingebürgert, daß dadurch nur unnötige Verwirrung geschaffen würde.

Die ketonkörperbildende Substanz des HVL wurde zunächst aus dem HVL von Schafen und Rindern gewonnen und am Ketonspiegel und der Ketonurie der Ratte nachgewiesen. Es stellte sich später heraus, daß der *Diabetikerharn am günstigsten zur Isolierung* dieses Hormons geeignet ist. Das Ultrafiltrationsoptimum bei gleichem p_H-Wert im Verein mit dem identischen biologischen Verhalten bestätigte, daß es sich um dieselbe Substanz handelt. EFFKEMANN konnte im Rattenversuch nach Zufuhr von beiden eine Steigerung des Gehalts der Leber an ungesättigten Fettsäuren demonstrieren. Russische Autoren (LEITES und ODINOW) wollen festgestellt haben, daß Hyperketonämie eine Umwandlung der bei Fettzufuhr im Blut auftretenden ketogenen Substanz in eine antiketogene zur Folge haben kann. Die Hyperketonämie würde danach selbst, ähnlich wie die Hyperglykämie im Kh-Haushalt, die Umsteuerung im Ketonkörperstoffwechsel auslösen. Zu ähnlichem Schluß kamen auch KRAINICK und MÜLLER.

Schon früh haben ferner BURN und LING im Blut und Harn eine Substanz angenommen, die ketonkörpervermehrend wirkt.

Mit einiger Reserve werfen FLINT und MICHAUD die Frage auf, ob der *Effekt des ketogenen Hormons* nicht *ein indirekter durch Zuckerbildung aus Fett* sei, da Ketonämie und Acetonurie keine Stoffwechselendziele seien. Sie erwähnen dabei die Anschauung von LAWRENCE (1926) und GEELMUYDEN (1930) über die intermediäre Bedeutung der Ketonkörper bei der Umwandlung von Fettsäuren in Zucker. Die Theorien BRENTANOs sprechen in gleichem Sinne. Das Leben hungernder Tiere läßt sich durch Fettzufuhr verlängern, was nicht möglich ist, wenn die Hypophyse (also auch das ketogene Hormon) fehlt. Aus diesen und anderen Versuchen SOSKINs ist auf eine Verantwortlichkeit dieses Hormons für die Zuckerbildung aus Fett geschlossen worden.

SHIPLEY und C. N. H. LONG erwogen, ob *das ketogene Hormon* nicht *an das Wachstums- und an das diabetogene Hormon gebunden* sei, vielleicht sei es auch ein und dasselbe mit dreierlei Wirkung. Selbst bei der depankreatektomierten Ratte entwickelt sich der Diabetes erst mit dem Wachstumsbeginn (LONG).

COLLIP u. a. dachten, nebenbei bemerkt, bei der GIERKEschen Glykogenspeicherkrankheit an die Überproduktion des ketogenen Hormons. Die Bedeutung der Hypophyse in diesem Krankheitsbild ist aber noch keineswegs befriedigend zu übersehen.

Die klassische Theorie, daß die *Ketonkörperbildung vom Glykogengehalt der Leber abhängig* sei, ist neuerdings durch Untersuchungen von BRENTANO, KRAINICK und MÜLLER und MARKEES *schwer erschüttert* worden. BRENTANO postuliert, daß die Ketogenese durch den Glykogenzerfall in der Peripherie, d. h. praktisch in der Muskulatur, bestimmt würde, das nehmen auch KRAINICK und MÜLLER an. Aber auch hierbei dürften steuernde Stoffwechselhormone in Tätigkeit treten. Das Zusammentreffen von Glykogen- und Ketonkörperbildung läßt vor allem an die Beteiligung des corticotropen Hormons denken.

Die Regulation des Fettstoffwechsels erfolgt weitgehend durch den HVL, direkt aber auch über die Nebennierenrinde. Ein blutfettsenkendes, leberfettvermehrendes Prinzip (Lipoitrin)und ein ketogenes Hormon verdienen allgemeine Anerkennung. blutfett- und lipoidsteigernde Funktionen werden schon durch die grundlegenden Tierversuche nahegelegt.

4. Wirkung des HVL auf den Eiweißstoffwechsel.

Anerkannte HVL-Wirkstoffe mit speziellem Angriffspunkt auf den Eiweißstoffwechsel wurden noch nicht isoliert, dagegen ist einiges über die Stellung der Hypophyse in der Steuerung der Umwandlung von *Eiweiß in Zucker* bekannt. Von einigen Abbauprodukten des Eiweißmoleküls, wie den Amincsäuren Glykokoll, Alanin, Cystin u. a., ist längst geläufig, daß sie zur Zuckerneubildung dienen können, von anderen ist es noch nicht erwiesen. Doch unterliegt es nach übereinstimmendem Urteil namhafter Autoren auf Grund klinischer und experimenteller Beobachtungen keinem Zweifel mehr, daß diese Umsetzung intra vitam weitgehend erfolgt. Dabei fehlt es nicht an Hinweisen, daß gerade dieser Vorgang vom HVL gesteuert wird. *Hypophysektomie verringert die Stickstoffausscheidung* (MARTENS u. a.). Schon in den schönen Versuchen HOUSSAYs, die sich *mit der diabetogenen Wirksamkeit von HVL-Extrakten* befaßten, fand sich *ein Anstieg der Serumproteine und eine Vermehrung der Stickstoffausscheidung* im Urin, die *durch die Zuckerbildung aus Eiweiß* erklärt wurde. Höchstwahrscheinlich kommt es zu dieser *auch aus Fett*, etwa aus den Fettsäuren (GEELMUYDEN, YOUNG u. a.), vielleicht auch aus dem Glycerinanteil, immer dann, *wenn das Kh-Angebot stockt und die Glykogenreserven im Schwinden begriffen sind.* Es erübrigt sich, hier die bekannten Beispiele anzuführen, welche wenig ausgiebigen körperlichen Leistungen allein durch Verbrauch des im Blut vorhandenen Zuckers oder der Glykogendepots von Leber- und Muskelorgan möglich wären. Daraus ergibt sich allerdings praktisch die Konsequenz einer Zuckerbildung aus Nicht-Kh. Vermehrung der *Glykosurie und Hyperglykämie beim Diabetiker nach Eiweißzufuhr* sind eindrucksvolle Bestätigungen. *Glykogen-*

bildung bei Eiweißfütterung und nach Leberdurchströmung mit Aminosäuren sind weitere Punkte. Die Hälfte des zugeführten Eiweißes kann in Zucker umgewandelt werden, wird oft angegeben. Vor kurzem haben MARKS und YOUNG auch bei einem eiweißgefütterten Hund mit HVL-Extrakt-Diabetes die umfangreiche Zuckerneubildung festgestellt. Ähnlich war aus Fettfütterungsversuchen auf eine Kh-Bildung zu schließen.

Einen Rückgang des Eiweißumsatzes selbst bei Gesunden fand MARTENS nach Insulinzufuhr. Dagegen hatten Diabetiker, mehr vom Funktionszustand der Leber als vom Pankreas abhängig, bis auf das 6fache erhöhte Werte des Polypeptidstickstoffes im Blut, gibt LOCASIO an. Die den Gesamtstoffwechsel steigernde Wirkung von HVL-Ultrafiltraten führt MERTEN vor allem auf die Änderung des Eiweißstoffwechsels zurück.

Vor einiger Zeit haben PASCHKIS und SCHWONER es unternommen, ein *Eiweißstoffwechselhormon der Hypophyse zu postulieren.* In analoger Anordnung wie bei der STAUB-TRAUGOTT-Zuckerbelastung beobachteten sie, daß beim Gesunden einer zweiten Gelatinegabe kein Anstieg des Amino-N-Gehaltes des Blutes folgte. Bei 3 Fällen von hypophysärer Kachexie vermißten sie diesen Effekt, allerdings auch einmal bei einer Akromegalie. PASCHKIS schloß aus der Beobachtung, daß der Test bei 2 Fällen mit hypophysärem Zwergwuchs normal verlief, auf eine Unabhängigkeit des vermuteten Wirkstoffes vom Wachstumshormon.

Die Zuckerbildung aus Eiweiß dürfte eine der wesentlichsten Stoffwechselfunktionen des HVL sein, ohne daß bisher zufriedenstellend geklärt wurde, welcher Faktor diese Eigenschaft besitzt.

B. Hypophysenhinterlappen.

Während der HVL nächst dem Inselorgan des Pankreas die bedeutsamste Rolle unter den Stoffwechselregulatoren einnimmt, ist die des HHL nur gering. Es wurde sogar angenommen, daß die Wirkung durch aus dem HVL eingewanderte Zellen zustande kommt (NIEHANS u. a.). Von HOUSSAY, MAGENTA und POTICK wurde ein dem Insulin entgegengesetzter Effekt zunächst von jenen Extrakten festgestellt, die die am Uterus angreifende Oxytocinkomponente enthielten. Im Gegensatz dazu wiesen FALTA, THADDEA u. a. auf das Fehlen der Blutzuckersteigerung nach Orasthin hin. Zahlreiche Autoren, HAFERKORN und LENDLE, THADDEA, HÖGLER und ZELL u. a. betonen die Stoffwechselwirkung des blutdrucksteigernden Tonephins. Von GEILING, SIMON, VIDOS und WEINER u. a. wurde sie bei beiden gefunden. Jedoch fand SIMON keine Zunahme uteruswirksamer Substanzen im Blut während der Insulinhypoglykämie. Das alles könnte dafür sprechen, daß die Stoffwechselfunktion nicht eine Eigenschaft der sonst gut bekannten und bearbeiteten Hinterlappenhormone darstellt, sondern auf Begleitstoffe, so infolge Zelleinwanderung aus dem HVL, zurückgeht. Am ehesten scheint sie zur blutdruckwirksamen Substanz zu gehören.

Eingehend wurde die *Hyperglykämie durch Hinterlappenextrakte* außerdem noch von einer ganzen Reihe von Autoren studiert, so von PARTOS und Mitarbeitern, LAWRENCE und HELWETT, NITZESCU und Mitarbeitern, MARAÑON und MORROS, VELHAGEN jun., BISCHOFF und Mitarbeitern u. v. a. Übereinstimmung herrscht darüber, daß dem *HHL* weder im physiologischen noch im pathologischen

Stoffwechselgeschehen eine nennenswerte, vor allem *keine diabetogene Bedeutung* zukommt, schon weil die erzielten Kh-Stoffwechselwirkungen wenig ausgiebig sind. Die *Hyperglykämie* soll nach Aschner und Jaso-Roldan einerseits *über die Adrenalinmobilisierung, aber auch durch direkte Zuckerbildung aus den Glykogenbeständen* entstehen. Thaddea, Gómöri und Marsorsky u. a. bewiesen die Abhängigkeit von der Existenz eines ausreichenden Glykogengehaltes der Leber. Leberschädigung, etwa durch Thyroxin oder auf andere Weise, verhinderte einen wesentlichen Blutzuckeranstieg. Dagegen vermuteten Nitzescu und Mitarbeiter auf Grund von Untersuchungen der arterio-venösen Differenz einen Angriffspunkt in der Peripherie. Gómöri und Mitarbeiter aber fanden im Rattenversuch wohl eine Abnahme des Glykogens der Leber, aber nicht des der Muskulatur, ähnliche Beobachtungen machten Thaddea u. a. Aber die Auswertung leidet naturgemäß darunter, daß nie sicher gesagt werden kann, ob nicht die vom Vorderlappen bekannten Fraktionen beteiligt sind, früher standen vielfach auch nur komplexe Präparate zur Verfügung.

Lawrence und Helwett unterbrachen durch i. v. Pituitrininjektionen den *hypoglykämischen Shock* ebenso wie durch Adrenalin. Ein Effekt, der vielfach praktisch nutzbar gemacht wurde und der am besten durch blutdruckwirksame Präparate zu erzielen ist. Aber es gehören, wie Velhagen jun. feststellte, relativ große Mengen von Hinterlappensubstanz dazu, die Insulinhypoglykämie zu verhindern. Der Hyperglykämie nach HHL-Auszügen folgt eine Hypoglykämie (Burn), als deren Ursache schon Velhagen u. a. die reaktive Insulinausschüttung wahrscheinlich machen konnten. Gleichzeitig stellte dieser Autor fest, daß ein Diabetes durch Fortsetzung der Injektionen nicht zu erzeugen war, nicht einmal eine längerdauernde Glykosurie, so daß der HHL zweifellos als diabeteserzeugendes Organ ausscheidet, ebenso als physiologischer Insulinantagonist, da die alleinige Ektomie des HHL nicht zur Insulinüberempfindlichkeit führt (Karlik).

Die Annahme eines eigenen glykogenolytischen HHL-Hormons (Draper) nimmt nicht wunder. Sie ist jedoch unbewiesen.

Was den *Fettstoffwechsel* betrifft, so wurde schon hervorgehoben, daß Raab das Lipoitrin auch im HHL entdeckt hatte. Es ist möglich, daß dieses, ebenso die blutzuckersteigernden Inkrete, von eingewanderten Zellen dort sezerniert wird. Nach Raabs Vorstellungen über den Weg dieses Hormons zum Zwischenhirn ist es ferner nicht ausgeschlossen, daß gerade auf der Wanderung befindliches Lipoitrin erfaßt wird. Raab und Geiling haben im Hundeversuch durch Prüfung des biologischen Verhaltens die Identität des aus dem Vorder- und Hinterlappen isolierten Lipoitrins sichern können.

Das dritte der heute neben dem Oxytocin (Orasthin) und dem Vasopressin (Tonephin) bekannten Hinterlappenhormone, das Adiuretin, verdient wegen seiner großen Bedeutung in der Regulation des Flüssigkeits- und Salzhaushaltes für die Zuckerkrankheit, auch hier beachtet zu werden. Polyurie ist ein führendes, aber nicht obligates Diabetessymptom, über dessen Steuerung im klinischen Teil (Cushing-Typ) wegen des neu entdeckten hormonalen *Antagonismus von Diuretin (HVL) und Adiuretin (HHL)* noch kurz etwas zu sagen sein wird.

HHL-Wirkstoffe führen zu Hyperglykämie und Glykosurie durch Zuckerbildung aus dem Leberglykogen. Am ehesten scheint diese Funktion dem blutdrucksteigernden HHL-Hormon anzuhaften. Einen Diabetes durch ein Zuviel dieses Faktors gibt es nicht.

C. Nebennierenmark.

Die *Nebenniere* ist die erste extrainsuläre Inkretdrüse gewesen, deren *führende Bedeutung im diabetischen Stoffwechselgeschehen* anerkannt wurde. Das Inkret des Nebennierenmarks, das *Adrenalin*, wurde in den Mittelpunkt des gegenregulatorischen Systems gestellt, so daß anderen Hormonen außer dem der Schilddrüse (FALTA) lange Zeit nur geringe Beachtung geschenkt wurde. Früh erkannte man seine die *Insulinhypoglykämie aufhebende Wirkung*. Dieser Antagonismus wurde dann in konsequenten Untersuchungen von LUCKE und Mitarbeitern durch Einschaltung des kontrainsulären HVL-Hormons, des Zwischenhirns und des vegetativen Nervensystems sorgfältig herausgearbeitet. Aber erst neuerdings haben zahlreiche Arbeiten gezeigt, daß die *Nebennierenrinde in der Stoffwechselregulation eine mindest ebenso. wichtige Rolle innehat wie das Mark.*

Einer experimentellen Klärung stellte sich die Schwierigkeit der Trennung von Mark und Rinde entgegen, die ein mehr oder weniger ineinander verflochtenes Organ bilden. Das komplexe Syndrom der Adrenalektomie beherrschte die Anschauungen, außerdem erschwerte die Unmöglichkeit, das dem Mark entwicklungsgeschichtlich verwandte chromaffine Zellsystem auszuschalten, ebenso wie die enge Verknüpfung mit dem Sympathicus eine klare Beurteilung. Erst in letzter Zeit entdeckte man, daß es bei Katzen und Hunden möglich ist, das Nebennierenmark unter Zurücklassung von genügend Rindensubstanz auszulöffeln, und der Hinweis von G. EVANS, daß diese Trennung bei Ratten noch leichter gelingt, hat bessere experimentelle Voraussetzungen für eine letzte Überprüfung geschaffen. Vorher war die Trennung auf Grund günstiger anatomischer Verhältnisse nur bei Selachiern gelungen. Vor allem ließ sich jetzt, nachdem erreicht worden war, Hormone genügend zu isolieren, zeigen, daß Tiere, denen die Nebennieren herausgenommen waren, nicht durch Adrenalin, wohl aber durch Rindenextrakte zu erhalten sind. Gleichzeitig eröffneten sich damit neue Möglichkeiten, die verschiedenen Stoffwechselwirkungen der beiden Hormone zu studieren. Entsprechend jenen Versuchen blieben Tiere, denen nur das Mark durch Cürettage entfernt wurde, am Leben; erst ein Verlust der Rinde führte zum Exitus. Es erübrigt sich, in diesem Zusammenhang die, was das Adrenalin anlangt, meist bekannte Literatur zu wiederholen. Zusammenfassende Darstellungen über das Nebennierenmark haben BAYER und VON DER WENSE — diese besonders über seine Bedeutung für die Blutzuckerregulation und die Beziehung zu den übrigen Inkretdrüsen — ebenso ROGOFF, über die Nebennierenrinde THADDEA, V. BERGMANN und VERZÁR in den letzten Jahren gegeben.

Sorgfältige und sehr eindrucksvolle Wachsmodellrekonstruktionen der Nebenniere durch V. LUCADOU deckten enge morphologische Zusammenhänge zwischen Rinde und Mark auf, die auch funktionelle vermuten lassen. ROGOFF nimmt an, daß das Adrenalin das Nebennierenrindenhormon unterstützt. Ein lipoidgebundenes Adrenalin hielt KONSCHEGG für den vasopressorischen Wirkstoff der Nebennieren. Nach neueren Angaben soll Adrenalin erst in Gegenwart von Rindenhormon seine physiologische Wirkung voll entfalten. Nach Untersuchungen SZENT-GYÖRGYs und Mitarbeiter findet sich im Organismus eine etwa 10mal wirksamere NN-Substanz als das Adrenalin, das Novadrenin. Auf einiges, was für die Zusammenarbeit von Mark- und Rindenhormon bei der Betreuung des Glykogenhaushaltes spricht, soll später noch eingegangen werden. Eine alleinige diabetogene Bedeutung des Adrenalins wird heute kaum noch vertreten.

Kennzeichnend für die Aufgabe des Adrenalins im Kh-Stoffwechsel ist das Verhalten *markloser Tiere*. Diese sind *ausgesprochen insulinüberempfindlich*, da ja der unmittelbare Antagonist fehlt, bieten aber sonst nichts Auffälliges (LEWIS und MAGENTA, BØGGILD u. a.). Nach neueren Untersuchungen von SWANN und FITZGERALD soll aber nicht allein das Adrenalin, sondern *auch die Nebennierenrinde für den Eintritt des Insulinshocks verantwortlich* sein. Bei adrenalektomierten oder total hypophysektomierten Ratten schwindet das verfrühte Auftreten des Insulinshocks, wenn Nebennierenrindengewebe implantiert wird.

Es soll dann eine normale Insulinansprechbarkeit resultieren. Einstweilen steht diese Ansicht noch im Widerspruch zu manchen geläufigen Vorstellungen.

Der *Mechanismus Insulin-Adrenalin* wurde bei der Besprechung des kontrainsulären Hormons bereits klargelegt, in Einzelheiten ausführlich in den Arbeiten Luckes, auch unter anderen in denen von Képinov, der einen Synergismus von Adrenalin und einem hypophysären Hormon annimmt, welcher erst eine Zuckerbildung aus Glykogen möglich machen soll. Bei hypophysektomierten Tieren fand er das Adrenalin vermehrt, trotzdem fehlte die insulinantagonistische Hyperglykämie.

Am längsten bekannt in der Klinik ist der *Glykosurie und Hyperglykämie erzeugende Effekt des Adrenalins.* Außer der dazu notwendigen *glykogenolytischen Funktion,* die *aus dem Leberglykogen Traubenzucker und aus dem Muskelglykogen Milchsäure* freiwerden läßt, die über die intakte Leber wieder in Glucose umgewandelt wird, haben Cori und Cori, Colwell u. a. eine *periphere Hemmung der Zuckerausnutzung* im ganzen Organismus festgestellt, die durch Untersuchungen der arterio-venösen Differenz zu beweisen war. Einem Einwand, das Pankreas könne durch Adrenalin direkt in seiner Insulinproduktion gestoppt werden, ist entgegenzuhalten, daß es im Tierversuch nach langdauernder Adrenalinzufuhr zur Hypoglykämie kommt (Zunz und La Barre) und zweitens daß auch total pankreatektomierte Tiere, solange sie noch Glykogenvorräte haben, auf Adrenalin mit einer Hyperglykämie antworten.

Eine herabgesetzte Insulinproduktion andererseits geht mit verminderter Nebennierentätigkeit einher (Rogoff), vergrößert und verlängert aber natürlich den Ausschlag der künstlichen Adrenalin-Blutzuckerkurve. Das ist insofern bedeutungsvoll, als der überwiegende Pankreas-Unterfunktionsdiabetes bei Belastung mit Adrenalin im Gegensatz zum Überfunktionsdiabetes mit einer stärkeren Reaktion antworten müßte, bei durch richtige Vorbehandlung gesicherten gleich großen Glykogenvorräten. Das ist zu beachten, da sich beim experimentellen Überfunktionsdiabetes höhere Glykogenlager finden (Houssay), die allerdings oft wenig gut mobilisierbar sind. Einzelheiten darüber später. Immerhin genügen diese Tatsachen um zu zeigen, daß bei der komplexen Natur dieser Zusammenhänge keine Differenzierung der Diabetesgrundformen durch die Adrenalinbelastung erwartet werden kann.

Auch die quantitative Bestimmung des Leberglykogens durch Adrenalin-Blutzuckerkurven und des Muskelglykogens durch den Anstieg der Blutmilchsäure (Kugelmann u. a.) erfährt dadurch Einschränkungen. Sie ist nur bei vergleichenden Untersuchungen am selben Organismus wertvoll. Hinzukommt, daß der glykogenolytische Vorgang wesentlich zentralnervös beeinflußt wird. Hier ist noch nicht völlig entschieden, ob das Nebennierenmark immer in die efferente Bahn eingeschaltet wird oder ob nicht noch ein direkter Splanchnicusreiz zur Leber geht. In all diesen Fällen ist, das scheint erwiesen, die Hyperglykämie von einer leistungsfähigen und genügend glykogenhaltigen Leber abhängig. Den Beweis hierfür erbrachten zuerst Mann und Magath: Nach Leberentfernung war die Blutzuckersteigerung nicht mehr zu erzeugen. *Die intakte Leber ist Voraussetzung, daß die aus dem Muskelglykogen freigewordene Milchsäure wieder zu Glykogen aufgebaut werden kann,* bevor sie erneut zur Zuckerbildung dient. Die Abhängigkeit auch der zentralen Glykosurie von der Nebenniere haben unter anderem Cannon und Britton betont. Bei Katzen, die durch den Anblick eines Hundes gereizt wurden und charakteristische Adrenalin- bzw. Sympathicussymptome boten, blieb die Hyperglykämie nach Entfernung der Nebennieren aus. Auch an sonstigen Hinweisen auf den Weg über das Nebennierenmark fehlt es nicht.

Es ist nicht ohne Interesse, daß MEYTHALER auch die Hypoglykämie nach maximalen sportlichen Leistungen durch Erschöpfung des chromaffinen Systems mit daraus resultierendem Fehlen des glykogenolytischen Adrenalins und nicht durch Glykogenmangel erklärt hat.

Das möge hier genügen, um in dieses reichhaltige Gebiet inkretorischer Forschung einen kurzen Einblick zu geben. *Das Adrenalin ist in Gemeinschaft mit dem kontrainsulären Vorderlappenhormon der unmittelbare Insulinantagonist und dadurch natürlich von großer regulativer Bedeutung, auch im diabetischen Geschehen. Außerdem bedient sich, wenigstens zum Teil, die zentrale Reizglykosurie und Hyperglykämie der Adrenalinausschüttung.*

D. Nebennierenrinde.

Eine ausgiebigere Besprechung muß die Stoffwechselfunktion der Nebennierenrinde (NNR) erfahren, als Resultat jüngster Untersuchungen, das schon deswegen kein endgültiges sein kann. Ihre Tragweite wird am besten durch Stimmen erhellt, die geneigt sind, in diesem Organ den hauptsächlichsten diabetogenen Überproduktionsfaktor zu suchen (LONG und seine Richtung), und die vor allem die *Stoffwechseltätigkeit des HVL mit der NNR aufs engste verknüpfen wollen* (REISS, JORES, VERZÁR).

Die die *Glykogensynthese fördernde Wirkung* der Rinde ist unter anderen eingehendst von BRITTON und seinen Mitarbeitern studiert worden. Diese Autoren gehen so weit, daß sie die *Kontrolle des Kh-Stoffwechsels* für die *vordringlichste Aufgabe der Rinde* halten. Dazu führen sie aus, daß die bekannten Störungen im Wasser- und Elektrolythaushalt bei niederen Säugetieren, wie bei Beutel- und Murmeltieren, nach Rindenausfall gering sind, verglichen mit dem hochgradigen Schwinden der Kh-Depots. Ebenso hält VERZÁR die Veränderung des Wasser- und Salzhaushaltes für sekundär. Diese Wertung steht in bemerkenswertem Gegensatz zu der älteren, heute unwahrscheinlich gewordenen Annahme, daß die intermediäre Stoffwechselveränderung erst die Folge der Salz- und Wasserverschiebungen sei, aber auch zu der geläufigeren von parallel verursachten, mehr oder weniger voneinander unabhängigen Störungen.

Über die Stellung im endokrinen Stoffwechselregulationssystem unterrichtet auch hier am besten der Tierversuch mit Ausschaltung einzelner Drüsen und gegebenenfalls Ausgleich oder Steigerung durch entsprechende Extrakte.

Zuerst der *Kh-Stoffwechsel.* Von zahlreichen Untersuchern wurde immer wieder die *Hypoglykämie im Anschluß an die Totalexstirpation der Nebennieren,* jedenfalls nachdem die Glykogenlager geschwunden waren, bestätigt. Auch wurde früh erkannt, daß diese *nicht anhaltend durch Adrenalininjektionen zu bessern* ist, *wohl aber durch Rindenhormon,* am überzeugendsten nach der gelungenen Herstellung wirkungsvoller Extrakte (ROGOFF und STEWART 1927, SWINGLE und PFIFFNER 1929) durch deren Zufuhr (DAMBROSI, LELOIR und NOVELLI u. a.). Nicht nur das Leberglykogen wird von neuem angereichert, sondern auch das der Muskeln, wie von den genannten Autoren ebenso wie vorher schon von

Britton und Mitarbeitern festgestellt wurde. *Der der Hormondarreichung folgende Glykogenaufbau* wurde bei adrenalektomierten Hunden, denen Traubenzucker gespritzt wurde, besonders deutlich. Diese vermögen sonst zugeführten Zucker kaum zu deponieren, verbrennen ihn dagegen in erhöhtem Maße, ähnlich wie hypophysektomierte Tiere, bei denen Reiss, Kusakabe und Budlowsky dieses Verhalten auf den Ausfall des corticotropen, also letzten Endes auch des NNR-Hormons, zurückführen konnten. Der *Milchsäurespiegel*, der nach der Nebennierenausschaltung im Blut auffällig erhöht ist, *fällt unter Ersatztherapie zur Norm*. Insulin ist dabei wirkungslos. Ähnlich verschwindet gefütterte Milchsäure nach Nebennierenrindenextraktzufuhr schnell wieder, anders als bei adrenalektomierten Tieren (Buell, Anderson und Strauss), denen auch die Einlagerung zugeführten Zuckers nur langsam gelingt. — *Auffüllung der Glykogendepots, vor allem Wiederaufbau der Milchsäure zur Leberstärke, sind die wichtigsten Funktionen des Nebennierenrindenhormons.* — Auch beim Menschen ließ sich das durch Höherrücken der Adrenalintestkurve wahrscheinlich machen (Rühl und Thaddea, Bartelheimer u. a.). *Das Insulin versieht die Aufgabe, eine Schutzwirkung gegenüber dem Glykogenabbau auszuüben* (Verzár).

Dagegen ist es auch heute *noch nicht überzeugend gelungen, durch Rindenhormon eine abnorme Glykogeneinlagerung und eine Hyperglykämie zu erzielen.* Unter anderen haben Britton und Mitarbeiter, Zwember und Sullivan sowie Thaddea Blutzuckererhöhungen nach NNR-Präparaten angegeben. Dabei konnte angeblich ausgeschlossen werden, daß diese nicht allein die Folge verunreinigender Adrenalinbeimengungen waren, da ein etwa vorhandener Gehalt an Adrenalin nicht der Höhe der Blutzuckersteigerung entsprach. Im Gegensatz dazu wurde von anderen Autoren, selbst bei hoher Dosierung, keine Hyperglykämie beobachtet (Grollman und Firor, Parkins, Hays, Hays und Swingle u. a.).

Heute, wo es gelungen ist (Kendall, Reichstein), den lebenserhaltenden NNR-Faktor (Corticosteron, Cortin, Percorten, Cortiron, Cortenil u. a.) synthetisch herzustellen oder rein zu isolieren, ist es interessant, dessen Einfluß auf den Zuckerspiegel zu prüfen. Tropp und Köhler erzeugten bei gesunden und nebennierenlosen Hunden sowie gesunden jungen Kaninchen durch Corticosteron-Injektionen Blutzuckersenkungen. Sie sprechen von einem *insulinartigen Verhalten* des von ihnen verwandten Präparates. Bei normalen Kaninchen, aber auch bei solchen, die durch Kastration eine Bereitschaft zur Stoffwechselentgleisung erhalten hatten, fand Bartelheimer[1] nach 3wöchiger täglicher Applikation von 10 mg Corticosteron (I.G. Farben) keine eindeutigen Änderungen von Traubenzucker- und Insulinbelastungskurven. Zumindest kommt es also unter dem Einfluß dieses Rindenhormons nicht zu solchen Störungen der Stoffwechselregulation wie nach HVL-Extraktinjektionen. Beim Menschen war ähnlich den Tierversuchen von Tropp und Köhler auch bei Gesunden und Diabetikern in einigen Fällen nach Corticosteron eine Senkung der Blutzuckerkurve zu beobachten, vor allem bei gleichzeitiger Glucosebelastung, Veränderungen, die für eine Steigerung der Glykogenbildung sprechen. So ist es wohl auch zu verstehen, daß Soffer, Nicholson und Strauss bei nicht gefütterten adrenalektomierten Hunden nach Rindenextraktzufuhr höher-

---

[1] Bartelheimer: Unveröffentlichte Versuche.

gradige Hypoglykämien auftreten sahen, die sie durch Traubenzuckerinjektionen beseitigen mußten. Der Glykogenaufbau stellt den Arbeitsbereich des Rindenhormons dar, das unterschiedliche Verhalten des Blutzuckers erklärt sich durch den nötigen, aber wechselnden Zuckerbedarf. Vornehmlich VERZÁR sprach der Nebennierenrinde eine direkte Blutzuckerbeeinflussung ab. Immerhin verbietet diese glykogenspeichernde Eigenschaft mit entsprechender Erniedrigung des Blutzuckers, von vornherein das Vorhandensein mäßig hyperglykämisierender Rindenfaktoren abzulehnen.

Im Tierversuch sahen SÁNCHEZ, RODRIGUEZ und BARBUDO, ebenso THADDEA, keine wesentliche Senkung der Insulinblutzuckerkurve durch Rindenhormonextrakte, dagegen eine Beseitigung der Krampfneigung. Heute liegt es näher, dafür weniger Änderungen des Muskelstoffwechsels anzuschuldigen, als Zusammenhänge zum restituierten Glykogengehalt des Gehirns zu suchen, dessen Absinken für den Insulinshock (KERR u. a.) höchst bedeutungsvoll ist. Nebennierenlose, die mit Rindenhormon behandelt werden, vermögen nämlich das typische klinische Syndrom des Insulinshocks zu erzeugen. Und das, obgleich Nebennierenmark und Adrenalin fehlen!

Zweifellos mußten die obigen Versuche daran denken lassen, ob nicht in der NNR verschiedene, auch entgegengesetzt gerichtete stoffwechselaktive hormonale Substanzen erzeugt werden. Für die Existenz mehrerer Rindenstoffe sprechen auch andere, sonst nicht zu erklärende Versuchsergebnisse, wie z. B. mehr oder weniger ausgeprägte, die Sexualsphäre verändernde, von Nebennierenstörungen abhängige Wirkungen. Es wurden dem Corticosteron, ebenso den Sexualhormonen verwandte chemische Substanzen daraus isoliert, Adrenosteron u. a. Auch wurde vermutet, daß darin das Grundgerüst der Sexualhormone gebildet würde. 1933 hatten SCHMITZ und KÜHNAU durch verschiedene Extraktionsmethoden mehrere stoffwechselaktive Wirkstoffe getrennt, so den phosphatidsteigernden Faktor A, den cholesterinsenkenden Faktor B und noch einen phosphatidsenkenden Faktor C, die aber wenig Beachtung gefunden haben. KENDALL beschrieb „Comp. A, B und E", von denen die beiden ersten die von den Extrakten bekannten Wirkungen erzeugen. B soll mit dem Corticosteron REICHSTEINs identisch sein. Die neuere chemische Forschung hat ferner gezeigt, daß dieses sich vom Progesteron, dem Corpus luteum-Hormon, allein durch die Anlagerung von 2 Hydroxylgruppen unterscheidet. Progesteron soll auch fördernd auf das Glykogen der Leber wirken (GAUNT und Mitarbeiter), andererseits soll Rindenhormon Corpus luteum-Hormon ersetzen (MIESDNER und Mitarbeiter, DE TREMERY und SPANHOF). In der biologischen Wertigkeit, das Leben nebennierenloser Tiere zu erhalten, nimmt das von STEIGER und REICHSTEIN gewonnene Desoxycorticosteron eine Mittelstellung ein. Es unterscheidet sich auch nur durch eine OH-Gruppe vom Progesteron. In neuester Zeit werden 4 Wirkstoffe der Rinde genannt (FR. A. HARTMANN, THADDEA): 1. Cortin, 2. Cortilactin, das die Milchsekretion nebennierenloser Tiere in Gang zu halten vermag, 3. Cortipressin, das den Blutdruck Addisonkranker hebt, und 4. das schon genannte Adrenosteron. Soviel nur um zu veranschaulichen, daß die hormonale Erforschung der Nebennierenrinde noch keineswegs abgeschlossen ist.

Der Fettstoffwechsel wird durch seine bekannte Bindung an den der Kohlehydrate regulativ verändert, aber auch unabhängig davon. Für diesen sind besonders die Entdeckungen VERZÁRs und seines Arbeitskreises bedeutsam, nach denen *bei Mangel an Rindenhormon die Resorption der Fette, ebenso wie die der Zucker und Aminosäuren, durch Ausfall notwendiger Phosphorylierungsvorgänge und ebenfalls die Fettwanderung zur Leber vermindert* wird. So finden sich meistens *niedrige Blutfettwerte.* Neutralfett, Fettsäuren und auch die Gesamtlipoide können erniedrigt sein, während der *Cholesterinspiegel,* wie die ADDISONsche Krankheit lehrt, *häufig erhöht* ist. MARAÑON, KOCH und WESTPHAL fanden dabei teils subnormale, teils erhöhte Werte. Durch Rindenextraktzufuhr lassen sich diese Abweichungen ausgleichen (Stroebe und Thaddea, Thaddea und Fasshauer).

Bei Überschuß an Rindenhormon dagegen — der Interrenalismus zeigt das — ist der *Cholesteringehalt des Blutes erhöht.* Glaser, Mazzeo, Collazo und Marañon traten für die blutcholesterinsteigernde Wirkung des NNR-Hormons ein, andere Autoren äußerten allerdings Zweifel. Die Hypercholesterinämie ist eines der konstantesten Symptome auch des „sekundären Interrenalismus Cushings". Also bei entgegengesetzter Funktion der NNR kann die Entgleisung des Blutcholesterins in gleicher Richtung erfolgen. Neben indirekten Einflüssen durch die beim Addison vorhandene schwere Störung des Gesamtstoffwechsels können Untersuchungen von Reiss dafür vielleicht einige Aufklärung bringen. Reiss entdeckte eine *gewebscholesterinfixierende Wirkung des Rindenhormons.* Mäuse, die lange mit NNR-Hormon behandelt worden waren, wiesen eine Erhöhung ihres Gesamtcholeseteringehaltes auf. — Das erinnert an vermehrte Cholesterin- und auch sonstige periphere Lipoideinlagerungen (Cholesteringicht!), die in der Klinik mancher Diabetesfälle auffallen. — Fortfall einer solchen cholesterinfixierenden Cortinwirkung während der Nebenniereninsuffizienz, bei der Thaddea und Fasshauer u. a. eine Verringerung des Gesamtcholesterins von Leber und Muskel bestätigten, macht verständlich, daß der Gehalt des Blutes dann erhöht sein kann.

Die Bedeutung der NNR für die Ketonkörperbildung liegt in vermehrter Zuckerbildung aus Eiweiß und auch aus Fett (Hochfeld). Nebennierenlose Ratten ließen die Steigerung der N-Ausscheidung im Unterdruck, die bei gesunden auftritt, vermissen, ebenso die sonst stattfindende Zunahme des Leberglykogens. Daraus zog Evans, wohl mit Recht, den obigen Schluß. Auch führten Rindenextrakte nach MacKay und Barnes bei hungernden Ratten zur Vermehrung der Ketosis, Adrenalektomie dagegen zu verbesserter Ketolysis und zu Abnahme des Leberfettes. Im ganzen genommen lassen jedoch die *Angaben über das Verhältnis der NNR zur Ketonkörperbildung außerordentliche Widersprüche* erkennen. Am besten stimmen die Ansichten über die *Zunahme der Leberverfettung durch NNR-Hormon* überein. Nach Hypophysektomie, wie auch nach Epinephrektomie, bleibt sie selbst beim Pankreasdiabetes aus.

Der Fettsucht durch Überschuß an NNR-Hormon, die klinisch durch den primären Interrenalismus J. Bauers und am Tier durch die Versuche von Schneider und Bomskov erwiesen ist, entspricht auch in vitro eine Verlangsamung des Fettabbaues (Gradinesco).

E. Schneider und Bomskov gelang es, bei einer Reihe von Ratten nach Epinephrektomie eine *Nebennierenrindenfettsucht* zu erzeugen. Während junge Tiere nach dem Eingriff in der Regel eingingen, wurden ältere zuweilen extrem fett und entwickelten sich zu Riesentieren. Auch eine Hypersexualität wurde vermutet, bei anderen stand die Aktivierung der Schilddrüse ganz im Vordergrund. Die Autopsie brachte die Erklärung und zeigte, daß die Riesenratten hochgradig gewachsene akzidentelle Nebennieren besaßen, die sich nur aus Rindensubstanz zusammensetzten. Der Fortfall des Nebennierenmarks spielt vielleicht für das Ausbleiben eines Diabetes eine Rolle (s. Absatz über Grundsätzliches zum Diabetes).

Störungen im *Eiweiß-Stoffwechsel,* wie die bekannte *Rest-N-Vermehrung bei Rindeninsuffizienz,* wurden als Reaktion auf die hypochlorämische Urämie, für die sich mehr oder weniger ausgeprägte Anzeichen finden, erklärt. Auch diese läßt sich durch Extraktzufuhr vermindern (THADDEA).

Am aufschlußreichsten für die grundsätzliche *Stellung der NNR in der Diabetespathogenese sind experimentelle Untersuchungen, in denen die Funktion der Nebennierenrinde in Beziehung zu anderen Inkretdrüsen geprüft wird.* Die verantwortliche zentrale Steuerung, die wenig vom Nervensystem, aber um so besser von der zentralen hormonalen Schaltstelle, dem HVL, bekannt ist, findet ihren morphologischen Ausdruck in einer schnell einsetzenden *Rindenatrophie nach Hypophysenexstirpation,* entsprechend sind auch nicht wenige SIMMONDS-Symptome auf die Nebennierenrindeninsuffizienz zurückzuführen. Wie gefordert werden muß, ist im experimentum crucis diese Rindeninsuffizienz *durch hochwertige HVL-Extrakte wieder auszugleichen* oder schon zu verhindern, neben erneuter Glykogeneinlagerung kommt es wieder zum Blutzuckeranstieg. COREY und BRITTON stellten den normalen Blutzucker hypophysektomierter Ratten durch adrenalinfreie Rindenextrakte wieder her, die ausgiebige Auffüllung der Glykogenlager gelang allerdings erst mit der dreifachen Menge. Unter vielen anderen studierten auch FITZGERALD und VERZÁR diese Wirkung eingehend. *Reichliche Zufuhr des corticotropen Hormons* ANSELMINO *und* HOFF-MANNs *führt selbst bei gesunden Individuen zu Rindenhypertrophie.*

Durch *Adrenalektomie pankreasloser Tiere* konnten BRITTON und SILVETTE, VIALE u. a. die *Stoffwechsellage in ähnlicher Weise wie durch die Hypophysektomie bessern.* Dadurch ließen sich sogar hypoglykämische Blutzuckerwerte erzeugen, wobei die Glykogendepots noch unter diejenigen pankreasdiabetischer Tiere gesunken waren. Dasselbe konnte THADDEA feststellen. Die Azidose bildet sich ebenfalls zurück (LUKENS und LONG). Die gleiche diabetesmildernde Wirkung erzielten HIMSWORTH und Mitarbeiter durch beiderseitige Unterbindung der abführenden Nebennierenvenen.

Die Ausschaltung der NN hatte bei der teilweise depankreatektomierten Ratte in Versuchen von LONG und Mitarbeitern das Verschwinden der Glykosurie zur Folge, die trotz Injektion von Extraktmengen, die diese Tiere am Leben zu erhalten vermochten, nicht wieder auftrat. Ähnliche Ergebnisse erzielten HOUSSAY und BIASOTTI an der Taube. *Erst nach der Nebennierenein pflanzung stellte sich die Zuckerausscheidung wieder ein.* LUKENS und DOHAN gelang es dann, durch Rindenhormon den Diabetes von Hunden, denen Pankreas und Nebennieren entfernt waren, in vollem Maße zu reproduzieren und damit die diabetogene Wirksamkeit des Cortins zu zeigen. Schon sehr früh (1901) hat ZÜLZER darüber berichtet, daß Hyperglykämie und Glykosurie nach Pankreasexstirpation bei gleichzeitiger Entfernung der Nebennieren ausbleiben. LONG und Mitarbeiter wurden durch solche Ergebnisse, insbesondere durch den Pankreasdiabetes restituierenden und wieder blutzuckersteigernden Effekt von Rindenextrakten veranlaßt, *in der NNR* einen gewichtigen, ja *den diabetogenen Faktor* anzunehmen. Aber bis heute ist es noch *nicht gelungen, durch Organauszüge bei gesunden Individuen einen Diabetes, ähnlich dem* YOUNGschen *HVL-Injektionsdiabetes zu erzeugen, wohl aber eine Fettsucht* (REISS und Mitarbeiter). SCHNEIDER und BOMSKOV erhielten durch Rindenüberfunktion einen *Riesenwuchs,* wie ihn frühere Angaben LUCKEs über den NNR-Zwergwuchs schon vermuten ließen, die im Gegensatz zu der Ansicht von FIROR und SHUMAKER standen, die bei hypophysektomierten Ratten nach NNR-Hormon keine Wachstumssteigerung sahen. Verzár stellt sich die *Stellung der Nebennieren beim Pankreasdiabetes* folgendermaßen vor: Cortin baut Glykogen auf, Insulin hat seinen Abbau zu verhindern, der vom Adrenalin aber auch anderen Reizen, unter ihnen nervösen, bewirkt wird. Ausfall des Insulins (Pankreasdiabetes) veranlaßt, daß das andauernd mit Hilfe von Cortin gebildete Glykogen immer wieder durch Adrenalin abgebaut werden kann. Cortin ist erst auf diese Weise imstande, zu einer Vermehrung der Hyperglykämie und Glucosurie zu führen.

Noch einleuchtender scheint die *Diabetesentstehung durch eine absolute Überfunktion der NN.* Übertriebener Glykogenese folgt ausgleichend die Glykogenolyse und die Zuckerüberschwemmung des Organismus um so eher, weil noch die Steigerung der Zucker- und Glykogenneubildung aus Nicht-Kh hinzukommt. Eine künstliche Insulinzufuhr hat begreiflicherweise nur geringen Einfluß auf die Störung des Glykogenhaushalts, da es die pathologische Glykogenbildung nicht verhindert, allenfalls stabilisierend die Depots etwas größer, aber nicht abnorm hoch werden läßt. Das Erlahmen der der Blutzuckersteigerung reaktiv folgenden eigenen Insulinproduktion vermehrt die Stoffwechselentgleisung und gleicht das Bild dem Pankreas-Unterfunktionsdiabetes an. Wenn die Ansicht Longs und seiner Mitarbeiter, daß *der hypophysäre Diabetes über die diabetogene Wirksamkeit der Nebennieren* zustande kommt, zu Recht bestehen soll, muß zur Manifestation *entweder* auch *die Glykogenolyse entsprechend der Glykogenese erhöht oder ein absoluter Insulinmangel* schon vorhanden sein.

Ob die Wiederherstellung des experimentellen Pankreasdiabetes nach Epinephrektomie durch NNR-Extrakte eine Dosierungsfrage ist oder ob das Vorhandensein eines besonderen stoffwechselaktiven Faktors gegeben sein muß, ist aber noch nicht entschieden. Soviel dürfte sich aus den zahlreichen Untersuchungen herausschälen lassen, die *Überfunktion der Nebennierenrinde gehört nächst der des HVL zu den wichtigsten Vorbedingungen eines extrainsulären Diabetes.* Gegen die Annahme, daß die diabetogene Wirksamkeit des HVL allein durch die Auslösung einer Nebennierenrindenüberfunktion zustande kommt, sprechen relativ alte, später wieder bestätigte Versuche Houssays und seiner Schule: Trotz Ausschaltung der Nebennieren blieb der diabetogene Effekt von HVL-Extrakten bestehen. Long und Mitarbeiter behaupteten allerdings das Gegenteil. Das corticotrope Hormon Anselmino und Hoffmanns, sicher eines der bestfundierten glandotropen Vorderlappenhormone, bestimmt weitgehend die Stoffwechseltätigkeit des HVL und vornehmlich Reiss ist dafür eingetreten, daß ihm die führende Rolle unter den stoffwechselaktiven Substanzen zukommt.

Alles spricht dafür, daß sich in dem diabetogenen Prinzip Houssays wie in dem diabeteserzeugenden Extrakt Youngs eine Reihe von Wirkstoffen findet, die teils direkt, teils indirekt, und zwar in erster Linie über die Nebenniere zum Diabetes führen. *Experiment und Beobachtung am Menschen dokumentieren die enge Abhängigkeit der NNR vom HVL, so daß sie höchstens bei extrem ungezügelter und ungesteuerter Entgleisung — etwa bei einem Tumor oder Adenom des Rindengewebes — mit gleichzeitiger Steigerung der Glykogenolyse eine primäre diabetogene Stellung einnehmen mag, während sonst immer die hypophysäre Auslösung nahegelegt wird.* Ihr entspricht in der menschlichen Pathogenese der sekundäre Interrenalismus, wie er durch Harvey Cushing entdeckt und durch die Einwände J. Bauers geklärt wurde.

Nicht uninteressant ist noch eine Vorstellung, die LONG und WHITE zur Diskussion stellen. Sie meinen, daß die Abschwächung des Diabetes nach Entfernung der Nebennieren vielleicht auf der Unfähigkeit des HVL-Hormons beruhen könnte, ohne den Rindenfaktor Stoffwechselfunktionen zu verrichten, weil die Ansprechbarkeit der Gewebe in Abwesenheit der NNR herabgesetzt wäre.

Über *Angriffspunkt und Wirkungsweise des Rindenhormons* haben die ausgedehnten experimentellen Untersuchungen VERZÁRs und seiner Schule in den letzten Jahren einleuchtende Erklärungen gebracht und damit das Verständnis außerordentlich erleichtert. Hypothesen, die durch ihre Lückenlosigkeit bestechen und das hervorragende Beispiel einer Synthese in der Medizin darstellen. Diesen Theorien liegt die experimentell und später auch klinisch erhärtete Tatsache zugrunde, daß durch das Rindenhormon über Lactoflavin und Phosphorsäure die im Kh-Haushalt wie in dem der Fette gleich wichtige *Phosphorylierung* zustande kommt. Eine Veresterung mit Phosphorsäure findet schon bei der Resorption von Zucker und Fetten und auch von Aminosäuren statt. Die „selektive Glucoseresorption", das ist die unter physiologischen Verhältnissen etwa dreimal so starke Resorption von Traubenzucker gegenüber Xylose und anderen Kh, verschwindet, wenn die Nebennierenrinde fehlt. Ebenso ist dann die Blutzuckerkurve bei alimentärer Glucosebelastung stark verzögert und erst durch Rindenextrakt zu normalisieren (THADDEA, WILBRAND und LENGYEL). Ähnlich wird die Fettresorption herabgesetzt. So ist es verständlich, daß eine beim *Addison* vorkommende Steatorrhöe durch Nebennierenrindenhormon zu bessern ist und ein entsprechendes Höherrücken der Blutfettwerte nach Fettbelastung verzeichnet werden konnte (WESTERLUND). Im Tierversuch verhindert Wegfall der Rinde auch die Entstehung der Fettleber nach Phosphorvergiftung, da die zur Fettwanderung erforderliche Phosphatbildung nicht mehr stattfindet. Die unter gleichen Versuchsbedingungen am Glykokoll nachgewiesene „selektive" Resorptionsverminderung einer Aminosäure verrät ähnliche Verhältnisse im Eiweißstoffwechsel.

In diesen von der Nebenniere geleiteten Phosphorylierungsprozeß ist die Vitamin B$_2$-Gruppe, nämlich die Koppelung an das Lactoflavin, eingeschaltet. Seine Bindung an die Phosphorsäure erfolgt unter dieser Hormonwirkung. Gefütterte Flavinphosphorsäure vermag vorübergehend eine Rindenunterfunktion zu überbrücken. Die unter dem Einfluß der NNR entstehende Flavinphosphorsäure stellt auch einen Baustein des gelben Atmungsfermentes WARBURGs dar und so resultiert hier in eindrucksvoller Weise die innige Zusammenarbeit eines Hormons, eines Vitamins und eines Enzyms (THADDEA). Von den Ergänzungsstoffen ist also nicht nur das Vitamin C, dessen Wirkung mehr eine allgemein zellfunktionsfördernde ist, das aber nach experimentellen und klinischen Untersuchungen (ALTENBURGER, TERBRÜGGEN, BARTELHEIMER, WATANABE u. a.) auch für den Glykogenaufbau wesentlich ist, für die umfangreiche Arbeit der NNR von Nutzen.

Die Vergiftung mit Monojodessigsäure, die die Phosphorsäureveresterung unterbindet, bietet das Bild der NNR-Insuffizienz und schafft so günstige Voraussetzungen für tierexperimentelle Studien. Sie führt zur morphologisch nachweisbaren Rindenatrophie. Allein durch gleichzeitige NNR-Hormon- und Lactoflavinzufuhr oder aber durch Flavinphosphorsäure läßt sich diese Störung wieder bessern. Beim Phlorrhizindiabetes, bei dessen Entstehung auch die mangelnde Phosphorylierung im Spiele sein soll, hat HOFF ähnliche Besserungen durch Corticosteron wie durch Lactoflavin gesehen. Darüber aber bei der Besprechung der renalen Glykosurie mehr.

Die geschilderten Grundtatsachen der zu einer Synthese führenden Anschauungen VERZÁRs und seiner Schule haben viel Anerkennung gefunden, weitere Einzelheiten mögen in den zahlreichen Veröffentlichungen dieser Arbeitsrichtung nachgelesen werden, vor allem in der neuen Monographie VERZÁRs.

So eindrucksvoll und überzeugend das Eingreifen der NNR in die Stoffwechselregulation ist, manches wichtige im letzten Jahrzehnt entdeckt wurde, so darf dabei nicht übersehen werden, daß vieles einstweilen noch Hypothese ist.

Die NNR kann diabetogen wirken, vermutlich gehört dazu eine gesteigerte Glykogenolyse. Pankreas-Unterfunktionsdiabetes, aber auch HVL-Überfunktionsdiabetes bieten für ihre diabetogene Bedeutung gewichtige Anhaltspunkte. Die NNR ist für den Glykogenaufbau und alle Stoffwechselfunktionen, die nach den grundlegenden Untersuchungen VERZÁRs *an eine Phosphorylierung gebunden sind, verantwortlich.*

E. Schilddrüse.

Die Stellung der Schilddrüse im glykoregulatorischen System wird durch die *glykogenolytische Wirksamkeit des Schilddrüsenhormons* bestimmt, die schon lange aus der menschlichen Pathologie und aus Tierexperimenten bekannt ist. Schilddrüsenüberfunktion führt genau so wie künstliche Hormonzufuhr zur Glykogenverarmung der Leber, ebenfalls der Muskulatur, wenn auch vielleicht in geringerem Maße. Dabei kommt es merkwürdigerweise, anders als bei den sonstigen glykogenolytischen Reizen. nicht zu einer Leberverfettung (ABELIN und KÜRSTEINER u. a.). Das ist höchst beachtenswert, ebenso die Feststellung, daß trotz glykogenarmer Leber keine oder nur eine geringe Azidose entsteht. *Blutfett- und Cholesterinspiegel sind erniedrigt.* Umgekehrt geht ein *Thyroxinmangel mit Erhöhung* einher. Die Glykogenmengen in den Depots, auch in der Leber, pflegen normal zu bleiben.

ABELIN nahm an, daß die genannte Störung des Glykogenhaushalts durch eine spezifische Schädigung des für die Verarbeitung verantwortlichen Teils der Leberzelle zustande kommt und vermutete, daß die Leber ohne vorherigen Glykogenaufbau und ohne vorangegangene Polymerisation Glucose für die Blutzuckerregulation erzeugen könne. CRAMER gibt eine pathologisch gesteigerte Zuckerbildung aus vorhandenem Glykogen als Erklärung, die bei gleichzeitigem Angebot und Bedarf auch ohne Deponierung erfolge. Anlaß dazu bietet die unter dem Einfluß des Schilddrüsenhormons hochgradige Steigerung der gesamten Oxydationsprozesse. Auch MEYTHALER spricht von einer kachierten Glykogenbildung und erklärt damit das Ausbleiben der Leberverfettung, wobei das von ABELIN und Mitarbeitern festgestellte Ausbleiben der Glykogenverarmung hyperthyreotischer Tiere bei reichlicher Kh- und Fettzufuhr die CRAMERsche Vorstellung noch wahrscheinlicher macht.

Befunde BÖSLs, der nach Arbeit (im Meerschweinchenversuch) bei ausreichender Ernährung trotz Thyroxinzufuhr eine Glykogenanreicherung der Leber beobachtete, waren zwar recht interessant, blieben aber schwer erklärlich. Sie sind nach dem heutigen Wissen vielleicht durch die nach BEZNÁK und PERJES mit der Arbeitsleistung verbundene Nebennierenrindenhypertrophie oder, richtiger gesagt, durch die damit einsetzende gesteigerte Produktion von Rindenhormon, das ja glykogenetisch wirkt, zu verstehen. Allerdings führt Thyroxin allein bei der bekannten Wechselbeziehung dieser beiden Inkretorgane schon zur reaktiven Vergrößerung von Rinde und Nebennierenmark (MINOUCHI u. a.). Die Symptome des Nebennierenrindenausfalls konnte THADDEA (1936) durch Thyroxin vermehren, gleichsinnig wirkt die Thyreoidektomie bei adrenalektomierten Tieren lebensverlängernd. Der Nachweis der nach Thyroxin auch zustande kommenden

Vergrößerung des Nebennierenmarkes gibt Veranlassung hervorzuheben, daß außerordentlich zahlreiche Autoren die Kh-Stoffwechselwirkung der Schilddrüse über chromaffines System und Adrenalinausschüttung leiten. Allerdings kann das nicht die alleinige Ursache sein, denn sonst wäre es zum Beispiel nicht zu verstehen, warum Thyroxin- und Adrenalineffekt sich so unterscheiden wie im Ausbleiben der Leberverfettung nach Thyroxin.

Zu der Frage Schilddrüse und Diabetes verdienen Arbeiten von MEYTHALER und Mitarbeitern noch erwähnt zu werden. *Bei Basedow wie bei Myxödem, bei der Über- und der Unterfunktion der Schilddrüse, kommt ein verstärkter Insulineffekt vor.* Im ersten Fall gibt MEYTHALER als Ursache der unwirksamen Gegenregulation den Mangel an zu mobilisierendem Leberglykogen an, während dieses im zweiten Fall zwar vorhanden sei, aber der zum Freimachen desselben erforderliche Mobilisationsfaktor, nämlich das Adrenalin, infolge Verkümmerung des sympathico-adrenalen Systems auf Grund fortgesetzter ungenügender Stimulierung durch die Schilddrüse in zureichendem Maße fehle. Solange die Glykogenlager der Leber erhalten sind, ist die Wirkung zugeführten Insulins auch bei der Hyperthyreose geringer, so noch bei Tieren, bei denen kürzlich mit der Zufuhr des Thyreoideahormons erst begonnen wurde. Aber später ist das Endergebnis ebenso wie bei entgegengerichteten Funktionszuständen der Schilddrüse, was bei unvoreingenommener Betrachtung höchst merkwürdig erscheint, eine verstärkte und verlängerte hypoglykämische Insulinreaktion, während das Stoffwechselverhalten bei Schilddrüsenüber- und -unterfunktion im übrigen entgegengesetzt ist. Das erhellt aus der Neigung zu Diabetes und Glykosurie, die bei Basedowikern und hyperthyreoidisierten Tieren gleich ausgeprägt ist, während diese bei Fehlen der Schilddrüse nicht oder nur schwer zustande kommen. Ähnlich ist es mit der Kh-Toleranz. Sie ist bei der Hyperthyreose zuweilen erniedrigt, aber infolge eines sekundären Hyperinsulinismus kommen auch Erhöhungen vor. KOTSCHNEFF und LONDON konnten nach thyreotropem Hormon die vermehrte Insulinsekretion feststellen. Erhöhte und verlängerte Blutzuckerkurven nach Traubenzuckerbelastung dagegen sah SCHWARZ andererseits bei schilddrüsenlosen Hunden, vermutlich wegen der Störung der Glykogeneinlagerung infolge Überfüllung der Depots. MORI bemerkte keine wesentliche Änderung der Zuckerassimilation. Beim pankreaslosen Tier mit seinen entleerten Glykogendepots ändert die Thyreoidektomie nichts am Insulineffekt (SÒS).

Jetzt die *Beziehung zum experimentellen Pankreasdiabetes. Weder bei Hunden noch bei Katzen beeinflußt die Thyreoidektomie diesen wesentlich.* Solche Angaben (MINKOWSKI, YRIAT, HOUSSAY und BIASOTTI, LUKENS und LONG u. a.) scheinen in einem gewissen Widerspruch zu Beobachtungen einer Zuckertoleranzsteigerung bei der Zuckerkrankheit nach Schilddrüsenoperation zu stehen (WILDER, FORSTER und PEMBERTON). So erfahrene Kenner dieses Spezialgebietes der inneren Medizin wie FALTA, auch v. NOORDEN und UMBER, neigen mehr oder weniger betont zu der Ansicht, daß der *Diabetes beim Morbus Basedow durchweg insulärer Genese* sei. Jedoch gibt UMBER an, daß jene Zuckerausscheidung bei Basedowikern, die als „*thyreotoxische Reizglykosurie*" abgetrennt wurde, nach operativer Entfernung der Schilddrüse auch wiederholt verschwunden sei. Immerhin stimmen zahlreiche Autoren darin überein, daß eine *Erschöpfung des Inselsystems möglich* ist. Dafür sprechen am besten Versuche von HARRING, GLASER, FLORENTIN und WATRIN, in denen nach intensiver Schilddrüsenzufuhr Schädigungen der Inselzellen, Atrophie und Degeneration nachweisbar wurden. Vorübergehend soll es auch zu geringer Hyperplasie der Langerhans-schen Inseln kommen (Habán und Angyal). Das spricht für das anfängliche *Vorhandensein eines reaktiven Hyperinsulinismus bei Schilddrüsenüberfunktion.*

Bei der Betrachtung der Stoffwechseltätigkeit der Schilddrüse darf ihre regulierende Steuerung des Gesamtumsatzes, die Vermehrung der oxydativen Vorgänge unter ihrer Überproduktion nicht zu gering bewertet werden, da sie zwangsläufig vor allem den Kh-Haushalt verändert und manches zu erklären vermag.

Noch läßt sich nicht übersehen, wie häufig die zentrale Auslösung der Über- und -Unterfunktion der Thyreoidea ist. Neben Zwischenhirn und Sympathicus spielt das thyreotrope Hormon des HVL dabei eine Rolle. Die Bedeutung höher gelegener, auch nervöser Störungsursachen in der menschlichen Pathogenese dürfte ein entscheidender Punkt für Differenzen gegenüber dem Ergebnis von Tierversuchen sein. Die Erklärung des Exophthalmus, eines der klassischen Symptome des Morbus Basedow, durch ein Zuviel thyreotropen Hormons (Schockaert und Foster, Marine und Rosen u. a.) bildet ein neues Argument für die übergeordnete hypophysäre Störung, noch mehr tun das Akromegalie- und postklimakterische Thyreotoxikosen. Sogar die *seltene Glykosurie* bei *Myxödem,* für die unter anderen Falta und v. Noorden einen gleichzeitigen Inseldefekt als Grund annehmen, wurde von Garrod (1912) als hypophysär entstanden aufgefaßt, da es nach der Entfernung der Schilddrüsen zu einer nachweisbaren Hypophysenvergrößerung kommt. Heute, wo sich immer präziser die Stellung der Hypophyse im diabetischen Geschehen herausarbeiten läßt, fordern diese Zusammenhänge eine erhöhte Aufmerksamkeit. Hinzukommt die Einschaltung des Zwischenhirns. Dekapitation bzw. Hirnstammnarkotica sollen den Effekt des Schilddrüsenhormons nach Issekutz aufheben, ein Hinweis auf einen zentral gelegenen Angriffspunkt. Högler und Zell vermißten dann die blutzuckersteigernde Wirkung des thyreotropen Hormons. Die *Beziehung zum Zwischenhirn* ist ganz besonders durch Schittenhelm und Eisler, die in diesem bei Basedowpatienten einen erhöhten Jodgehalt fanden, herausgearbeitet worden. Ob die Anzweiflung ihrer Befunde durch Löhr und Mitarbeiter berechtigt ist, muß von weiteren Nachuntersuchern erst entschieden werden. Über Thyreoidea und Sympathicus braucht wohl nichts mehr gesagt zu werden.

Einstweilen läßt sich sagen, daß der experimentelle Pankreasdiabetes und wohl auch der durch HVL-Injektionen ausgelöste nicht entscheidend durch den Zustand der Thyreoidea verändert werden. Die Wirkung des Schilddrüsenhormons im Stoffwechsel ist vor allem eine glykogenolytische, den Fett- und Lipoidgehalt des Blutes senkende, nicht zu vergessen die Auswirkungen der Steuerungsänderungen des Umsatzes. Aufs engste ist seine Tätigkeit mit Zwischenhirn, Sympathicus und der Nebenniere verknüpft.

F. Sexualdrüsen.

Während ein *direkter Einfluß der Sexualhormone auf den Stoffwechsel keineswegs gesichert* ist, kann es wohl keinem Zweifel unterliegen, daß die *Sexualdrüsen über die Änderung der Inkretion der übergeordneten und funktionell eng verbundenen stoffwechselaktiven Hypophyse* in der bearbeiteten Fragestellung *von einiger Bedeutung* sind. Jedenfalls mehr als die übrigen bisher nicht besprochenen innersekretorischen Drüsen, Nebenschilddrüse, Thymus[1] und vielleicht auch die Epiphyse, über die bisher nur wenig gesicherte Beobachtungen dieser Art vorliegen.

Unter anderen haben RATHERY und FROMENT kürzlich eine *Blutzuckersenkung durch männliches Sexualhormon* gesehen, LEHWIRT schon früher *durch Follikel- und Corpus luteum-Hormon.* Andererseits existieren nicht wenige, teilweise weit zurückliegende Angaben über *Hyperplasie der Inseln nach Kastration* (REBAUDI, KEMP und OKKELS, CHAMPY und Mitarbeiter, E. HOFFMANN, TUSQUES u. a.). Dabei kommt es außerdem zu einer *Verbreiterung der Nebennierenrinde und anatomischen Veränderungen in der Schilddrüse, vor allem aber zur Vergrößerung der Hypophyse mit allgemeiner Funktionssteigerung.* Hierzu liefern die im HVL entstehenden sogenannten Kastrationszellen ein eindrucksvolles morphologisches Substrat. Unter anderem ließ sich ein vermehrter Gehalt des HVL nicht nur an gonadotropem, sondern auch an thyreotropem Hormon aufdecken (GRUMBRECHT und LOESER). Die Steigerung der HVL-Tätigkeit *im Klimakterium durch Wegfall der dämpfenden Keimdrüsentätigkeit* im Verein mit der Erfahrung einer *Begünstigung des Ausbruches oft insulinresistenter diabetischer Stoffwechselstörungen* sind fernerhin besonders wichtige klinische Hinweise für die Existenz eines HVL-Überfunktionsdiabetes, *ähnlich* wie die gleichen Zusammenhänge *während der Pubertät,* der Zeit primärer hypophysärer Funktionssteigerung.

Aus Experiment und Klinik ist ja bekannt, daß die Sexualhormone die Hypophyseninkretion bremsen. BARTELHEIMER konnte daher *in Fällen von Zuckerkrankheit mit Symptomen florider HVL-Überfunktion durch Sexualhormone, Progynon bzw. Testoviron, eine Senkung des Blutzuckerspiegels und auch der Glykosurie* erzielen, während insuläre Diabetesformen unbeeinflußt blieben. Durch diese bewußte Auswahl ist wohl der Unterschied gegenüber Untersuchungen KUHLMEYs aus der UMBERschen Klinik zu erklären, KUHLMEY sah danach keine Stoffwechselbesserung bei Zuckerkranken. CORNIL und PAILLAS beobachteten sie ebenfalls bei Diabetikern und nehmen auch eine Wirkung über die Hypophyse an. Der von VEIL und LIPROSS, VENTURA u. a. beschriebene *günstige Effekt* von Testoviron *auf den Altersdiabetes,* bei dem, wie später noch gezeigt wird, die Hypophysen- und Nebennierenbeteiligung oft vorherrschend ist, dürfte auch über diesen Mechanismus zustande kommen. Schon vorher haben SCHITTENHELM und BÜHLER — ebenso KUHN und PECZENIK bei kastrierten Ratten — die normalisierende Wirkung der Sexualhormonzufuhr auf den im Alter oft gestörten Kreatinstoffwechsel studiert, dessen enger Konnex mit dem Glykogenhaushalt der Muskulatur ja heute besonders zu betonen ist (BRENTANO). SCHUMANN zeigte eindrucksvoll, wie sehr der Glykogengehalt des Muskels durch Sexualhormone beeinflußt wird.

---

[1] Auf das Thymus lenken jüngst veröffentlichte außerordentlich interessante Untersuchungen BOMSKOVS [Dtsch. med. Wschr. **1940** I, 589. — Z. klin. Med. **137**, 718, 737, 745 (1940)] erhöhte Aufmerksamkeit. Mit hohen Dosen (nach CHAOUL) durchgeführte Röntgenbestrahlungen der Thymusgegend verhinderten das Ansprechen der Tiere (Ratten) auf einen diabetogenen HVL-Extrakt. Ein thymotropes HVL-Hormon soll über das Thymus senkend auf das Leberglykogen wirken. Es wird angenommen, daß wachstumsförderndes, diabetogenes und thymotropes Hormon identisch sind. Das möge — kurz zur Skizzierung — hier genügen.

Die ähnliche Struktur von männlichen und weiblichen Prägungsstoffen und des stoffwechselaktiven Nebennierenrindenhormons, die sämtlich das gleiche, auch im Cholesterin vorhandene Sterinskelet enthalten und sich nur durch wenige Gruppen unterscheiden, lassen in vivo ebenfalls Übergänge vermuten. In der NNR wurde ja sogar ein besonderer, im Bereich der Sexualsphäre angreifender Körper, das Adrenosteron, entdeckt. Klinische Anhaltspunkte für die auch entwicklungsgeschichtlich begründete Verwandtschaft liefern virilisierende Rindentumoren, ebenso die experimentelle Möglichkeit, durch Corpus luteum-Hormon (Progesteron) nebennierenlose Tiere länger am Leben zu erhalten. Eine Krönung hat diese fruchtbare Forschungsrichtung durch die in letzter Zeit gelungene Isolierung und Synthese der Sexualhormone, wie auch des NNR-Hormons erfahren. Sie ist das Werk unermüdlicher, vielfach genialer Arbeit zahlreicher Männer, unter denen Butenandt an erster Stelle genannt zu werden verdient, neben Ruzicka, Doisy, Laqueur, Dirscherl, Schöller, Reichstein u. a. Gleichzeitig wurden so die exakte klinische Prüfung erst ermöglicht und neue Fortschritte auch des Stoffwechselstudiums, wie sie mit Hilfe des NNR-Hormons bereits begonnen wurden, angebahnt.

Die hormonale Korrelation Inselorgan-Sexualdrüsen ist wenig erforscht. Zwar haben die Tierversuche von Krems, Belcin, Michalowsky und Talin gezeigt, daß *nach einem künstlichen Pankreasdiabetes* (bei Katzen bzw. Hähnchen) *die Keimdrüsen sich zurückbilden* und atrophische und degenerative Veränderungen aufweisen, aber es besteht ja auch ein konsumierender Diabetes. Die Möglichkeit, den Diabetes zu beherrschen, vor allem durch das Insulin, hat jedenfalls gezeigt, daß *Sexualstörungen weitgehend Folge der allgemeinen Reduktion* sind, zweifellos aber nicht immer.

Auch die Hyperinsulinisierung soll zu einer Rückbildung der Keimdrüsen führen, wurde behauptet. Andererseits wollen Cornil, Paillas und Rosanoff durch 2 Wochen lang durchgeführte Einspritzung von Testosteronpropionat bei gesunden Hunden eine Hypoplasie der Langerhansschen Inseln erzeugt haben. Testosteronpropionat wirkte in geringer Menge blutzuckersteigernd, in größerer -senkend.

Durch ihre den HVL dämpfende Wirkung können die Sexualdrüsen entscheidend in die Stoffwechselregulation eingreifen. Kastration hat Zunahme der HVL-Tätigkeit im Gefolge, auch die vermehrte Bildung stoffwechselaktiver Fraktionen. Sexualhormone hinwiederum dämpfen den HVL und mildern seinen diabetogenen Einfluß. Veränderungen des Pankreas erfolgen wohl reaktiv auf die veränderte Hypophysentätigkeit.

II. Grundsätzliches zum Über- und Unterfunktions-Diabetes.

In Kürze soll jetzt, um den Einblick in Probleme und Fragestellungen der Klinik zu erleichtern, eine Synthese aus der Fülle der bestgesicherten experimentellen Ergebnisse unter Zuhiltenahme der wichtigsten zum Verständnis notwendigen klinischen Grundlagen versucht werden. Fortgesetzter Hormonzufuhr entspricht unter natürlichen Bedingungen die gesteigerte Hormonproduktion. Dem HVL-Injektionsdiabetes wäre in der Pathogenese der HVL-Überfunktionsdiabetes gleichzusetzen, dessen Abgrenzung vom Pankreas-Unterfunktionsdiabetes schon in früheren Arbeiten erklärt wurde.

Der experimentelle Pankreasdiabetes, der Prototyp des Unterfunktionsdiabetes, geht mit Hyperglykämie, Glykosurie, Glykogenverarmung der Leber, der schnell die Verfettung folgt, und der der Muskulatur, die sich durch Kreatinurie verrät, mit Azidoseneigung, die dem Kh-Mangel entspricht, mit guter Insulinansprechbarkeit und Abmagerung einher. Darüber braucht wohl nichts mehr gesagt zu werden.

Der experimentelle HVL-Diabetes, der Prototyp des Überfunktionsdiabetes, zeigt ebenfalls Hyperglykämie, Glykosurie, aber große, oft ausreichende oder vermehrte Glykogendepots in der Leber und Muskulatur, stärkere Azidose, als dem vorhandenen Kh-Mangel entspricht, Insulinresistenz, keine Abmagerung, sogar anfänglich mäßige Gewichtszunahme und vermehrte Stickstoffausscheidung, wohl durch Zuckerbildung aus Eiweiß, während die erhöhte Ketose vornehmlich das Zeichen vermehrter Fettumsetzung sein dürfte.

Zwischen diesen beiden Formen lassen sich nun, je nach Grad der Inselinsuffizienz und des Überwiegens des HVL, *alle Zwischenstufen und Übergänge vornehmlich in Richtung vom Über- zum Unterfunktionsdiabetes*, nachweisen. Entsprechend modifiziert sich das Stoffwechselbild. *Maßgebend für die Diabetesentstehung bleibt immer das Verhältnis der sich gegenüberstehenden diabetogenen Wirkstoffe einerseits und der Inkretion der Inseln, verbunden mit den synergistischen Duodenalfaktoren, andererseits.*

Zu den diabetogenen Inkretdrüsen im engeren Sinne sind der HVL, der direkte und glandotrope Wirksamkeit besitzt, und die Nebennieren zu rechnen. Die indirekte erfolgt über das corticotrope zusammen mit dem kontrainsulären und vielleicht auch thyreotropen Hormon, die direkte über diabetogenes Prinzip HOUSSAYs, Kh-Stoffwechsel- und Fettstoffwechselhormon, das ketogen wirkt. ANNES DIAZ stellte ähnlich, wie es im vorangegangenen Teil erklärt wurde, *Pankreas, Sexualdrüsen, Duodenum auf die eine und HVL, Nebenniere und Schilddrüse auf die andere Seite des glykoregulatorischen Systems.* In der neurovegetativen Regulation stehen entsprechend *Vagus und Sympathicus einander gegenüber*, denen beiden *Zwischenhirnzentren übergeordnet* sind.

Solange das Gleichgewicht diabetogener und antidiabetogener Kräfte gewährleistet ist, ob auf normalem, erniedrigtem oder erhöhtem Niveau, bleibt die diabetische Stoffwechselstörung aus. Selbst nach Ausschaltung des glykoregulatorischen Systems, angenähert erreicht durch Hypophysektomie und Pankreatektomie, finden Glykogenaufbau und Zuckerbildung noch statt, beides in verringertem Maße und ohne ausgleichende Reserve. Erst *die hormonale Regulation sichert* wieder *die physiologische Leistungsbreite.*

Eine besondere Bedeutung kommt dem *Glykogenhaushalt für die Zuckerkrankheit* zu. Zucker wird erst aus Glykogen gebildet und auch die Erzeugung aus Nicht-Kh scheint in der Regel an diese Stufe gebunden zu sein. Leber- und Muskelorgan stellen die Hauptablagerungsorte dar. Es ist einleuchtend, daß diese Organe dadurch für den Stoffwechselablauf entscheidend werden. MERTEN hat kürzlich in einer Arbeit über die hormonale Beeinflussung des Leberglykogens eine Reihe von Autoren aufgezählt, die eine Glykogenolyse nach HVL-Extrakten fanden: JOHNS, O'MULVENNY, POTTS und LAUGHTON, EITEL und LOESER, WITTGENSTEIN, HOLDEN, LUCKE, SILBERSTEIN, HIMSWORTH und SCOTT, COPE und MARKS. Andere, so YOUNG, beobachteten eine Abnahme aber auch eine Zunahme des Glykogens. HOUSSAY, MAGISTRIS, CHIANCA u. a. betonten den Glykogenanstieg oder wenigstens die erhaltende Wirkung der Hypophyse. HOUSSAY, DI BENEDETTO und MAZZOCCO, RUSSELL und BENETT, FISCHER, RUSSELL und CORI wurden ferner in diesem Zusammenhang genannt. Bei der Verschiedenartigkeit der im HVL vorkommenden Wirkstoffe sind solche Widersprüche keineswegs verwunderlich.

Unter den peripheren Drüsen steht *neben der den Glykogenaufbau fördernden NNR der glykogenolytische Effekt von NNM und Schilddrüse.* Auf der anti-diabetogenen beherrscht die *Insulinwirkung* das Bild. Über sie existiert ein außerordentlich umfangreiches Schrifttum und doch ist sie keineswegs eindeutig geklärt. So hebt Brentano hervor, daß ein Spalt besteht zwischen der Auffassung klinischer Forscher (Richter, Eppinger, Umber, Lichtwitz), die einen Glyko-genansatz in Leber und Muskelorgan annahmen, und der physiologischer, die eine Begünstigung der Glykogenese in der Muskulatur, aber einen Abbau in der Leber fast übereinstimmend angeben. Auch seine eigenen Tierversuche be-stätigten vor kurzem die letztere Anschauung und veranlassen ihn, im Verein mit anderen Befunden, sie auf die Diabetespathogenese auszudehnen. Verzár sieht die Aufgabe des Insulins in seiner glykogenstabilisierenden Kraft, die schon

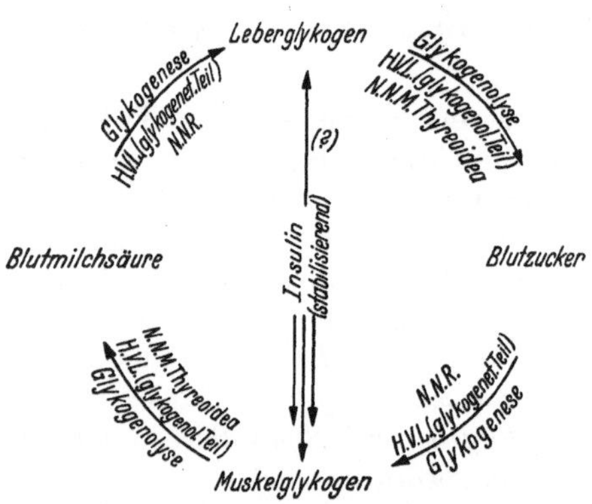

Abb. 1. Der Cori-Kreis und seine wichtigsten hormonalen Regulatoren.

durch v. Noorden betont wurde. Da-neben soll es für die Ausnutzung des Zuckers in der Peripherie entscheidend sein, die andererseits von Adrenalin und HVL-Wirkstoffen gehemmt wird. Schon Staub, Bürger u. a. erkannten, daß der Hauptangriffspunkt des Insulins in der Muskulatur gelegen ist. Bren-tano sucht die primäre diabetische Störung in der Muskulatur, Verände-rungen des Leberglykogen- bzw. Keton-körperstoffwechsels seien regulatorisch ausgelöst.

Welche Schlußfolgerungen für den Diabetes resultieren nun aus den anfangs besprochenen Versuchsergebnissen und der skizzierten Wirkung der einzelnen, in die Regulation des diabetischen Stoffwechsels eingreifenden Inkretorgane? Am ehesten lassen sich klare Vorstellungen durch die Betrachtung der Verände-rungen des Glykogenhaushalts, aber auch der Beeinflussung der Zucker-ausnutzung im Gewebe gewinnen. Über die periphere Ausnutzung gibt die arteriovenöse Differenz Auskunft, sie liefert aber ja letzten Endes nur das End-resultat eines summarischen Vorganges.

Der physiologische Ablauf der Zucker-Glykogen-Milchsäure-Umwandlung wird durch den Cori-*Kreis veranschaulicht.* Der unter der Einwirkung zur Glykogeno-lyse führender Reize aus der Leber freiwerdende Zucker, bestimmbar im Blut-zucker, wird durch das Rindenhormon, vielleicht unterstützt durch das Insulin, in der Peripherie, bedeutungsmäßig heißt das im Muskelorgan, zu Glykogen aufgebaut, das dort hinwiederum nach den Vorstellungen Verzárs durch das Insulin fixiert wird. Die Glykogenolyse unter dem Einfluß des Adrenalins (und kontrainsulären Hormons) oder anderer zum Abbau führender Reize, wie Kh-Stoffwechselhormon des HVL, Schilddrüsenhormon und nervöser sympathi-cotoner Impulse, läßt Milchsäure in das Blut gelangen, die durch die NNR nach Anregung durch das corticotrope Hormon in der Leber von neuem zu Glykogen aufgebaut wird. Damit wäre der Kreis geschlossen (s. Abb. 1).

Beim *Unterfunktionsdiabetes* fällt das glykogenstabilisierende Insulin aus. Als Ergebnis finden ein *fortgesetzter Glykogenabbau und ergänzender Wiederaufbau* statt, ein *Glykogenansatz aber bleibt in der Peripherie aus.* Die Leber entleert in ähnlicher Weise ihre Vorräte. Dauernd ist ein Überschuß an Zucker und Milchsäure im Blut vorhanden, der erst durch erhöhte Zuckerverbrennung zu beseitigen ist, wie sie nach RUSSELL nach der Hypophysektomie festgestellt wurde, wie sie aber beispielsweise auch durch körperliche Arbeit möglich ist. Damit wäre grobschematisch mit allen Fehlermöglichkeiten, die heute noch solchen Erklärungsversuchen anhaften, der Kh-Stoffwechsel des Pankreas-Unterfunktionsdiabetes umrissen. Kompensatorisch setzt erst, nach der vornehmlich von BRENTANO neuerdings vertretenen Annahme, ein erhöhter Fettumsatz ein, auch zwecks Erhöhung der Glykogenmengen. Die Ketone erreichen pathologische Werte. Von anderen Autoren wird die Unvollständigkeit des Fettabbaues auf den Mangel aktionsfähiger Kh zurückgeführt.

Für den *HVL- oder auch NNR-Überfunktionsdiabetes,* nur diese lassen aus den zahlreichen experimentellen Arbeiten und, wie später noch zu zeigen sein wird, aus klinischen Beobachtungen ihre Existenzberechtigung folgern, ergibt sich von diesem Gesichtspunkt folgender Verlauf. *Der HVL wirkt erstens direkt diabetogen,* der Hauptvertreter dieser Anschauung ist HOUSSAY, seine Versuche zeigten die Unabhängigkeit von anderen Drüsen. Daneben gibt es *zweitens* aber zweifellos *einen Weg über die NNR* (LONG, REISS, VERZÁR u. v. a.). Dieser läßt am ehesten, wie schon im experimentellen Teil bei der Besprechung der VERZÁR-schen Arbeiten gezeigt wurde, die Diabetesgenese erkennen. NNR-Hormon hat vornehmlich die Aufgabe, Glykogen aufzubauen. Allein erzeugte es bisher niemals einen Diabetes, sondern stellte nur denjenigen pankreasloser epinephrektomierter Tiere wieder her. *Zu einer Diabetesentstehung gehört wohl nicht nur die Überproduktion der glykogenetischen Nebennierenrinde bzw. die des corticotropen Hormons, sondern ebenso die gesteigerte Glykogenolyse.* Das Zusammenwirken dieser beiden Vorgänge dürfte das Kernproblem bilden.

Wie sieht nun dabei der *Ablauf des intermediären Kh-Stoffwechsels* im einzelnen aus ? Der Überschuß corticotropen Hormons bewirkt über die *NNR* eine dauernde Einlagerung von Leberglykogen, vornehmlich aus der Milchsäure des Blutes, aber auch aus Fett und Eiweiß. Dieses vermehrt gebildete Glykogen wird als Zucker reichlich in das Blut entleert und in gleicher Weise in der Peripherie resynthetisiert. Erhöhte glykogenolytische Kräfte führen wieder den Abbau herbei, der den Milchsäurespiegel ansteigen läßt. Gewissermaßen ist das *gesamte Niveau des* CORI-*Kreises gehoben.* Sämtliche Sektoren können sich in gesteigerten Mengen im Organismus finden, für die Manifestation des Diabetes ist die Blutzuckersteigerung mit nachfolgender Glykosurie am kennzeichnendsten. Weniger ausgiebige Hormonentgleisungen werden allerdings erst bei Belastungen zum Vorschein kommen. *Begünstigend, wenn nicht überhaupt entscheidend* für die Stoffwechselstörung *wirkt eine Steigerung der Zuckerneubildung aus Nicht-Kh unter dem Einfluß der vermehrten HVL-Tätigkeit.* HOUSSAY, YOUNG, LONG, EVANS u. a. studierten die aus Eiweiß, BURN u. a., auch Versuche COPE und YOUNGs betonen die aus Fett. Damit ergibt sich ein starker Zuckerüberschuß, aber auch gesteigerte Ketonkörperbildung und das Freiwerden von N im Harn, wie es zum HVL-Injektionsdiabetes gehört. Eine solche *Arbeitshypothese* läßt die Unterschiede des Pankreas-Unterfunktionsdiabetes und des HVL-Überfunktionsdiabetes verstehen.

Wie die Verteilung der Kh während der diabetischen Regulationsverschiebung aussieht, mögen einige Skizzen über die Veränderung des CORI-Kreises demonstrieren. Das physiologische Gleichgewicht soll durch den ersten gleichstarken Kreis veranschaulicht werden, Zu- und Abnahme der normalen Werte durch eine Verschmälerung bzw. Verbreiterung des entsprechenden Segments.

Bei beiden Diabetesformen wird die Vermehrung von Zucker und Milchsäure im Blut deutlich. Der Unterfunktionsdiabetes hat nur geringe Glykogendepots, der Überfunktionsdiabetes reichliche, überhaupt einen vergrößerten Kh-Umlauf.

Allein ein Plus glykogenolytischer Reize, vom HVL, durch Thyroxin oder Adrenalin, auch erhöhter Sympathicotonus kann zwar die Glykogendepots verringern, aber bei ungenügendem Glykogenersatz nicht zum Diabetes führen, dazu ist die Auffüllung des Leberglykogens wenigstens notwendig. Das erfordert NNR- oder glykogenetische HVL-Tätigkeit in gesteigertem Maße.

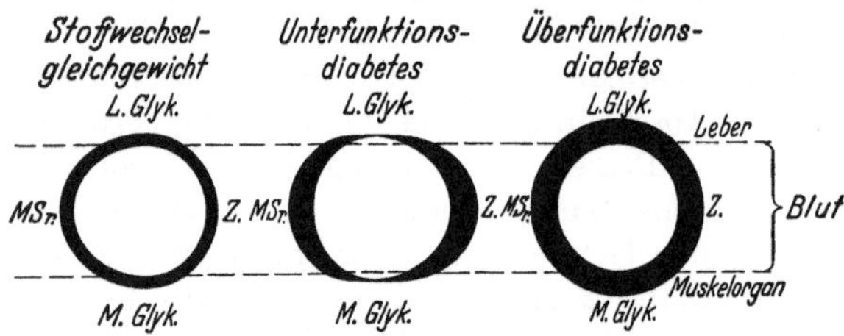

Abb. 2. Verteilung der Kh (L.Glyk. = Leberglykogen, M.Glyk. = Muskelglykogen, Z = Blutzucker, M.Sr. = Blutmilchsäure) beim:

Außerdem scheinen *vermehrte glykogenolytische Impulse imstande* zu sein, eine *besondere Zuckerdurchlässigkeit der Nieren auch ohne Hyperglykämie* und nicht immer in enger Abhängigkeit von alimentären Belastungen zu verursachen. Die experimentelle Bearbeitung der hierher gehörigen Inkretdrüsen zeigt das, auch klinische Beobachtungen legen sehr eindringlich diesen Schluß nahe. Die „Reizglykosurie" hängt mit dem Überschuß glykogenolytischer Kräfte zusammen, die durch Insulin nur teilweise zu kompensieren sind.

Wie soll man sich nun die unleugbar unter dem Einfluß vermehrter HVL-Extraktzufuhr einsetzende *Erschöpfung des Inselorgans* vorstellen? Ausschüttungsreiz für das Insulin ist der Blutzuckeranstieg, jedenfalls ist das die geltende Anschauung. So versucht das Inselorgan immer, jene Hyperglykämie infolge Überschusses diabetogener Stoffe hintanzuhalten. Anfangs gelingt das, sodaß erst nach mehrtägiger Latenz die Kumulation der HVL-Wirkstoffe eine konstante Blutzuckersteigerung herbeizuführen vermag. Nach Ablauf weniger Wochen bringt die einsetzende Hypertrophie der LANGERHANSschen Inseln es fertig, wieder genügend Insulin zu produzieren, um die diabetischen Symptome zu unterdrücken. So war es in den grundlegenden Versuchen, die an den Namen HOUSSAYs geknüpft sind, bis YOUNG und mehrere schon genannte Nachuntersucher durch intensivste Fortsetzung der Zufuhr von Vorderlappenauszügen die Stoffwechselstörung nicht nur erhalten, sondern sogar, wie nach Absetzen dieser Behandlung zu erkennen war, zu einer permanenten gestalten konnten. Die Massierung dieses diabetogenen Ansturmes führt zur Erschöpfung des Inselorganes, daneben allerdings auch zur Ankurbelung eigener diabetogener Inkretdrüsen. — Hypertrophie und degenerative Veränderungen der Inseln bestätigen morphologisch diese Pankreasbeteiligung. Aber das vom Pankreasdiabetes verschiedene Verhalten des Stoffwechsels legt den Fortbestand der Mitwirkung eines Überschusses diabetogener Kräfte nahe und läßt nicht allein den Inselschaden für das Bestehenbleiben der Zuckerkrankheit verantwortlich machen. Beispielsweise sprach das Zurückbleiben einer gewissen Insulinresistenz in diesem Sinne.

Die vorgetragene Deutung des Regulationsmechanismus läßt auch verstehen, daß erst eine größere Insulinmenge imstande ist, die Stoffwechsellage zu ändern, daher die verminderte Insulinansprechbarkeit bis zur Resistenz. Diese beruht also nicht auf einem echten Antagonismus oder einem alleinigen Wechselspiel von Adrenalin gegenüber Insulin. *Insulinresistenz ist nicht gleich Hyperadrenalismus.* Eine Tatsache, die ja auch sonst vielfach erwiesen wurde.

Auch Zondek nannte kürzlich in einer kasuistischen Mitteilung ein diabetogenes Hormon A, das nicht durch NNR-Exstirpation zu beseitigen ist, und ein diabetogenes Hormon B des HVL, das über die NNR wirkt. *Pankreas, HVL und NNR seien Drüsen erster, Schilddrüse, NNM und HHL solche zweiter Ordnung für den Kh-Stoffwechsel.* Parallelen zu den bekannten Diabetestheorien, Nichtausnutzungs- und Überproduktionstheorie, sind in vieler Weise naheliegend, ohne daß hier im einzelnen darauf eingegangen werden kann. Der Einfluß des Insulinmangels, ebenso wie eines Überschusses seiner Gegenregulatoren, auf die *Verringerung der peripheren Kh-Ausnutzung* wird dabei *vielfach in den Mittelpunkt gestellt.* H. Zondek vermutet diesen Weg bei den direkt angreifenden diabetogenen Wirkstoffen. Da Houssays Versuche und auch die letzten Angaben Youngs den glykogenaufbauenden Charakter des HVL selbst betonen, besteht zu dieser Annahme keine zwingende Notwendigkeit, auch wenn ein solcher Mechanismus durchaus möglich ist. *Soviel steht fest, die in den letzten Jahren entwickelte Analyse der diabetogenen Seite läßt besser die hormonale Stoffwechselregulation überblicken und in die Widersprüche zahlreicher Angaben ein ordnendes System hineinbringen.*

Es hat daher auch nicht an Versuchen gefehlt, Theorien der physiologischen und gestörten Stoffwechselregulation aufzustellen; neben der von Verzár ist in neuester Zeit die von Flint besonders zu nennen, die dem insulinsynergistischen Duodenalfaktor einen wesentlichen Platz einräumt.

Wenn nun noch die *Hyperinkretion einzelner HVL-Wirkstoffe* in Rechnung gestellt wird, beispielsweise die des Fettstoffwechselhormons oder des Lipoitrins, dessen Funktion sich andererseits mit denen des corticotropen Hormons überschneidet, so wird auch die Einseitigkeit mancher Stoffwechselentgleisung begreiflich. Daneben läßt die Verknüpfung der Stoffwechselhormone mit anderen des HVL manche Zusammenhänge auch in der Klinik des Diabetes verstehen. Um so mehr, wenn noch die Beteiligung des Nervensystems, besonders die des vegetativen, gebührend beachtet wird.

Von Falta und seiner Arbeitsrichtung wurde die Lehre von der *Gegenregulation* aufgebaut, die, vom Insulindefekt ausgehend, die Wirkung der entgegengesetzten Faktoren zusammenfaßte. Heute läßt sich erkennen, daß diese dem „diabetogenen Anteil" oder wenigstens dem „glykogenolytischen Anteil" der Regulation angehören. Nach der eben entwickelten Arbeitshypothese sind an der Arbeit der diabetogenen Wirkstoffe zweifellos die glykogenolytischen maßgeblich beteiligt. Keineswegs wird dadurch natürlich auch die Möglichkeit eines Überwiegens der Glykogenolyse, wie etwa beim Basedowdiabetes, ausgeschlossen. Welch *starke Schwankungen, die das Inselorgan auszubalancieren hat,* sich auf dieser Seite der Regulation abspielen, lehrte eine längerdauernde

Überwachung gleichmäßig eingestellter pankreatektomierter Tiere (Mansfeld, Sòs). Es liegt also eine *„wechselseitige Regulation"* vor.

Insbesondere die Youngschen Versuche haben gezeigt, daß für das Zustandekommen eines Diabetes ebenso wie ein primärer Pankreasausfall ein primärer Überschuß diabetogener HVL-Wirkstoffe verantwortlich sein kann, damit erhält auch der HVL ein Primat für die Entstehung der Zuckerkrankheit, und dieses bleibt nicht mehr allein dem Pankreas vorbehalten. Auch Falta hat diese Möglichkeit zugestanden. Damit erhält der Begriff „Gegenregulation", weil diese eine wechselseitige ist, eine Erweiterung, die in der heute geläufigen Vorstellung von vorneherein nicht enthalten ist. Das nur zum Verständnis. Nach wie vor wird man unter gegenregulatorischen Einflüssen beim Diabetes solche verstehen, die der Insulinwirkung entgegengesetzt sind.

Über den „gegenregulatorisch gestörten Pankreasdiabetes" hinaus ergibt sich auch für die menschliche Pathogenese die Möglichkeit eines „HVL-Überfunktionsdiabetes" ohne absolute Pankreasinsuffizienz. Ein sekundärer Inseldefekt, nicht nur ein relativer Insulinmangel bei erhaltenem oder hypertrophischem Inselorgan, dürfte immerhin die meist mehr oder weniger früh entstehende Folge des letzteren sein. Aber offenbar gibt es auch reine Fälle von HVL-Überfunktionsdiabetes, bei denen die normale oder reaktiv gesteigerte Insulininkretion erhalten bleibt. Das ist eine Frage, die die Klinik endgültig entscheiden muß. Schon die Feststellung der Pathologen, daß die Glykogenvorräte von Diabetikern nicht geschwunden sind gegenüber dem Pankreatektomiediabetes, spricht für die Existenz des Überfunktionsdiabetes, der im Tierversuch ja seine Stärkelager behält. Wosazek und Popper fanden beispielsweise den Glykogengehalt der Leber bei 100 teils gut, teils schlecht eingestellt gewesenen Diabetikern keineswegs geringer als den von Leichen Nichtstoffwechselkranker, ähnlich beschreibt Pollak selbst in schweren Fällen den Insulingehalt des Pankreas als auffällig hoch. Es ist nicht zu leugnen, daß auch der Ausfall der exkretorischen Funktionen der Bauchspeicheldrüse beim operierten Tier für die Nahrungsaufnahme und damit auch für die Glykogensynthese Bedeutung haben mag. Wieweit dieser Unterschied gegenüber einem isolierten Schwinden der Inselfunktion bedeutsam ist, scheint keineswegs entschieden zu sein, so daß Schlußfolgerungen allein aus den unterschiedlichen Glykogenvorräten nur mit diesem Vorbehalt möglich sind.

Aber *auch beim gesunden Individuum* gibt es eine *dynamische Verschiebung des Stoffwechselgleichgewichtes zur diabetogenen Seite, so während des Fastens,* wo eigene Fett- und Eiweißvorräte angegriffen werden, *und bei reiner oder überwiegender Fettzufuhr.* Der *„Hungerdiabetes"* Hoffmeisters und die *„Vagantenglykosurie"* Hoppe-Seylers zeigen das, besser noch Traubenzuckerbelastungen. Ebenfalls die *Hungerazidose* wird so verständlich. Erst allmählich stellt sich nach erneuter Kh-Zufuhr die zur Vermeidung unerwünschter Hypoglykämien verminderte Insulininkretion (Joslin u. a.) wieder her. Auch die *Insulinansprechbarkeit* ist weitgehend *von der vorherigen Ernährung* abhängig. Entscheidend ist der *Kh-Gehalt der Vordiät.* Einseitige Fettnahrung, aber auch schon ein Überwiegen bei Kh-Reduktion, führt zu ähnlicher Verschiebung des Regulationsmechanismus. Burn konnte zeigen, daß *die durch Fettkost hervorgerufene Stoffwechseländerung mit der Wirkung von HVL-Extrakten identisch* ist. Es kommt zu *Herabsetzung der Zuckertoleranz* (Sweeney), *Verminderung der*

Insulinwirksamkeit, vorübergehendem Auftreten von Acetonkörpern und Vermehrung des Leberglykogens. Mit LING zusammen hat er gezeigt, daß allein mit Butter ernährte Ratten, wenigstens nach einem mehrtägigen Intervall, Glykogen bilden. Ebenso wie unter dem Einfluß von HVL-Extrakten kam es zu *Leberverfettung.* Ausschließliche Fetternährung führte in Versuchen ABELINs zu um 40—60% größeren Glykogendepots (an der Ratte) als Kh-reiche Kost. Andererseits gingen hypophysektomierte Tiere (Kaninchen) bei Fütterung mit Kh-armer Kost, nach HIMSWORTH, bald nach der Operation zugrunde (Fehlen der Zuckerneubildung!). REISS und Mitarbeiter hatten zudem gezeigt, daß hypophysenlose Tiere die Glucose weniger zur Glykogenerhaltung verwenden, dafür aber die Zuckerverbrennung steigern. Aus diesen Versuchen geht hervor, daß eine Zuckerneubildung aus Fett möglich ist und daß diese vom HVL abhängt. EVANS erwies dabei ferner die Rolle der NNR. Der Anstieg des Muskelglykogens im Unterdruck befindlicher Ratten blieb nach der Epinephrektomie aus. Auch die Unabhängigkeit vom NNM ließ sich entscheiden.

Aber *nicht nur die Fettverarbeitung bei fettreicher Kost ist Werk des HVL,* sondern auch die „kompensatorisch" *einsetzende beim Pankreas-Unterfunktionsdiabetes.* Auch dieser stellt letzten Endes ja einen Hungerzustand dar. Das sind wichtige Tatsachen für die Frage, wie ein Diabetiker ernährt werden soll. Beide Grundformen erfordern ausreichende Kh-Zufuhr. Der Pankreas-Unterfunktionsdiabetes wird eher eine fettreiche Kost in Kauf nehmen als der HVL-Überfunktionsdiabetes, bei dem die diabetogene (fettverarbeitende) Seite der Stoffwechselregulation ohnehin pathologisch gesteigert ist. Besonders für Verlauf und Prognose scheint das wesentlich zu sein. Kh-reiche Kost andererseits hebt die Toleranz (STAUB, ADLERSBERG und PORGES, HIMSWORTH u. a.). Ein viel gebrauchtes Argument für einen Kh-Reichtum der modernen Diät der Zuckerkrankheit.

III. Insulinansprechbarkeit und extrainsuläre hormonale Stoffwechselregulation.

Die exakte quantitative Darstellung des Insulins, des Hauptfaktors der einen Seite des glykoregulatorischen Systems, bot ausgezeichnete Möglichkeiten, durch Belastungen, evtl. kombiniert mit Zuckerverabreichung, *Einblick in die hormonale Stoffwechselsteuerung* zu gewinnen. Vor allem war damit ein Weg erschlossen, der einen *Fortschritt in der Analyse der der menschlichen Einzelerkrankung zugrunde liegenden Regulation* gestattete. Nicht erst durch eine Insulinbelastung, schon durch sorgfältige Beachtung des laufenden Stoffwechselverhaltens wird die Ansprechbarkeit ebenso wie durch Auslaßtage offenbar und so einer praktisch, weil therapeutisch wichtigen Forderung Genüge geleistet. Dieses Thema bildet daher schon eine Brücke zum klinischen Teil.

Mehrfach wurde bereits gesagt, daß die *Ausschaltung von Hypophyse, Nebenniere und Schilddrüse zu einer verstärkten Insulinempfindlichkeit* führt. Umgekehrt hat die *Zufuhr von Extrakten der genannten Drüsen eine Verringerung der Insulinwirkung* zur Folge, zum Teil bis zur ausgeprägten *Insulinresistenz.* Auch wenn das Pankreas entfernt war, kam es zu dieser, ebenso nach Hypophysektomie, nach Schilddrüsen- oder Nebennierenexstirpation, wenn nur der Extrakt einige Stunden vor der Insulingabe injiziert wurde. HIMSWORTH konnte fernerhin durch den Ausschaltungsversuch die *Unabhängigkeit von der Leber* zeigen.

Gleichzeitig ließ sich zeigen, daß der HVL unter den genannten Drüsen ausschlaggebend ist. Außerdem herrscht, nicht zum wenigsten durch die schönen Transfusionsversuche von Boller, Uiberrack und Falta, Einigkeit über die *humorale Natur des resistenzerzeugenden Faktors*, ohne daß man ihn sicher isolieren konnte. Die hypoglykämisierende Wirkung des Blutes eines insulinempfindlichen Diabetikers, dem 20 E Insulin injiziert worden waren, ließ sich durch Transfusion (300 ccm) einwandfrei nachweisen, während sie beim insulinresistenten Diabetiker unter gleichen Bedingungen ausblieb. Zur Testung wurde ein bekanntermaßen insulinempfindlicher Diabetiker als Empfänger benutzt. Ähnliche Ergebnisse erzielten de Wesselow und Griffiths, indem sie die Resistenz durch Diabetikerserum auf Kaninchen übertragen konnten, bezeichnenderweise von Diabetikern mit Hochdruck.

Es ist eines der Hauptverdienste Faltas, schon vorher und unabhängig von solchen Experimenten in sorgfältigen klinischen Stoffwechselstudien die *gebietende Stellung der Insulinresistenz für die Beurteilung und Differenzierung der einzelnen Diabetesformen* erkannt zu haben. Sein Mitarbeiter Fenz fand 1936 unter einem großen Krankengut in 51% eine Insulinresistenz, in 14% eine mittlere und nur in 35% eine normale Empfindlichkeit. Ergebnisse, die durch Untersuchungen von Lawrence, Root, Himsworth, MacBryde, Holcomb u. a. bestätigt werden. Zweifel, die neuerdings von Donhoffer und Liposits geäußert wurden, konnten von Falta widerlegt werden. Besonders prägnant hat ferner Himsworth mit einer kombinierten Traubenzucker-Insulinbelastungstechnik die Insulinempfindlichkeit als Unterscheidungsmerkmal herausgestellt, insulinsensitiven Diabetikern wurden insulininsensitive Diabetiker gegenübergestellt. Faltas Arbeiten führten zur Aufstellung des Gegenregulationsdiabetes, dessen breite Anerkennung durch die plastische Darstellung in der Abhandlung seines Schülers Depisch sehr gefördert wurde. Damit hat diese Schule grundlegende Arbeit für die Charakterisierung der Zuckerkrankheit als Regulationsstörung geleistet.

Ein Schema (Abb. 3) mag das Verhalten der Insulinansprechbarkeit bei der Änderung des Stoffwechselgleichgewichtes veranschaulichen. Darin soll ein Quadrat die unter physiologischen Bedingungen vorhandene Menge der Stoffwechselkräfte ausdrücken. Vermehren sich die diabetogenen ohne Balancement durch die antidiabetogenen, so kommt es zum Überfunktionsdiabetes, verringern sich die antidiabetogenen, so zum Unterfunktionsdiabetes, der durch Absinken des Insulinantagonisten auch insulinüberempfindlich werden kann. Entsprechend liegen die Verhältnisse beim Hyperinsulinismus. Das insulinresistenzerhöhende Prinzip stellt nur ein einziges, wenn auch maßgebliches Glied der komplexen diabetogenen Kräfte dar, und so kann und soll das Schema nur einen ungefähren Eindruck vermitteln.

Nicht zu verwechseln mit der *Dauerinsulinresistenz* ist die jedem Arzt, der Gelegenheit hat, Diabetiker zu beobachten, geläufige Tatsache, daß es auch eine *passagere Insulinresistenz* gibt, verursacht durch Infekte, allergische Zustände, Emotionen, Leberschädigungen, p_H-Verschiebungen und anderes. Das Wissen über ihre Entstehung ist außerordentlich gering und keineswegs gesichert. Demgegenüber gewinnt die Bedeutung endokriner Abweichungen, speziell der HVL-Überfunktion, für das Zustandekommen der Dauerresistenz zunehmend mehr Anerkennung. Auch wenn Falta auf Grund von Versuchen seiner Mitarbeiter ARA und DECANEAS, die eine solche durch Leberextrakte erzeugt haben sollen, zur Vorsicht mahnt, so sind die Argumente, die sich für die bestimmende ursächliche Resistenzsteigerung durch den HVL beibringen lassen, so erdrückend, daß sie allenfalls hindern, diese Funktion nur einem Wirkstoff zuzuschreiben und das Vorhandensein anderer ähnlich wirkender Faktoren — aus Duodenum, Pankreas und vielleicht der Leber — zu bestreiten. Daß es dort stoffwechselaktive Substanzen gibt, beweisen neuerlich Untersuchungen mit dem Insulinantagonisten, den MACALLUM und ähnlich BÜRGER, DE BARBIERI u. a. neben

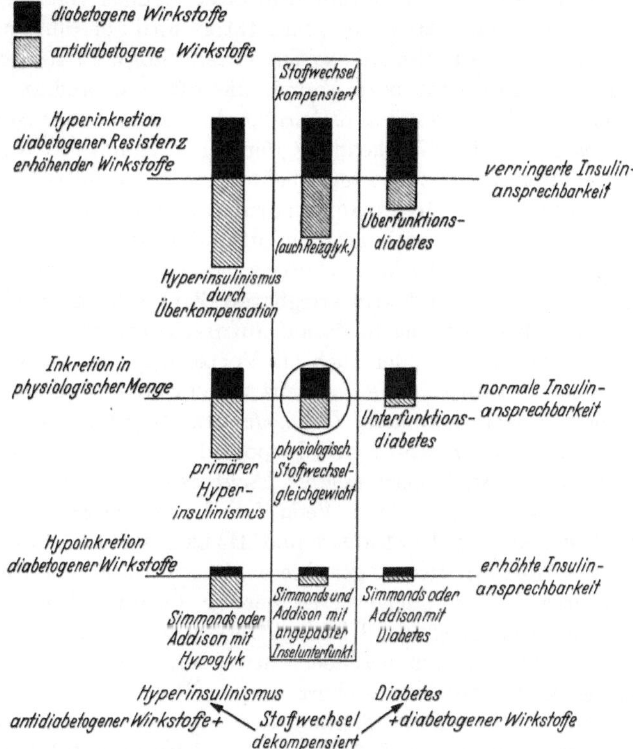

Abb. 3. Veränderungen des glykoregulatorischen Gleichgewichts, seine klinischen Folgen und das Verhalten der Insulinansprechbarkeit.

einem Insulinsynergisten im Duodenum und Pankreas beschrieben. Der Gedanke, daß dabei, etwa wie beim Antiperniciosa-Prinzip, in Leber und Magen der gleiche Stoff vorliegen könnte, ist naheliegend.

Für die *zentrale ursächliche Bedeutung des HVL* spricht neben Erfahrungen *an hypophysektomierten Tieren — Erhöhung der Insulinansprechbarkeit —* und solchen, die *mit HVL-Extrakten behandelt* wurden, — *Verminderung der Insulinansprechbarkeit* — besonders eindrucksvoll die *klinische, vielfach erklärte Tatsache, daß hypophysäre Überfunktion* (CUSHING-Syndrom, Akromegalie, MORGAGNI-Syndrom, auch essentielle Hypertonie, bei der das Vorhandensein einer Vorderlappenüberfunktion durch KYLIN, WESTPHAL, VOLHARD u. a. erkannt wurde!) *in hohem Prozentsatz mit Insulinresistenz* einhergeht. *Das Schwinden einer ausgesprochenen Insulinresistenz nach ausgiebiger Röntgenbestrahlung der Hypophyse,* wie es Cannavò beobachten konnte, liefert einen schönen klinischen Beitrag nicht nur zu dieser Fragestellung, sondern auch zur Eigenart des hypophysären Überfunktionsdiabetes.

Wenn hier immer wieder unverkennbar der HVL im Mittelpunkt der Ursachen der verminderten Insulinansprechbarkeit steht, so darf doch nicht vergessen werden, daß *nicht selten bereits die übergeordnete Steuerung durch das Zwischenhirn gestört ist, ebenso wie es auch die peripheren Inkretdrüsen sein können.* Jedem Kliniker ist es eine geläufige Tatsache, daß wesentlich *gegenregulatorisch beeinflußte Diabetesformen* oder solche, die zum mehr oder weniger vollständigen *Überfunktionsdiabetes* zu rechnen wären, eine, im letzten Fall allerdings nicht immer leicht zu erzeugende *Überinsulinisierung mit einer Stoffwechselverschlechterung* und mit hochgradiger Labilität beantworten, die oft erst langsam wieder abklingen, das *Ergebnis einer weiteren Steigerung des plusdekompensierten glykoregulatorischen Systems.* Bei Verkennung der Situation führt die unnötige Steigerung der Insulinmengen zu weiter zunehmender Verschlechterung. Unter anderen haben Boller und Uiberrack eindrucksvoll durch Belastungen den ungünstigen Effekt einer Überinsulinisierung auf resistente Diabetesfälle gezeigt, der bei Insulinempfindlichen ausblieb. Umber warnt davor, durch eine stoßweise Altinsulintherapie bei endokrin erregbaren Zuckerkranken eine Insulinresistenz zu züchten. Katsch macht darauf aufmerksam, wie gar nicht selten der Wechsel zum Depotinsulin oder auch die Verteilung des Insulins in kleine Mengen des einfachen Präparates die Resistenz zu verringern vermag, und zwar durch Umstellung der Regulationen. *Die modernen Depotinsuline führen* trotz Erzeugung manchmal besonders tiefer Hypoglykämien *durch Verringerung stoßweiser Stoffwechselschwankungen weniger leicht zur Ankurbelung der Gegenregulation,* wie aus dem symptomlosen Verlauf selbst tiefer Hypoglykämien zu schließen ist und wie es von Pannhorst und Bartelheimer durch Toleranzsteigerung und zur Normalisierung gerichtete Umwandlung der Staub-Traugott-Blutzuckerkurve direkt nachgewiesen werden konnte. Eine Eigenschaft, die Diabetikern mit diabetogener Überfunktion und irritablem, überproduzierendem chromaffinem System besonders zustatten kommt.

Das vorangehende Schema sollte kurz einen Überblick über die Insulinansprechbarkeit bei verschiedener Stellung des glykoregulatorischen Systems geben. Dazu ist noch zu sagen, daß das exakte klinische Bild des Diabetes bei beiderseitiger Unterfunktion die Stoffwechselstörung des Simmonds wäre, die zu einem Pankreas-Unterfunktionsdiabetes hinzukäme. In seinem Diabetesbuch schreibt Falta 1936, daß er diese Kombination nie gesehen habe, kürzlich haben aber Curschmann, auch Bettoni und Mitarbeiter über solche Fälle berichtet. Solch ein Zusammentreffen wird naturgemäß zu den allergrößten Seltenheiten gehören, zu den geringen Ausprägungen jedoch sind die insulinüberempfindlichen Diabetesfälle zu rechnen, die also in diese Rubrik einzuordnen sind. Als Schulbeispiel dienen Tierversuche mit Ausschaltung der gegenüberstehenden Stoffwechseldrüsen.

Wie schon früher gesagt wurde, verhält sich die *Insulin entgegengesetzte Wirkung oft gleichsinnig wie der Blutfettgehalt,* wohl deswegen, weil beiden die gleichen oder gekoppelte hormonale Regulatoren zugrunde liegen.

Besonders interessant ist die von Flint ausgiebig studierte *Aufhebung der Insulinresistenz nach der Zufuhr des Macallum-Synergisten,* der zusammen mit dem Insulin gegeben wurde, bei einem ausgesprochen hypophysären Diabetes, der, wie sich heute sagen läßt, dem MORGAGNI-Typ des HVL-Überfunktionsdiabetes (BARTELHEIMER) angehört. Einige kurze Bemerkungen über die Funktion der von MACALLUM aus Duodenum und Pankreas extrahierten stoffwechselaktiven Substanzen müssen zum besseren Verständnis eingefügt werden. Neben einem *Insulinsynergisten,* der die Wirkung des MACALLUM-LAUGHTON-Extraktes bestimmt, dessen Effekt aber durch mehr oder weniger starke entgegengesetzt gerichtete Beimengungen verringert sein kann, wurde ein *Insulinantagonist* unterschieden. *Der Synergist wirkt insulinstabilisierend und dämpft reaktive hyperglykämische Reaktionen.* FLINT betont besonders die statische Kraft, die den flüchtigen Insulinerfolg erhält und die wochen- bis monatelang bestehen bleiben kann (anchora-effect). Neben einer nach einigen Stunden feststellbaren unmittelbaren hypoglykämischen Wirkung (bei DE BARBIERI nach max. 7 bis 8 Stunden) erlebte FLINT erst nach Wochen oder Monaten den zu Toleranzsteigerung, Normalisierung der Blutzuckerbasis und Verminderung der Insulinresistenz führenden Erfolg, dessen Eintritt durch gleichzeitige Insulingabe beschleunigt werden konnte. Bemerkenswert ist, daß die Wirkung sich in einem langwelligen Rhythmus veränderte. Ist der Erfolg des Extraktes erst einmal eingetreten, so vermag selbst dessen Fortfall das langsame Abklingen der Stoffwechselbesserung nicht zu beeinflussen, ebensowenig wie eine weitere Extraktgabe es mit Sicherheit aufzuhalten imstande ist. Aber einzig der *glykoregulatorische Mechanismus wird gebessert, nicht Eiweiß- und Fettstoffwechsel* und die sonstigen Diabetessymptome. Ein Reiz des Extraktes auf den HVL — FLINT nimmt an, über vermehrte Inkretion des ketogenen Hormons — kann sogar zu einer vorübergehenden Zunahme der Azidose führen. Ähnlich soll es mit der Polyurie über die Steigerung des diuretischen Vorderlappenhormons sein. *Im ganzen gesehen, scheint die Bedeutung dieser humoralen Faktoren darin zu liegen, sich fördernd und hemmend in die hormonale Stoffwechselregulation einzuschalten* und ausgleichend dieses Wechselspiel zu ordnen. Wenig wahrscheinlich ist, daß sie ein zweites selbständiges humorales Regulationssystem bilden.

Manches Unklare verbietet einstweilen in diesem Zusammenhang die nur zu unnützer Verwirrung führende Wiedergabe von widerspruchsvollen Einzelheiten. Für die Entwicklung der angeschnittenen Teilfrage ist vor allem beachtenswert, daß die Insulinresistenz anscheinend, außer durch ein Zuviel der oben ausführlich behandelten hypophysären Kräfte auch durch ein solches des aus Pankreas und Duodenum isolierten Insulinantagonisten hervorgerufen werden kann, den ebenfalls DE BARBIERI isolierte. Von diesem nahm MACALLUM an, daß er seine Wirkung weniger einem Antagonismus als der Neutralisierung endogenen und exogenen Insulins verdanke. Wieweit hier Zusammenhänge zur *insulinzerstörenden Kraft des Blutes (I.Z.K.)* von Diabetikern vorliegen, die KOHL in vitro demonstrieren konnte, ist wohl noch nicht entschieden. Hyperglykämie nach Pankreas-Duodenum-Extrakt erinnert an das chemisch dem Insulin verwandte, länger bekannte *Glukagon* BÜRGERs, das, aus käuflichem Insulin gewonnen, eine rasche Blutzuckersteigerung verursacht, an das *Antiinsulin* von GREVENSTUK und LAQUEUR ebenso wie an die von WICHELS und LAUBER aus der Klinik KATSCH beschriebene *Anfangshyperglykämie nach Insulininjektionen,* die in einer Zeit (1929) beobachtet wurde, als noch weniger sorgfältig gereinigte Präparate zur Verfügung standen. Es gelang sogar durch ständige Wiederholung der Injektionen, eine anhaltende Hyperglykämie und Glykosurie, einen *Insulindiabetes*, beim Kaninchen zu erzeugen. Aber weniger überkompensierendes Adrenalin und Thyroxin, sondern wohl eher die dem damaligen Insulin beigemengten Substanzen, wie sie durch die heutige Erforschung der stoffwechselaktiven Duodenal- und Pankreasstoffe aufgedeckt wurden, verhinderten, daß die hypoglykämisierende Wirkung des Insulins in Erscheinung trat. An beide Möglichkeiten mußte damals gedacht werden. Für die Bedeutung dieser neuen Substanzen sind jene Versuche immerhin grundlegend. Über die Stellung dieser hier nur anzudeutenden Wirkstoffe im glykoregulatorischen System werden voraussichtlich die nächsten Jahre Klarheit bringen.

Zwar vermag Adrenalin, das Hormon des NNM, und indirekt also auch das kontrainsuläre Hormon des Vorderlappens, solange die Leber genügend Glykogen liefert, die Insulinwirkung auf den Blutzucker aufzuheben, ähnlich das Thyroxin. Aber diese Wirkung ist kurzdauernd und stoßartig und entspricht keineswegs der langanhaltenden, wie sie oft jenen Diabetesformen eigen ist, die etwa zum Cushing-Typ gehören oder ihm verwandt sind. Unter vielen anderen hat Herbst sich in letzter Zeit über die Bedeutung des Adrenalins für die Resistenz in diesem Sinne ausgesprochen. Jedenfalls scheinen die für diese *verantwortlichen Faktoren zum wesentlichsten Teil in der Hormongruppe zu liegen, die dem basophilen Vorderlappen entstammt.*

IV. Phlorrhizindiabetes, Schwangerschaftsglykosurie, renale Glykosurie und Inkretsystem.

Phlorrhizindiabetes und renale Glykosurie haben als gemeinsame Eigenschaft die Senkung der Nierenschwelle für die Zuckerausscheidung. Die Stoffwechselregulation bei der renalen Glykosurie ist sonst völlig normal. Erhöhte Hyperglykämie durch Belastungskurven tritt ebenso wie beim völlig normalen Organismus nur auf, wenn ein Kh-Hunger vorangegangen ist (Falta, Himsworth). Die Bezeichnung „renaler Diabetes" sollte vermieden werden, da die Vorstellung einer prognostisch günstigen *Stoffwechselanomalie* besser als die einer Stoffwechselkrankheit den tatsächlichen Verhältnissen entspricht. Bei im allgemeinen leicht erreichbarer positiver Zuckerbilanz läßt sich völliges Wohlbefinden erzielen. *Demgegenüber ist beim Phlorrhizindiabetes eine meist latente Hyperglykämieneigung unverkennbar,* die Umber durch eine hyperchromaffine Glykogenmobilisierung erklärt.

Die Phlorrhizinempfindlichkeit ist durch künstlich erzeugte Vorderlappeninsuffizienz zu verringern (Houssay und Biasotti), *durch HVL-Extraktzufuhr zu steigern* (Houssay, Biasotti, di Benedetto und Rietti). Ein Verhalten, was den HVL betrifft, also wie beim künstlichen Pankreas-Unterfunktionsdiabetes.

Eine Unzahl von Theorien, die die *renale Glykosurie* erklären sollen, haben mehr oder weniger große Anerkennung gefunden. Überwiegend wird *neben nervösen Ursachen an hormonale* geglaubt, die Falta allerdings nicht beweisen konnte und die unter anderen Umber ablehnt. Ein neuer interessanter Gesichtspunkt ist durch die Verzárschen Theorien einer *Beeinträchtigung der Phosphorylierungsvorgänge infolge unzureichender NNR-Tätigkeit* auch in diese an Problemen reiche Frage hineingetragen worden. Zur Glucoserückresorption aus dem unter physiologischen Verhältnissen zuckerhaltigen Glomerulusfiltrat ist nämlich die Bindung an die Lactoflavinphosphorsäure erforderlich. Es war schon lange bekannt, daß Phlorrhizin gerade die Phosphorylierung verhindert. HOFF gelang es, durch NNR-Hormon (Corticosteron) die Phlorrhizinglykosurie zu verringern, ebenfalls durch Lactoflavininjektionen. Versuche an phlorrhizinierten Menschen (ROBBERS und WESTENHOEFFER) fielen negativ aus. Ebenso hatte Iliren (LANGECKER) keinen Effekt. Während RÜHL und THADDEA, von den gleichen Gedankengängen ausgehend, in einem Fall von renaler Glykosurie und einer hypophysären Glykosurie einen Rückgang der Zuckerausscheidung nach Behandlung mit NNR-Hormon sahen, wurde dieser von BARTELHEIMER zunächst bei 3 Fällen, in letzter Zeit auch noch bei 2 weiteren unveröffentlichten, später ebenfalls von WESTENHOEFFER und ROBBERS, MONASTERIO und UMBER vermißt. WOLF meint allerdings, in einem Fall eine günstige Beeinflussung gesehen zu haben. Diese klinischen Ergebnisse sind noch nicht geeignet, die neue, bestechend wirkende Theorie des Zustandekommens der *menschlichen* renalen Glykosurie zu stützen.

Mit Nachdruck muß immer wieder die *Notwendigkeit einer präzisen Abgrenzung der renalen Glykosurie,* zu der neben normaler Stoffwechselregulation insbesondere die gute Prognose und oft eine dominante Erblichkeit (HJÄRNE u. a.) gehören, *vom beginnenden Diabetes oder den durch Überfunktion des kontrainsulären Systems ausgelösten Glykosurien* hervorgehoben werden, bei denen wohl häufig der Patient die charakteristische Zuckerkrankheit nicht mehr erlebt. SCHÜPBACH vermutet, daß solche noch *belanglosen Glykosurien so lange* zustande kommen, *wie das Pankreas die Wage zu halten vermag.* Ebenso wie MARAÑON u. a. erwartet er für die Manifestation einer Zuckerkrankheit die latente Anlage im Pankreas. Ansichten, die durch das Studium der Stoffwechselregulation bei Tier und Mensch ihre unbedingte Gültigkeit verloren haben, da auch das erbgesunde Pankreas insuffizient werden kann (YOUNG, FALTA, BARTELHEIMER u. a., neuerdings auch STÖRRING und LEMSER aus der UMBERschen Schule). Verkennung dieser oft nicht leicht entwirrbaren Ursachen führt leicht zur völligen Ablehnung der Existenz idiopathischer renaler Glykosurien.

Nicht zu trennen ist dieses Kapitel von der Frage, welche Faktoren die Nierenschwelle für Zucker überhaupt verlängern. Um es gleich vorweg zu nehmen, eine allgemein überzeugende und immer gültige Beantwortung ist hier, wie auch FALTA schreibt, noch nicht erfolgt. Es dürfte richtiger sein, diese Probleme einer späteren Bearbeitung vorzubehalten, statt allgemeine, vielfach widersprechende Arbeiten im einzelnen aufzuführen, die sich neben dem Studium nervöser Einflüsse auf das hormonaler (Insulin, Thyroxin, Corpus luteum-Hormon, HVL-Hormone u. a.) konzentrieren.

Nur zu einer Theorie ist auf Grund der neueren Kenntnis des glykoregulatorischen Systems vielleicht noch etwas zu sagen. Die alten KÜSTNERschen Untersuchungen der Senkung der Nierenschwelle durch Corpus luteum-Wirkung bestärkten außerordentlich die Anschauung, daß die *Schwangerschaftsglykosurie* eine renale Glykosurie sei. Nun ist aber gerade *in der Gravidität die Tätigkeit des HVL* vom ersten Beginn an *hochgradig gesteigert.* Die klinische Erfahrung, die sich in der Diabetesliteratur vielfach wiederspiegelt, lehrt schon, daß die *Zuckerkrankheit nicht ganz selten durch eine Schwangerschaft ausgelöst* wird, *eine vorhandene sich häufig verschlimmert,* auch eine gesteigerte Ketonneigung hervortritt. Nun haben die YOUNGschen Hundeversuche die grundsätzlich wichtige Möglichkeit gezeigt, daß auch ein vorübergehender Überschuß an

HVL-Hormon einen Dauerdiabetes zu erzeugen vermag, wobei allerdings Reserven und Widerstandsfähigkeit des Inselorgans oft ausschlaggebend sein werden. Das Endergebnis kann also ein überwiegender Pankreas-Unterfunktionsdiabetes sein. Das wird besonders deutlich, wenn der HVL seinen früheren Funktionszustand wieder erreicht. Eine familiäre Minderwertigkeit des Inselorgans fördert naturgemäß das Manifestwerden dieser Zuckerkrankheit. Da die HVL-Überfunktion durch enge zeitliche Begrenzung der Schwangerschaft eine vorübergehende ist, auch die antidiabetogenen Stoffwechselfaktoren in wechselndem Maße sich vermehren, nimmt es nicht wunder, daß die diabetogene Entgleisung in der Regel wieder verschwindet.

Le Winn sah einen Hyperinsulinismus durch eine Schwangerschaft zurückgehen. Die Blutzuckersteigerung nach Prolan und HVL-Extrakten vermißt Frada bei schwangeren Kaninchen, wohl infolge der dann zur Verfügung stehenden größeren Insulinmengen. So ist hier der Anstieg der Hormonmengen beider Seiten des glykoregulatorischen Systems besser imstande, einseitige Stöße abzufangen. — Schwangerenharn führt zu NNR-Hypertrophie, erhöhter Hypophysen- und Insulinsekretion (de Boissezon), letztere ist wohl nur eine reaktive, da eine Blutzuckersteigerung regelmäßige Folge der Injektion· sein soll.

Wieweit die häufige *Übergröße der Kinder diabetischer Schwangerer* nicht allein die Folge der Insulinüberproduktion des kindlichen Organismus ist — diese sind nicht allein auffällig dick, sondern abnorm groß und wirken wie wesentlich ältere Kinder — sondern *durch das vermehrte Angebot mütterlichen HVL-Wachstumshormons* bedingt wird, ist gerade in allerletzter Zeit, wo eine Verwandtschaft oder sogar eine Identität der wachstumsfördernden mit der diabetogenen Substanz des HVL von Houssay, Long u. a., in allerjüngster Zeit von Bomskov erörtert wird, aktuell geworden. Okkels und Brandstrup fanden bei solchen Kindern nicht nur Zahl und Größe der Langerhansschen Inseln gesteigert, sondern gleichzeitig auch die differenzierten HVL-Zellen des HVL vermehrt, außerdem eine erhöhte Schilddrüsentätigkeit.

Es dürfte daher heute berechtigt sein, *große Zweifel an der Natur der Schwangerschaftsglykosurie* als renaler zu äußern, auch wenn die Diabetesentstehung ein seltenes Ereignis bleibt. Azidoseneigung, Lipämie, vermehrte N-Ausscheidung in der Gravidität sprechen ebenfalls für eine solche Deutung, für eine Steigerung der diabetogenen Regulatoren. Es würde zu weit führen, noch zahlreiche Einzelheiten anzuführen. Doch harrt hier ein Gebiet, das durch Zusammenarbeit von Internisten und Gynäkologen wertvolle Beiträge für die Klärung der gesamten Stoffwechselregulation zu liefern verspricht, seiner Erschließung. Gerade Gynäkologen, in erster Linie Anselmino und Hoffmann und ihrem Arbeitskreis, ist ja schon die Entdeckung grundlegender Einzelheiten der Stoffwechselregulation zu danken.

Die Natur der Schwangerschaftsglykosurie als hormonale Regulationsverschiebung in diabetogener Richtung wird fast unbestreitbar, und die Unterschiede gegenüber der echten renalen Glykosurie treten immer klarer zutage.

V. Mesencephaler Fehlsteuerungsdiabetes.

Selbst der *neurogene Diabetes* kommt sicherlich überwiegend *über die nervöse Steuerung des innersekretorischen Systems* zustande. Da die regulierenden Zentren in den Kernen des Zwischenhirns liegen, wobei die efferenten Bahnen teils im Sympathicus und Parasympathicus verlaufen, aber auch direkt zur Hypophyse, mit der außerdem eine Kommunikation durch den Liquor und einen capillaren Saftstrom besteht, hat BARTELHEIMER von einem *mesencephalen Fehlsteuerungs-diabetes* gesprochen, um die Bedeutung gerade dieser Hirnpartien für die Steuerung des Stoffwechsels zu unterstreichen und gleichzeitig den Weg über die falsch gesteuerten Stoffwechseldrüsen anzudeuten. Die Störung beschränkt sich nicht *auf Vagus- und Sympathicuswirkung,* sondern kann viel umfassender *die eine oder die andere oder auch beide Seiten der hormonalen Stoffwechselregulation* verändern, selbst die Inkretion der einzelnen, in einer Drüse gebildeten Wirkstoffe in verschiedenem Maße. Kh-Haushalt und Depotfett zeigen die ärgsten Abweichungen in beiden Richtungen, verursacht über Hypophyse und Nebennieren in allererster Linie. Allerdings wurden vereinzelt auch nerval ausgelöste Veränderungen der Inseln beschrieben (VONDERAHE). Die *Stoffwechselabweichungen* können also *nicht typisch* sein.

Ähnlich wie durch Hypophysektomie konnten pankreatektomierte Katzen nach Hypothalamusläsionen (DAVIS und Mitarbeiter) ohne Glykosurie und Hyperglykämie am Leben erhalten werden. Auch HOUSSAY sah Stoffwechselbesserungen bei solchen Tieren. Sie zeigten gleiche Empfindlichkeit für HVL-Extrakte wie hypophysektomierte. RANSON und MAGONN halten es für möglich, daß von hier aus der Vorderlappen innerviert wird. An die Versuche LUCKEs und seiner Mitarbeiter zur Klärung des Wirkungsmechanismus des kontrainsulären Hormons braucht nur erinnert zu werden. Auch die Beteiligung des Inselorganes konnten RANSON, FISHER und INGRAM bei einem Affen, bei dem nach Hypothalamusverletzung Fettsucht und ein gutartiger Diabetes entstanden waren, durch hydropische Degeneration der LANGERHANSSschen Inseln zeigen. STRIECK vermutete ebenfalls, unter anderem wegen der ähnlich geringen Azidoseneigung und guten Insulinansprechbarkeit wie beim Pankreatektomiediabetes, bei seinen Hunden mit cerebraler Zuckerkrankheit die Auslösung einer Pankreasinsuffizienz. Die Erzeugung von Hormonen im Stammhirn selbst ist noch umstritten.

Schöne Versuche STRIECKs, auch GOURNAYs, in den letzten Jahren, in denen es durch Destruktion einiger Zwischenhirnpartien bei Hunden gelang, einen letal verlaufenden Diabetes zu erzeugen, sind zusammen mit gut analysierten Beobachtungen an Diabetikern geeignet, der *vielbezweifelten Möglichkeit einer zentralnervösen Ätiologie der Zuckerkrankheit endlich ihre gebührende Anerkennung* zu verschaffen. Es würde zu weit führen, dieses komplizierte, reichlich mit Polemiken erfüllte Gebiet, das einer gesonderten Bearbeitung bedarf, in den Rahmen der vorliegenden Arbeit einzufügen.

Klinische Ergebnisse.

I. Überfunktionsdiabetes und Unterfunktionsdiabetes als klinisch auszuwertende Forderung.

All dieser experimentellen Arbeit, die überzeugend das Wesen von Diabetesformen nahelegt, die durch Hormonüberproduktion beherrscht werden, war eine Zeit vorangegangen, in der BORCHARDT (1908), CUSHING (1911), BRUGSCH (1916) u. a., von klinischen Tatsachen ausgehend, schon den hypophysären Diabetes beschrieben hatten. Brugsch bewog die Häufigkeit der Zuckerkrankheit bei der Akromegalie, eine solche Genese anzunehmen. Borchardt hatte (1908!) darüber hinaus sogar schon Versuche angestellt, nun auch künstlich durch Hypophysenextraktverabreichung bei Tieren einen Diabetes zu erzeugen, was trotz des Nachweises des Auftretens einer Glykosurie jahrelang kaum beachtet wurde. Damals wurde allerdings die Diabetesursache mehr in dem mit dem Nervensystem enger verbundenen Hinterlappen gesucht. Erst Houssays Versuche berichtigten endgültig diese Annahme und sicherten die maßgebende Stellung des Vorderlappens.

Einwandfrei bewies erst das Experiment, daß dieser *Diabetes* tatsächlich *das Ergebnis einer Hormonüberproduktion und nicht einer Schädigung der Hypophyse oder* gleichzeitig etwa *des benachbarten Zwischenhirns* ist. Wohl einer der ersten Autoren, der die Beziehung Hypophyse und Diabetes auf Grund von Hypophysentumoren mit Fettsucht, Zuckerkrankheit und Diabetes insipidus bemerkte, der von Cushing zitierte Byrom Bramwell (1888), erörterte schon diese Frage. *Tatsächlich kann ja eine Schädigung von in der Nähe des III. Ventrikels gelegenen Kernen des Zwischenhirns Diabetes und Fettsucht erzeugen* (Strieck u. a.), die aber in vielfach unbekannter Weise auch über das inkretorische System zustande kommen. Für die neurogene oder hier mesencephaler Fehlsteuerungsdiabetes genannte Zuckerkrankheit, deren Namen die Wichtigkeit zentralnervöser Stoffwechselregulationen auch für den Menschen andeutet, muß *bei der geringen hormonalen Erregbarkeit und Abhängigkeit des Inselorgans vom Vagus Weg und Angriffspunkt dieser neurogenen Regulation vornehmlich in dessen Antagonisten* gesucht werden, da unmittelbar im Gewebe ansetzende nervöse Reize, abgesehen von der Leber, einstweilen recht unwahrscheinlich sind, diese vielmehr ihren Einfluß auf Form und Grad der Fettablagerung in der Peripherie konzentrieren. Die *zentrale nervöse Steuerung des Stoffwechsels* ist dagegen, besonders *über die Hypophyse und am meisten bekannt über das Nebennierenmark, eng an innersekretorische Zwischenstufen gebunden* (Lucke u. a.). So antwortet das entnervte Nebennierenmark kaum nennenswert mit einer Adrenalinausschüttung. Die Hypophyse ist nach der Stieldrehung aufs schwerste geschädigt, auch in ihrer Hormonproduktion. Während *Art und Weise der zentralen Steuerung* in vieler Beziehung noch *höchst unklar* und problematisch sind — diese *aber offenkundig Zügel an beide Seiten des Regulationssystems legt* — ist *als imponierender Erfolg der experimentellen Forschung die Erkennung des Vorhandenseins und der Wirkungsweise einer subtilen hormonalen Stoffwechselregulation zu verzeichnen. Der Diabetes kann durch Plusdekompensation ebenso wie durch Minusdekompensation im endokrinen Zusammenspiel hervorgerufen werden.* Damit ist das wichtigste Fundament für den Diabetes als Folge der Störung *der hormonalen Stoffwechselregulation,* der allerdings *eine nervöse über- und eingeordnet* ist, aufs beste gelegt. *Die Zuckerkrankheit bietet das umfangreiche und vielseitige Bild einer Regulationskrankheit.* Diese Betrachtungsweise ist aufschlußreicher und fruchtbarer als die rein deskriptive, nach den führenden Symptomen vorgenommene, wie sie in der heute gebräuchlichen Bezeichnung „Stoffwechselkrankheit" zunächst zum Ausdruck kommt.

Auf der einen Seite dieser humoralen Stoffwechselregulation steht *das antidiabetogen wirkende Inselorgan* im Mittelpunkt, *das wahrscheinlich durch ein pankreotropes HVL-Hormon einige Impulse erfährt und das durch humorale*

Faktoren aus Duodenum und Pankreas wie den insulinstabilisierenden MACALLUMs *unterstützt wird, auf der anderen finden sich der diabetogene HVL mit Absonderung direkt und glandotrop angreifender,* für den Stoffwechsel mehr oder weniger bedeutsamer *Faktoren, die zu einer engen funktionellen Verbindung mit der NNR und der Schilddrüse, aber auch dem NNM führen, außerdem Insulinantagonisten aus Duodenum und Pankreas. Unterfunktion der erstgenannten Seite führt zu diabetischem Stoffwechsel, Überfunktion der anderen ebenfalls,* wobei die Verschiedenheit der ausgelösten Stoffwechseländerung durch sich nicht auf gleicher Bahn gegenüberstehende Wirkstoffe entscheidende Nuancierungen bedingt. *Der Unterfunktionsdiabetes ließ sich im Pankreatektomie-Diabetes, der Überfunktionsdiabetes im HVL-Extrakt-Diabetes studieren.* Der Pankreasdiabetes ist experimentell und klinisch umfassend bearbeitet worden. Fragen des HVL- und Nebennierendiabetes erfuhren experimentell recht gute, dagegen klinisch erst in der allerletzten Zeit einige Fortschritte. Jede Änderung der Hormonproduktion einer Seite dieses hormonalen Regulationssystems hat reaktiv eine Funktionsverschiebung der anderen im Gefolge, die sich, ohne daß sie wie bei exzessiven pathologischen Entgleisungen gleich in Erscheinung zu treten braucht, oft erst nach erfolgter Hypertrophie — bei Schwankung der Menge des primär im Überschuß vorhandenen Hormons — oder aber nach eingetretener Erschöpfung der Gegenseite im Stoffwechsel dokumentiert. Der anfängliche HVL-Überproduktionsdiabetes, der sich in einen vorherrschenden Pankreas-Unterfunktionsdiabetes umwandelt, bietet dafür das beste Beispiel, das im Tierversuch (YOUNG) gezeigt wurde und in der Klinik gesucht werden muß. Ein absoluter primärer Rückgang der Inkretion einer Drüse wird gelegentlich auch mit einer gleichsinnigen Änderung der Antagonisten, vom HVL aber in der Regel mit einer entgegengesetzt gerichteten beantwortet. Allerdings nicht immer, in dem viel zitierten Fall von LYALL und INNES schwand ein schwerer jugendlicher Diabetes mit der Entwicklung eines kalkeinlagernden Hypophysentumors, wie die wiederholte Röntgenuntersuchung der Sella aufdeckte. Der Blutzucker wurde normal, aber spater traten auch Hypoglykamien auf. Übrigens eine *klinische Bestätigung des Stoffwechselumschwungs für das Experiment der Hypophysektomie bei Pankreasdiabetes,* auf niederem Niveau stellt sich das Stoffwechselgleichgewicht wieder her.

Die absolute *Mehrproduktion der HVL-Wirkstoffe,* sowohl im eosinophilen wie im basophilen Teil, *hat neben der Entgleisung der Stoffwechselregulation* mehr oder weniger ausgeprägte *klinisch erkennbare weitere Regulationsstörungen im Gefolge,* beispielsweise solche des Wachstums, des Fettansatzes, des Blutdrucks oder andere. Damit eröffnen sich höchst wichtige diagnostische Möglichkeiten, einen Eindruck von dem Funktionszustand des HVL zu gewinnen, wie sie in dieser Art für die Insulininkretion des Pankreas nicht vorhanden sind. *Der führende Gesichtspunkt in der klinischen Erforschung des Überfunktionsdiabetes muß ja zunächst der sein, eine HVL-Überfunktion überhaupt erst einmal zu sichern.* Finden sich Anhaltspunkte für eine solche, so kann versucht werden, aus etwaigen Eigenarten des Stoffwechsels Rückschlüsse auf das Vorhandensein und die Wirkungsweise etwa gleichzeitig im Überschuß vorhandener diabetogener Stoffe zu ziehen. Dabei sind die bisher abgehandelten experimentellen Befunde richtungweisend. Gleiche Ergebnisse in der Klinik können erst lehren, ob und wieweit die Tierversuche in die menschliche Pathogenese übertragen werden dürfen. Die Klinik entscheidet also nicht zuletzt deren Wert und Bedeutung und kann allein, frei von ungewollten Begleiterscheinungen einer biologisch gesehen so plumpen und rohen Nachahmung, wie sie das Experiment oft darstellt, erst die abschließende Bestätigung liefern.

Wo finden sich nun in der Klinik des Diabetes Anzeichen für die Überfunktion diabetogener Drüsen? Welche Stoffwechselverschiebungen begleiten sie? Die durch Funktionssteigerung jener als diabetogen erkannten innersekretorischen Drüsen erzeugten Syndrome müssen dazu einer kritischen Betrachtung unterzogen werden.

II. Die Stellung der extrainsulären Drüsen in der menschlichen Diabetespathogenese.

A. Hypophysenvorderlappen.

Die sorgfältige *klinische Überprüfung* einer großen Zahl von *Diabetikern auf endokrine Stigmen, die auf eine HVL-Überfunktion deuten,* erlaubte schon früher Bartelheimer, im Diabetikerheim *Garz* solche in etwa 10% der Fälle gehäuft aufzufinden, wobei zum Cushing-*Syndrom* gehörige im Vergleich zu denen einer *Akromegalie* bei weitem überwogen. Es versteht sich, daß so allgemeine Kennzeichen wie Fettsucht oder Hypertonie allein keine Einordnung gestatten und daß nur das Zusammentreffen mehrerer zu überzeugen vermag. Das um so mehr, weil es oft vorkommt, während die volle Ausprägung der Syndrome naturgemäß weit seltener ist. Das wenig ausgeprägte und nicht vollständige, aber eindeutig durch die gleichgerichtete endokrine Entgleisung erzeugte Bild wird oft übersehen und ist von den genannten Syndromen nur von der Akromegalie als akromegaler Typ, akromegaloide Konstitution (J. Bauer) oder Akromegaloidismus (Ehrmann) allgemein geläufig. Durch Kenntnis dieser formes frustes mit durchweg besserer Prognose, die auch Übergangsstadien sein können, wie akromegale Umformungen in der Schwangerschaft oder in der Pubertät, die aber naturgemäß oft stationär bleiben, wenn sie im Klimakterium oder Senium auftreten. Der Untersucher bekommt so bereits ohne Benutzung des Laboratoriums Einblick in innersekretorische Gleichgewichtsverschiebungen. Durch die Stoffwechselanalyse läßt sich dann häufig genug die Tendenz zur diabetischen Störung aufdecken, während es im ganzen gesehen schon seltener zum Manifestwerden derselben oder auch nur zur Entstehung einer vorübergehenden Glykosurie kommt. Wenn dann allerdings der mehr beanspruchte regulierende Antipode, das Inselorgan, eine in der Erbmasse begründete oder durch Umwelteinflüsse bedingte Schwäche aufweist, so tritt der Diabetes zutage. Ebenso liegen die Verhältnisse beim Cushing-Syndrom, was bei der Besprechung des Cushing-Typs des HVL-Überfunktionsdiabetes im einzelnen gezeigt wird, ähnlich wie es früher schon kurz von Bartelheimer in einem Aufsatz über „Diabetes und Cushing-Syndrom" geschah. Dabei imponiert die Tatsache, in welch erstaunlich großem Umfang *Begleitsymptome und Komplikationen der Zuckerkrankheit von der extrainsulären Seite der hormonalen Regulation her dem Verständnis näher gebracht* werden können.

Reziproke Stoffwechselverhältnisse bei entgegengesetzten Funktionszuständen des HVL, bei der Postpubertäts-Magersucht (v. Bergmann u. a.) oder der postpuerperal auftretenden (Reye, Curschmann u. a.) ebenso wie bei den an Dystrophia adiposo-genitalis anklingenden, aber prognostisch günstigen

Syndromen, zu denen, wie mehrfach betont wird, Fälle der Pubertätsfettsucht gehören, sind gleichermaßen geeignet, das Verständnis für die funktionelle Stoffwechselpathologie der innersekretorischen Drüsen zu erweitern. Entsprechend lassen sich im Stoffwechselversuch *bei den genannten inkompletten klinischen Bildern einer Vorderlappeninsuffizienz* in der großen Mehrzahl der Fälle *Hypoglykämien und vermehrte Insulinempfindlichkeit* nachweisen. Bei der SIMMONDSschen Krankheit können durch Spontanhypoglykämien verursachte Krampfanfälle (KYLIN, WILDER) therapeutische Bedeutung erlangen. Die Tendenz zur Hypoglykämie, die CURSCHMANN sowie BETTONI und ORLANDI bei dem extrem seltenen *Zusammentreffen von Simmonds und Diabetes* sahen, das eine hochgradige Unterfunktion des Inselorgans voraussetzt, kann, wie im experimentellen Teil auseinandergesetzt wurde, durch das *Stoffwechselverhalten des pankreatektomierten, hypophysektomierten Tieres* veranschaulicht werden. Das Fehlen einer Gegenregulation muß auch geringste Insulinmengen mit vermehrter Hypoglykämie beantworten lassen. So resultiert schon bei geringer Insuffizienz des kontrainsulären HVL-Teiles die Insulinüberempfindlichkeit, sei dieses künstlich zugeführt oder vom eigenen Pankreas selbst produziert. Glücklicherweise hat das Inselorgan ausgesprochen die Fähigkeit, seine Tätigkeit gleichsinnig dem HVL anzupassen, so daß wenigstens in Ruhe das Gleichgewicht wiederhergestellt wird. Muskelarbeit oder andere hypoglykämisierende Effekte führen jedoch infolge Fehlens einer Gegenregulation schnell zur Blutzuckersenkung. Wie Beobachtungen in Garz lehrten, bevorzugt bei Diabetikern, bei denen klinische Stigmen einer HVL-Unterfunktion, die gerade bei der in der Jugend manifest werdenden Zuckerkrankheit einer Überfunktion gern folgt (P. WHITE), zu erkennen sind. Solche Erfahrungen sprechen ebenfalls für die Natur des *Diabetes als Regulationskrankheit, nicht die absolute Menge der Hormonproduktion, sondern das Gleichgewicht des glykoregulatorischen Systems entscheidet.* Daß es gerade im Beginn einer Zuckerkrankheit leicht zu Schwankungen kommt, zeigt das nicht seltene Vorkommen von Hypoglykämien, die längst nicht immer die Folge einer Pankreatitis sind. Thema und Raummangel verbieten ein weiteres Eingehen auf Stoffwechseländerungen in Richtung auf primären und sekundären, absoluten und relativen Hyperinsulinismus.

Während UMBER Glykosurien des CUSHING-Syndroms als extrainsuläre sympathicotonische Reizglykosurien abtrennt, allerdings unter Zugeständnis seltener Mischformen, andererseits FALTA schon die leichten Kh-Stoffwechselstörungen gewisser Fälle von Akromegalie und CUSHING-Syndrom „mit einer gewissen Berechtigung" zu den rein extrainsulären Diabetesformen rechnet, die UMBER übrigens ablehnte, haben neben BARTELHEIMER neuerdings FLINT und MICHAUD mit Nachdruck den diabetischen Charakter des Stoffwechselverhaltens bei Akromegalie und CUSHING-Syndrom vertreten. Der beim letzten fast obligate Hypertonus ist ebenso wie die Fettsucht ein endokrines Symptom, beide haben schon früh in der Diabetespathogenese Aufmerksamkeit erregt. Vom Hochdruck ausgehend — MAINZER mehr von der Fettsucht — kam KYLIN schon zu ähnlichen Schlüssen auch für die Zuckerkrankheit. Wesentlich nicht nur für diese Zusammenhänge ist die Einteilung R. SCHMIDTs, eines asthenischen Unterdruckdiabetes und eines sthenischen Überdruckdiabetes. Schon weit früher wurde, ohne daß immer so klare Vorstellungen über die Art der endokrinen Beziehungen vorliegen konnten, ein magerer und ein fetter Diabetes unterschieden. Bereits 6 Jahrhunderte v. Chr. gaben indische Ärzte (nach Lemser) eine entsprechende Beschreibung der Zuckerkrankheit, die sie durch Kosten des Urins diagnostiziert hatten. Bei der einen Form würden die Kranken schwach, magerten ab, die Haut würde rauh, viel Durst und eine große Unruhe stellten sich ein, bei der anderen käme es zu Fettsucht, großem Hunger, weicher, öliger Oberfläche der Haut. Die Patienten würden schläfrig und träge. Sogar therapeutische Konsequenzen zogen sie daraus, ernährten die erste Gruppe reichlich, die zweite weniger ausgiebig — mit eingelegten Fastenkuren. Da ist unmißverständlich der magere und der fette Diabetes der Neuzeit wieder zu erkennen, der Diabète maigre und Diabète gras der Franzosen. Vorstellungen von Lancéreaux (1877) folgend nannte Rathery den ersten: Diabète maigre pancréatique consumptif, von dem er einen Diabète simple trennte. Während Chabanier den ersten als Diabète grave dem Diabète benigne gegenüberstellte, sammelte Labbé neben dem Diabète avec dénutrition azotée leicht verlaufende, weniger von der Diät abhängige Formen, oft begleitet von Adipositas, Hypertonie oder Lebererkrankung als paradiabetische. Mit Recht macht Falta in diesem Zusammenhang darauf aufmerksam, daß schwere konsumptiv verlaufende Fälle nicht immer von vornherein mager sind, sondern infolge ihres Diabetes schnell verfallen. Die rasche Progredienz bei Insulinausfall, ebenso die gute Ansprechbarkeit, gaben ihm Anlaß, Fälle, die den Charakter einer Ausfallserkrankung hatten, zur insulinempfindlichen Form zusammenzufassen, neben denen er mit seinen Schülern insulinresistente Formen herausarbeiten konnte. Diese Untersuchungen führten zur Aufstellung und Umgrenzung der „Gegenregulation" im diabetischen Stoffwechsel. In ähnlicher Weise kamen angelsächsische Autoren, Lawrence, Root, MacBryde u. a., zur Gegenüberstellung der insulinempfindlichen und insulinfesten Zuckerkrankheit. Himsworth beschrieb gerade kürzlich wieder insulinsensitive Diabetesformen unter der zwar nicht obligaten Zuordnung zu dem obengenannten Unterschied des Habitus, insensitive Fälle auch unter Betonung der HVL-Funktionssteigerung. Ein weiterer Gesichtspunkt, die Verschiedenheit des Diabetes jüngerer und älterer Menschen (Heiberg u. a.), ist frühzeitig und viel beachtet worden. Das heutige Wissen um die Zunahme der Hypophysentätigkeit im Alter, wie sie beispielsweise durch akromegale (L. R. Müller, Kylin u. a.) oder Cushing-ähnliche Züge (Raab, Jamin u. a.) auffallen kann, muß auch bei seniler und präseniler Zuckerkrankheit nach klinischen endokrinen Symptomen des HVL und der NNR-Funktionssteigerung suchen lassen und verpflichtet aus grundsätzlichen Erwägungen vor allem zu besonders sorgsamer Stoffwechselanalyse.

Die heute durch zahllose experimentelle Untersuchungen erkannte HVL- und Pankreastätigkeit geben für jene Einteilungsprinzipien, die sich im wesentlichen auf einen mageren, insulinansprechbaren, normo- oder hypotonen und einen fetten, insulinresistenten, hypertonen Diabetes konzentrieren, eine immer bessere Begründung.

Der Weg, nicht vom Diabetes, sondern vom kompletten oder fast kompletten Syndrom einer inkretorischen Überfunktionserkrankung aus die Stoffwechselsteuerung zu studieren, ist der aufschlußreichere und eindeutigere. Gerade die bei diesen vorkommenden, zuweilen prognostisch und therapeutisch bestimmenden Stoffwechselstörungen ergaben immer wieder Anregungen zur Untersuchung des Zusammenhangs von extrainsulären Drüsen und Diabetes. Dabei stellen ursächliche Tumorerkrankungen, wie beispielsweise bei der Akromegalie, beim Cushing, bei Nebennierenrindenadenomen oder gar -carcinomen, Paragangliomen u. a., wertvolle Schul- und Musterbeispiele dar, die sich bis zur Eindringlichkeit des Experimentes steigern können. So groß der didaktische Wert solcher funktionstüchtiger Adenome zweifellos ist, so darf darüber nicht vergessen werden, daß es bei mehr oder weniger deutlicher Hyperplasie oder sogar bei morphologisch fehlenden Veränderungen — wenigstens soweit die heute zur Verfügung stehenden Methoden das erkennen lassen — Funktionsabweichungen von innersekretorischen Drüsen gibt, die alle Grade bis zur Erzeugung des vollständigen Syndroms umfassen. Daneben existieren unbestreitbar hormonal wenig oder garnicht aktive Adenome jener Inkretdrüsen. Das ist begreiflich, wenn man bedenkt, daß *Grad und Art der Überfunktion und Größe einer Drüse keineswegs parallel* verlaufen. Hinzukommt die häufige Verkennung leichter endokriner Abweichungen und bei Stoffwechselvorgängen die Abhängigkeit vom Ausmaß der Gegenregulation.

Konstitution und Rasse werden, ebenso wie durch Einflüsse vom Nervensystem, *entscheidend durch das endokrine Zusammenspiel gestaltet, und dieses wird vom HVL beherrscht.* Traubenzuckerbelastungen, die HIRSCH an Gruppen von je 20 Versuchspersonen der drei bekannten Konstitutionstypen vornahm, zeigten, daß sich *beim pyknischen und athletischen Habitus deutlich höhere Blutzuckerkurven als beim leptosomen* ergaben, beim Pykniker fiel außerdem eine verlängerte hypoglykämische Nachschwankung auf. *Verwandte Züge von Cushing-Syndrom und pyknischem Habitus wurden von* BARTELHEIMER *nicht allein wegen des Stoffwechselverhaltens, sondern auch wegen der übrigen Symptomatologie gezeigt.* Neuerdings konnte H. GREVING sogar feststellen, daß der Cholesterinspiegel der Pykniker wesentlich höher liegt als der von Leptosomen. Das spricht bei der dem CUSHING-Syndrom fast obligaten Hypercholesterinämie sehr eindrucksvoll für die hier vertretene Relation. Die klinische Erfahrung lehrt, daß Sympathicotoniker gegenüber Menschen mit Überwiegen des Vagotonus, die im allgemeinen ja eher schlankwüchsig sind, eine größere Labilität der Stoffwechselregulation und eine Neigung zur Blutzuckersteigerung aufweisen. Ähnlich ist es unter anderem beim B-Typ (v. BERGMANN), dem die vom Normalen bis zu pathologischen Graden gesteigerte Schilddrüsenfunktion das Gepräge gibt und der als Beispiel schön den Einfluß der Inkretdrüsen auf das Zustandekommen des Gesamtbildes dessen, was wir Konstitution nennen, kennzeichnet.

Das Hervortreten einzelner Konstitutionstypen in verschiedenen Rassen, das Fehlen oder gehäufte Vorkommen endokriner Erkrankungen zeigt deren ungleiche hormonale Struktur, mithin auch eine solche des Stoffwechselregulationssystems. Wieweit größere Seltenheit und leichterer Verlauf des Diabetes bei Japanern rassisch bedingt sind und wieweit die knappere kh-reiche Volksernährung dazu beiträgt, ist jedoch noch nicht entschieden. Das Nichtvorhandensein der Zuckerkrankheit bei Eskimos trotz fast ausschließlicher Fetternährung bestätigt andererseits, daß das gehäufte Diabetesvorkommen bei den sich ebenfalls reichlich mit Fett ernährenden Skandinaviern auch noch von weiteren Faktoren, nicht zum wenigsten von solchen konstitutioneller Art abhängig ist. Dabei besteht kein Zweifel an der unter anderen von JOSLIN und KATSCH vertretenen Auffassung einer *Diabetesbegünstigung durch gewohnheitsmäßigen überreichlichen Fettgenuß,* die die ärztliche Betreuung von eine fettreiche Ernährung bevorzugenden Norddeutschen (besonders Schleswig-Holsteinern, Mecklen-

burgern, Pommern) immer wieder bestätigen kann. Im Tierversuch vermochten
Reiss und Mitarbeiter durch Feststellung der Zunahme der basophilen HVL-
Zellen unter einer Fetternährung zudem morphologische Anhaltspunkte zu liefern.

Als grundsätzlich wichtigen Schluß soll diese Betrachtung ebenso wie die
des fetten und mageren Diabetes nur zeigen, daß sich *weit über die klassischen
endokrinen Syndrome hinaus auch geringere innersekretorische Gleichgewichtsverschiebungen bis in das Bereich dessen, was als Norm bezeichnet werden muß,
im klinischen Bild wie im Stoffwechselverhalten* verraten. *Die Übergänge zum
Pathologischen sind dabei durchaus fließende.* Vor allem imponiert, in wie hohem
Maße die vom Nervensystem gesteuerte zentrale hormonale Schaltstelle, der
,,Hypophysenvorderlappen'', Konstitution und Stoffwechsel beherrscht.

Da in dieser Arbeit die Überfunktion des HVL im Vordergrund steht, ist es
am wesentlichsten, *die Anklänge des pyknischen Habitus* an das Cushing-Syndrom, *an den hypophysären Basophilismus,* hervorzuheben. *Der athletische erinnert*
mit seiner betonten, allerdings allgemeinen Wachstumstendenz *an die Akromegalie,* derem klassischen Bild eine Funktionssteigerung, gewöhnlich auch
Vermehrung der eosinophilen Zellen zugrunde liegt. Beide Konstitutionstypen
weisen nach Hirsch bei Zuckerbelastung *eine höhere Hyperglykämiekurve auf
als der,* man möchte sagen, am entgegengesetzten Punkt stehende *Leptosome.*
Unter den Schlankwüchsigen finden sich eher oligosymptomatische Formen
einer Vorderlappenschwäche. An die Asthenie Jahns mit ihrer Tendenz zur
Hypoglykämie sei nur erinnert. *Unter Diabetikern der ersten beiden Konstitutions-
formen überwiegen entsprechend insulinresistente, unter solchen, die der einwandfrei
leptosomen angehören, insulinempfindliche Fälle.* Das lehrt die klinische Beobachtung zahlreicher Autoren. *Bei Pyknikern und Athleten scheint also in der
Diabetesentstehung die Plusdekompensation, beim leptosomen Habitus die Minusdekompensation des glykoregulatorischen Systems* im Gros der Fälle, wenigstens
anfänglich, *vorzuherrschen.*

Schüpbach gebrauchte, ohne auf Einzelheiten einzugehen, folgende Formu-
lierung: Die verschiedenen Diabetesformen sind durch die individuelle Konstitution bedingte Varianten einer in ihrem Wesen einheitlichen Regulationsstörung, vorwiegend insulär und vorwiegend hypophysär bedingte Diabetesformen mit allen Zwischenstufen.

Nun aber zum *Diabetes bei den einzelnen HVL-Überfunktionssyndromen.*
Um die innere Bindung auch bei weniger ausgeprägtem klinischem Bild und im
Vordergrund stehender Zuckerkrankheit unmißverständlich zum Ausdruck zu
bringen — gleichzeitig zur didaktischen Erleichterung — unterteilte Bartelheimer schon früher die zum hypophysären Diabetes gehörigen Fälle in den
Akromegalie-Typ, den Cushing-*Typ* und den in der Mitte stehenden Morgagni-
Typ *des HVL-Überfunktionsdiabetes.* Diese umfassen also nur jene Formen,
bei denen die *hypophysäre Beteiligung durch den klinischen Befund mit hoher
Wahrscheinlichkeit gesichert* ist, ohne daß damit in Abrede gestellt werden soll,
daß die HVL-Überfunktion bei einigen anderen ebenso ausschlaggebend sein
mag. Aber es gilt erst, Beweise dafür zu erbringen.

a) Akromegalie-Typ des HVL-Überfunktionsdiabetes.

Schon Borchardt fand 1908 bei der Zusammenstellung von 175 Akromegalie-
fällen in fast 40% Diabetes bzw. Glykosurie. Pierre Marie hat bei der Hälfte

seiner wenigen Fälle die Zuckerausscheidung angegeben. Weitere Angaben über die Häufigkeit manifester Stoffwechselabweichungen [GOETSCH, CUSHING und JACOBSON (1911), DAVIDOFF und CUSHING u. v. a.] schwanken etwa von diesem Hundertsatz abwärts bis zu 15%. Nach ATKINSON (1936) war von 780 Fällen der Literatur bei 257 (33%) Zucker im Urin nachweisbar.

Die Natur der Störung ist außerordentlich verschieden, es finden sich alle *Übergänge* von jener nicht mit ärgeren Stoffwechselabweichungen verbundenen sogenannten „*Reizglykosurie*", über den exquisit *insulinresistenten Diabetes* bis zur ausgesprochen *insulinempfindlichen und -bedürftigen Zuckerkrankheit*, die, wie sich heute sagen läßt, durch die Unterfunktion des Pankreas beherrscht wird. Die „Reizglykosurie" beweist ihre hypophysäre Entstehung nicht allein durch die prozentuale Häufigkeit, sondern auch durch ihre Rückbildungsfähigkeit nach operativer Entfernung des Adenoms (DAVIDOFF und CUSHING u. a.), der insulinresistente Akromegalie-Diabetes schon durch seine Schwankungen, selbst wenn er nicht wie in dem Fall OPPENHEIMERs vom insulinresistenten Koma in eine „Spontanheilung" übergeht. Ein diabetisches Koma mit großer Insulinresistenz erlebte auch LAMELOS, normales Insulinverhalten betonen WISLICKI, BLUM, SCHWAB u. a. FALTA unterscheidet deshalb, ebenso wie vorher LABBÉ u. a., einen insulären und einen hypophysären Diabetes bei der Akromegalie, mit allen Mischformen. Fast immer, sobald nur wiederholt in größeren Zeitabständen der Stoffwechsel analysiert wird, läßt sich beim Akromegalen eine latente Schwäche der Stoffwechselregulation feststellen, wenn nicht der der Kh, so der von Fett oder Eiweiß, weniger häufig naturgemäß bei oligosymptomatischen Fällen.

Einige *Besonderheiten* kennzeichnen das Wesen des Akromegalie-Typs des HVL-Überfunktionsdiabetes (BARTELHEIMER). Sie wirken als solche um so überzeugender, je mehr das Bild der klassischen Akromegalie genähert ist, obgleich klinisches Syndrom und Stoffwechselentgleisung *in ihrer Intensität* keineswegs parallel verlaufen.

1. Übergänge von der insulinresistenten bis zur normal empfindlichen Zuckerkrankheit. Sie entspringen der im ersten Hauptteil ausführlich erörterten Art der hormonalen Gleichgewichtsverschiebung im endokrinen System. Überfunktion des stoffwechselaktiven HVL bei normaler oder auch gesteigerter Insulinproduktion führt zum schnellen Verschwinden oder von vornherein zur Aufhebung des hypoglykämisierenden Insulineffektes. Ja, FALTA, vorher MAINZER und JOEL haben eine *paradoxe Reaktion auf Insulin* mit Zunahme der Glykosurie beschrieben. Paradoxes Verhalten von Glykosurie und Hyperglykämie bei Diätänderungen kann Hinweise auf den Nutzen größeren Kh-Gehaltes der Diät liefern. Die nachfolgende Besserung konnte AMERSHAUER, auch was die Insulinempfindlichkeit anlangt (HIMSWORTH und SCOTT), auf eine *Funktionsänderung der Hypophyse* zurückführen. HIMSWORTH fand diese bei insensitiven Diabetikern allerdings geringer als bei sensitiven. Unter vielen anderen hob FLAUM kürzlich die Insulininsensitivität des Akromegalie-Diabetes hervor.

Die Vermehrung der Zuckerausscheidung nach Insulin ist sogar als die Folge weiterer Ankurbelung der irritablen Gegenregulation aufzufassen, überschießend frei werdendes kontrainsuläres Hormon führt über das Nebennierenmark zur gesteigerten Glykogenolyse. Auch CURSCHMANN und SCHIPKE bekennen sich zu dieser Ansicht.

Es ist bezeichnend, daß Lucke das kontrainsuläre Hormon zuerst an Fällen mit Wachstumsstörungen, Akromegalie und Zwergwuchs, studierte. Die größere Labilität des Stoffwechsels im Vergleich zu anderen Formen des HVL-Überfunktionsdiabetes bei der Akromegalie ließ neben der Schilddrüsentätigkeit auf die im Vordergrund stehende Vermehrung dieses HVL-Wirkstoffes schließen und den *Bildungsort des unmittelbarsten Insulinantagonisten in den* auch wachstumserregenden *eosinophilen Zellen* vermuten. Dafür konnten Lucke und Mitarbeiter überzeugende Argumente liefern.

Eine *Steigerung des Insulineffektes* kommt *nach Erlahmen der sich häufig wieder, oft sogar bis unter den physiologischen Wert verringernden Vorderlappentätigkeit* zustande. Ferner ist beachtenswert, daß das Pankreas im Rahmen der bekannten Splanchnomegalie tiefgreifende Umformungen erfährt, bei denen in der Regel aber keineswegs eine Hypertrophie des inkretorischen Teiles, wenigstens nicht über längere Zeit, ausschlaggebend wird, auch wenn Amsler, Norris u. a. in Einzelfällen eine solche erlebt haben. Die gelegentlich auffindbare postklimakterische Hypoglykämieneigung bildet ein Analogon. Wie stark gerade bei der Akromegalie die Insulinansprechbarkeit wechseln kann, zeigt ein Fall, den Falta beschrieben hat, beim ersten Radoslav-Versuch paradoxes Ansteigen des Blutzuckers, bei Wiederholung waagerechter Verlauf und beim dritten Mal normaler Abfall der Kurve. *Der primären Funktionssteigerung einer Inkretdrüse folgt gern das Versagen,* andererseits zeigten die Versuche Houssays die kompensatorische Reaktion des Pankreas, der leider auch, wie Richardson und Young bewiesen, die Erschöpfung folgt. So ist es nicht verwunderlich, wenn Colwell u. a. im Pankreas Befunde erhoben wie bei sonstigen Diabetesfällen. *Der Akromegalie-Typ ist die Form des hypophysären Diabetes, bei der später die Pankreasinsuffizienz am häufigsten und ausgesprochensten in Erscheinung tritt.*

Solange das Inselorgan prävaliert, noch genügend oder gar erheblich überschießend arbeitet, wird bei der Zuckerbelastung, da die Hyperglykämie den Insulinausschüttungsreiz darstellt (Grafe und Meythaler, Gayet und Guilaume u. a.), obgleich immer zuerst die antidiabetogene Seite am stärksten erregt wird, eine relativ flache Kurve mit Absinken in oft tiefe Hypoglykämien resultieren, wie es nicht ganz selten der Fall ist (Bansi u. a.). Häufiger jedoch steigt die alimentäre Kurve hoch und steil an mit einem langsamen, sich etwa über 2 Stunden erstreckenden Abfall, manchmal in hypoglykämische Zonen. Analog der Insulinkurve ist die Adrenalinblutzuckerkurve relativ niedrig. Ein Verlauf, der durch die in den Vordergrund rückende absolute Inselinsuffizienz aber oft verändert wird, im Sinne einer lange Zeit ansteigenden und dann langsam abfallenden, vom Pankreasdiabetes bekannten Kurve.

2. Rhythmische Stoffwechselschwankungen. Sie sind *bezeichnend für die Tätigkeit der Hypophyse* (Jores), wobei das Zusammenspiel mit den Zwischenhirnzentren allerdings nicht unbeachtet bleiben darf. Schubweises Einsetzen (H. John), periodische Stoffwechselschwankungen (Flint und Michaud), die in leichten Fällen die Entdeckung der Zuckerkrankheit und in schweren die Beurteilung therapeutischer Maßnahmen schwierig gestalten können, beruhen darauf. Seltene vorübergehende „Spontanheilungen“, das ist das Verschwinden des manifesten Diabetes bei Wiedereinstellung des glykoregulatorischen Gleichgewichtes, wenn sich die Wirkung der Stoffwechselregulatoren in physiologischer, vermehrter oder gar verminderter absoluter Menge (s. auch bei Therapie!) die

Waage hält. Die wellenförmigen Bewegungen werden, wenn sie sich in im Einzelfall oft typischen Abständen wiederholen, vor allem durch die wechselnde Hormonproduktion des Vorderlappens erzeugt. Sie sind erst durch die Charakterisierung der Zuckerkrankheit als Störung der Stoffwechselregulation zu verstehen, nicht zum wenigsten, weil aus unzähligen Untersuchungen erwiesen ist, daß die Regeneration eines gewisse Zeit geschädigten Inselorgans nicht oder nur in beschränktem Ausmaß erfolgt. Im Verlauf solcher hypophysärer Rhythmen, unterstützt durch anfänglich vom Inselorgan geleistete Insulinüberproduktion können selbst klinisch eindrucksvolle Hypoglykämien auftreten, nicht zu vergessen bei Fällen von Akromegalie mit Splanchnomegalie, bei denen auch dadurch Änderungen der Pankreastätigkeit hinzukommen. *Gerade im Beginn* selbst klinisch nicht von vornherein als Regulationsformen imponierende Fälle von Zuckerkrankheit *modifizieren Rhythmen*, dem Unerfahrenen äußerst schwer verständlich, *das Stoffwechselgeschehen.*

Unleugbar kommt dem HVL schon aus diesem Grund eine anerkennenswerte, vielfach nicht bekannte diagnostische Bedeutung zu. *Schwankungen in der Insulinempfindlichkeit* (MÖLLERSTRÖM u. a.) geben auch therapeutische Hinweise, *selbst im Tagesrhythmus.* ARBORELIUS forderte, die Insulingabe weniger in Beziehung zu den Mahlzeiten zu setzen als zu den diesem Rhythmus entsprechenden Zeiten, für das Gros der Fälle 7—8 Uhr und 15—16 Uhr. Die Feststellung MÖLLERSTRÖMs, daß dabei ein niedriger Blutzucker mit hoher β-Oxybuttersäurebildung einhergeht, hat durch neue Untersuchungen KRAINICK und MÜLLERs die ein entgegengesetztes Verhalten von Blutzucker und Ketosis beobachteten, eine ausgezeichnete Bestätigung erfahren. Wenn FORSGREN Schwankungen im Glykogengehalt der Leber zunächst nicht hormonal erklärte, so steht dem die Beobachtung AGRENs entgegen, daß nebennierenlose Ratten die Leberrhythmik verlieren. JORES nahm am Tage eine vermehrte Tätigkeit der Nebennieren und des Nachts der Hypophyse an. Wesentlich scheint dabei in der Hypophyse das später zu besprechende Melanophorenhormon zu sein. Die Tagesperiodik des Adrenalingehaltes der Nebennieren bestimmten v. EULER und HOLMQUIST. Epirenale Einflüsse scheinen also auch hier von großer Bedeutung zu sein.

3. Sekundäre Funktionsstörungen fehlgesteuerter Drüsen. Die enge Bindung des bei diesem Diabetestyp überproduzierten wachstumsfördernden Anteils an die glandotrope Wirksamkeit des HVL (RIDDLE, JORES) erzeugt zwangsläufig eine weitere Verknüpfung des Stoffwechsels mit der Antwort der gesteuerten Inkretdrüsen. Während in der Klinik immer wieder Versuche unternommen wurden, ob feine Unterschiede der Wachstumsstörung von Erkrankungen der Hypophyse, der Schilddrüse, der Sexualdrüsen oder anderer Inkretdrüsen herrühren, hat JORES neuerdings das Gemeinsame, die Abhängigkeit vom HVL, ganz betont in den Mittelpunkt gestellt. Untrennbar ist jedoch der Wachstumsimpuls mit der Funktion der peripheren Drüsen verbunden. So ließ sich der angeborene Zwergwuchs der Maus, bei dem die *eosinophilen Zellen* des HVL vermindert sind, durch thyreotropes Hormon, noch besser zusammen mit Prolaktin und Wachstumshormon (L. MARKS) fördern. Ein Beispiel aus der Fülle der experimentellen Arbeiten. Die *Häufigkeit von Funktionsanomalien und Erkrankungen peripherer Drüsen bei der Akromegalie* entspricht durchaus diesem Versuch. Hierbei folgt — das ist sehr wichtig — oft der Überfunktion einer hormonal stimulierten peripheren Drüse mehr oder weniger schnell ihr

Versagen. Am bekanntesten ist die *hormonale Sterilisation durch den HVL* (Zondek), auch durch Injektion von Vorderlappenpräparaten beim Menschen reproduzierbar. Die Hypersexualität geht allmählich in eine Hyposexualität bis zum anhaltenden Hypogenitalismus über. Allerdings wird dieser bei der reinen Akromegalie im Gegensatz zum Morbus Cushing wohl nicht auf diese Weise, sondern durch Ausfall der gonadotropen Hormone erzeugt, worauf die absolute Abnahme der basophilen Zellen deutet. Hyperthyreosen Akromegaler bis zum vollständigen Morbus Basedow sind bekannt. Übergänge bis zur Schilddrüsenatrophie bestätigen jenen Verlaufsmechanismus. Fellinger konnte entsprechend bei der Akromegalie die Vermehrung des thyreotropen Hormons im Blut nachweisen. Gynäkomastie und Galaktorrhöe kann Mammaatrophie folgen. Soviel nur, um zu zeigen, wie groß die Zahl der hierdurch geschaffenen Variationsmöglichkeiten ist, die sich auch im wechselvollen Stoffwechselverhalten ausprägen.

Die Effekte einzelner Wirkstoffe können sich überschneiden. Ein Beispiel aus dem Stoffwechselgeschehen, eine hypophysär verursachte Hypercholesterinämie kann unter dem Einfluß vermehrten Schilddrüsenhormons in das Gegenteil umgewandelt werden. Gerade die Beurteilung, wieweit der Lipoid- und Fettstoffwechsel durch die hypophysäre Funktionsänderung selbst verändert wird, leidet unter den Schwierigkeiten, saubere Abgrenzungen gegenüber sonstigen hormonalen Wirkungen vornehmen zu können. Zudem beeinträchtigt die Abhängigkeit von der Kh-Stoffwechselentgleisung.

4. Fettstoffwechselstörungen. Im ganzen kann gesagt werden, daß die *Fettstoffwechselstörung bei der Akromegalie häufig wenig ins Gewicht fällt. Lipämien* kommen allerdings gelegentlich vor (Noothoven und Schaly u. a.) und auch *Veränderungen des Cholesterinspiegels* in der eben erwähnten Weise. In seltenen Ausnahmen können hierzu gehörige Diabetesfälle, selbst solche mit relativ geringer Glykosurie und Hyperglykämie, überraschend in ein manchmal sehr *insulinrefraktäres Koma* geraten. Von Syllaba wurde ein Akromegaliefall mit einer durch Vermehrung des ketogenen Hormons hervorgerufenen exquisiten *Neigung zur Ketonurie und Acetonurie* publiziert, wie sie ähnlich von Cannavò beim Cushing- und von Flint beim Morgagni-Typ geschildert werden. Syllaba und Cannavò konnten die Azidose durch Vorderlappenextrakte noch weiter steigern. Die Fettstoffwechselentgleisung kann also auch hier einmal gegenüber der des Kh-Stoffwechsels absolut in den Vordergrund treten. Andererseits können ausgesprochen insulinresistente Fälle, die dem Akromegalie-Typ des HVL-Überfunktionsdiabetes angehören, nur geringe Neigung zur Azidose haben, was Flaum u. a. ebenfalls beobachten konnten. Solche Beobachtungen stellen naturgemäß außerordentlich wichtige Argumente für das Mitwirken des Fettstoffwechselhormons dar. Auch im Diabetikerharn konnte es in beträchtlichen Mengen neben dem Kh-Stoffwechselhormon nachgewiesen werden. Bei Gesunden war es nur nach Fett- bzw. Kh-Belastung von Anselmino und Mitarbeitern auffindbar. Stark *vermehrte Harnsäureausscheidung* (Falta) *und Erhöhung der N-Abgabe im Urin* (Tannhauser und Curtius) bei der Akromegalie *deuten auf erhöhte Umsetzungen im Eiweißhaushalt,* im Verein mit der klinischen Stoffwechselbeobachtung auf die *Umwandlung in Zucker,* wie sie im Experiment durch *HVL*-Extrakte zu demonstrieren war (Houssay, Young u. v. a.). Ähnlich spricht nach Brentano eine *vermehrte Kreatinausscheidung* für gesteigerten Glykogen- und Eiweißzerfall in der Muskulatur. Sie kommt auch ohne Diabetes vor.

Der Erkennung des Akromegalie-Typs des hypophysären Diabetes dienende klinische Symptome.

Während bisher der *Stoffwechsel des typischen, möglichst vollständigen Syndroms* eines eosinophilen HVL-Tumors einer Betrachtung unterzogen wurde, dürfte es für die Feststellung der Bedeutung des HVL für die Zuckerkrankheit noch fruchtbarer sein, *auch Verhalten und Häufigkeit weniger ausgeprägter Fälle, oligosymptomatischer, stärker zu beachten.* Nachdem Experiment und Analysen einiger typischer Fälle auch bei anderen Vorderlappenerkrankungen Einblick in das Wesen der Stoffwechselbeeinflussung durch den HVL gegeben haben, wurde von BARTELHEIMER eine große Anzahl von Diabetikern vornehmlich auf *klinisch erfaßbare Zeichen einer HVL-Überfunktion* untersucht und vorgeschlagen, dieses Vorgehen konsequent zur Differenzierung der Stoffwechselregulation auszubauen. Maßgebend bleibt dabei die Erfahrungstatsache, daß das *Ausmaß einzelner klinischer Symptome und das der Regulationsstörungen des Stoffwechsels nicht parallel* zu verlaufen brauchen. Während bei klinisch typischer Akromegalie, ebenso bei den anderen Vorderlappenerkrankungen, intermediäre Störungen zuweilen nur bei subtilster Untersuchung erkennbar werden, kann *bei wenigen und leicht der Beobachtung entgehenden klinischen Befunden, aus denen eine HVL-Überfunktion zu schließen ist, eine für den HVL-Überfunktionsdiabetes charakteristische Stoffwechselveränderung* imponieren. Bei anderen fehlen auch diese geringen klinischen Anhaltspunkte, so daß es einstweilen unmöglich ist, hier eine entscheidende Rolle des Vorderlappens oder der Nebennieren überzeugend darzulegen. Daraus erhellt die Dringlichkeit der Forderung, nicht nur die bekannten klinischen und röntgenologischen Symptome für die HVL-Überfunktion im Einzelfall zu suchen, sondern auch *nach weniger geläufigen hypophysären Zeichen Ausschau zu halten,* um so die Beweiskraft dieses Vorgehens immer mehr zu erhöhen und dem HVL die Stellung in der menschlichen Diabetespathogenese zu sichern, die ihm zukommt.

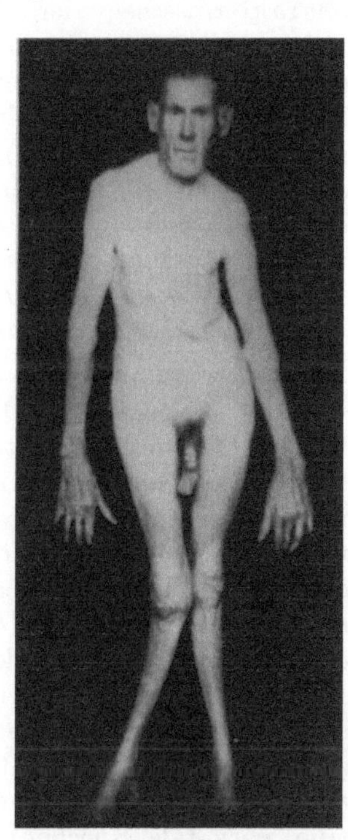

Abb. 4. Diabetischer Akromegaler im Finalstadium. Umgestaltung bis zur Verkrüppelung, außerdem ist neben allen anderen Symptomen eine Splanchnomegalie vorhanden.

Welche Symptome der Akromegalie sind nun geeignet, auch in geringer Ausprägung gut erkannt zu werden? Die Vollform als Beispiel, wie es die obenstehende Abbildung eines geradezu monströs veränderten diabetischen Akromegalen, dessen Splanchnomegalie außerdem zu einem Volvulus des Megacoecums geführt hatte, wiedergibt. Sie ist so einprägsam wie kaum ein anderes endokrines Syndrom und wird sicherlich nicht übersehen. Aber oft ist das bei Frühformen, die gerade therapeutische Möglichkeiten bieten, oder bei geringerer Ausbildung der Fall. Als erstes und wichtigstes das Leitprinzip, *das gesteigerte Spitzenwachstum,* auf das sich in irgendeiner Weise fast alle anderen zurückführen lassen. Zweitens sind es die *durch den oft vorhandenen Hypophysentumor erzeugten örtlichen Veränderungen, Sella-, Opticus- und Zwischenhirnschädigungen,* die bei allein vorhandener Hyperplasie oder Überfunktion der Zellen des Vorderlappens natürlich fehlen. Drittens *die große Zahl jener, die der* eben genannten *Über- oder Unterfunktion der vom HVL falsch gesteuerten Drüsen ihre Entstehung verdankt,* die aber naturgemäß nur bei gleichzeitigem Vorkommen mit den beiden ersten Gruppen Geltung gewinnt.

Zur besseren Orientierung sei vorausgeschickt, daß Symptome, die zu den charakteristischen der beiden anderen HVL-Überfunktionssyndrome, dem Cushing- und dem in der Mitte stehenden Morgagni-Syndrom gehören, dort genannt werden, auch wenn sie in der nicht schematisierenden Natur nicht selten bei der Akromegalie vorkommen (Hypertonie, vorzeitige Arteriosklerose, Polyglobulie und viele andere), ganz zu schweigen von ausgesprochenen Mischformen. Fettsucht und Hypertonie, vornehmlich oberhalb des 40. Lebensjahres, kommen (nach Brenning in 10%) ebenso wie die noch häufigere Rindenverbreiterung vor. *Unter biologischen Verhältnissen wird im HVL wohl nur selten eine einzige, sondern in wechselnder Kombination werden immer mehrere Fraktionen, auch solche verschiedener Gruppen, im Übermaß abgesondert.*

1. Der Akromegalie eigene endokrine Symptome, unter Beachtung auch weniger ausgeprägter. Die pathologische Stimulierung des *Wachstums* durch den Vorderlappen äußert sich mehr oder weniger im ganzen Organismus, am deutlichsten am Knochensystem. Der Angriffspunkt liegt ebenso wie unter physiologischen Verhältnissen vor allem in den Knorpelzonen, in den Epiphysen, falls diese noch nicht verknöchert sind. Beim jungen Menschen entsteht infolgedessen nach der alten Theorie Pierre Maries der Riesenwuchs, der *hypophysäre Gigantismus, erst nach Abschluß der Wachstumszeit die eigentliche Akromegalie* durch Bevorzugung der Akren, die oft mehr in die Breite als in die Länge wachsen. Die Knorpelwucherung ist bei Erwachsenen häufig nur noch an den Rippen möglich. Der akromegale Erwachsene hat bloß die Rippen eines Riesen, er ist eben nur ein Riese, soweit er kann, lautet eine mehrfach zitierte Fassung Erdheims. Daneben erfolgt dann unter der Einwirkung des Wachstumshormons eine periostale Knochenneubildung. Sternberg hat 1895 schon angegeben, daß 40% aller Riesen, also der über 190 cm großen Menschen etwa, akromegale Züge aufweisen und daß 20% aller Akromegalen Riesen sind. Entsprechend finden sich als klinischer Anhaltspunkt für den *Akromegalie-Typ* des HVL-Überfunktionsdiabetes Knochenbildungen dieser Art, nicht ganz selten gleichzeitig pathologisches Längen- und Breitenwachstum. Beim reinen Riesenwuchs entstehen nur die langen schmalen Glieder mit dünnen, zarten Fingern und Zehen bei deutlicher Übergröße und betont schlankem Habitus. Und tatsächlich finden sich gehäuft unter Zuckerkranken besonders große Individuen, in erster Linie unter jugendlichen.

Solche Veränderungen können an das Marfan-*Syndrom* mit seiner Spinnenfingerigkeit erinnern, bei dem außerdem vorhandene Striae (Schilling) nach Schilling, Bartelheimer u. a. auf eine gleichzeitige Überproduktion der basophilen Zellen deuten. Von den meisten Autoren wird mehr an eine neurogene Entstehung dieser Krankheit geglaubt, wie sie bei dem Bremerschen Status dysraphicus, der von der Syringomyelie abgeleitet wurde, sicher zugrunde liegt. Dieser wurde in allerdings nur seltenen Fällen auch in Kombination mit der Akromegalie beobachtet, ohne daß bisher die Häufigkeit dieser Kombination zahlenmäßig belegt werden konnte. Mit diesem Status stimmen die bei Akromegalen oder Menschen mit akromegalen Stigmen gar nicht selten vorkommende Überlänge der Extremitäten, akromegalieähnliche Umformungen der Hände (Makrosomie bzw. Arachnodaktylie), Kyphoskoliosen u. a. überein. Das anscheinend häufigere Vorkommen von Zeichen des Status dysraphicus bei Diabetikern hat hier weniger Interesse als im Zusammenhang mit dem mesencephalen Fehlsteuerungsdiabetes.

Aber nicht nur das Skelet weist Vergrößerungen auf, auch die Weichteile. Schon bei oberflächlicher Betrachtung fallen die *plumpen, prankenartigen* oder jedenfalls im Verhältnis zum Körper auffällig *großen Hände und Füße* auf, bei diesen ladet auch der Calcaneus auffällig weit nach hinten aus. Ungewöhnliche Schuh- und Handschuhnummern werden nötig und solche Vergröberungen werden, wenn es sich um Frauen handelt, höchst unangenehm empfunden. Engwerden des bisher getragenen Schuhzeugs verrät die noch floride Wachstumssteigerung. Fragt man eine größere Zahl hierhergehöriger Zuckerkranker nach derartigen Veränderungen, so wird man nicht selten positive Antworten erhalten. Ferner *X-Beine,* eine mehr oder weniger deutliche *Kyphoskoliose* (nach ATKINSON beim Vollsyndrom in fast 85%), die anfangs hypertrophische, später (oft auch histologisch erkennbar) *atrophische Extremitätenmuskulatur* geben einen charakteristischen Gesamteindruck. Vorgänge, deren Einfluß auf den Stoffwechsel bei der heute gesicherten Bedeutung des Muskelorgans leicht begreiflich ist.

Um geringgradigere Umformungen erfassen zu können, gehört dazu allerdings, daß der Patient sich völlig entkleidet und die Untersuchung sich nicht auf die Werte beschränkt, die das Laboratorium liefert. Leider werden hier oft große Unterlassungen begangen. Dies sind Forderungen, die nicht vergessen werden sollten, wenn es darauf ankommt, konstitutionelle oder endokrinologische Zusammenhänge zu erkennen.

Knirschen und Knacken in den durch ihren Umfang aufallenden Gelenken, auch bei jugendlichen Individuen nicht selten *arthritische Beschwerden,* besonders in den Knie-, Hand- und Fußgelenken, sind nach ERDHEIM u. a. das Ergebnis abnormer Usuren und Wucherungen des Gelenkknorpels. Sie sprechen beim Akromegalie-Diabetes überraschend gut auf das geschlechtsgleiche, den HVL dämpfende Sexualhormon an (BARTELHEIMER). Die Entdeckung dieser endokrinen Zusammenhänge auch bei oligosymptomatischen Fällen hat also unmittelbare praktische therapeutische Konsequenzen. In der Klimax sind diese Erfolge besser geläufig. Für die Arthritis werden sie hierbei von einigen Autoren bestritten, wohl nicht zum wenigsten, weil es darauf hinausläuft, Fälle mit ursächlicher Vorderlappenüberfunktion so zu behandeln und sie nicht mit statisch und anders verursachten zu verwechseln. Von der Akromegalie bekannte *Akroparästhesien* und *periphere Durchblutungsstörungen* gewinnen für die allgemeine Diabetespathogenese Interesse. Auch bei solchen peripheren Durchblutungsstörungen kann eine Sexualhormonbehandlung nützen, was ganz allgemein wohl zuerst von TEITGE, dann energisch von RATSCHOW und anderen vertreten worden ist.

Nicht weniger typisch sind oft die schon ohne eingehende Untersuchung feststellbaren *Vergröberungen und Vergrößerungen an Gesicht und Schädel,* die Vergröberung oder Vergrößerung aller oder einzelner vorspringender Teile. Röntgenologisch imponiert dabei eine starke Pneumatisation. Kennzeichnend ist häufig schon auf den ersten Blick, gerade bei geringster Entwicklung des Syndroms, das die Gesichtsproportion störende, *lang nach unten gezogene Kinn,* nicht selten verbunden mit *Prognathie und vorstehender Unterlippe. Lücken zwischen den Zähnen* als Folge der Vergrößerung der Kiefer fallen auch dem Patienten auf, nicht selten als eines der ersten Symptome. Die *große, plumpe Zunge* mit vergröberten Papillen, *lange Nase und Ohren, vorspringende Jochbögen und Stirnwülste* über den Augen sind allzu bekannt, als daß irgend etwas dazu zu sagen wäre. Weiterhin kommt, die Harmonie des Kopfes störend, gelegentlich eine bilaterale Asymmetrie hinzu. Das nicht selten durch Wachstum des knorpeligen Larynx ungewöhnliche *Tiefwerden der Stimme* kann infolge Hypogenitalismus ausbleiben. Eine Vergrößerung des gesamten Schädels verrät sich zuweilen durch Engwerden der bisher gut passenden Kopfbekleidung.

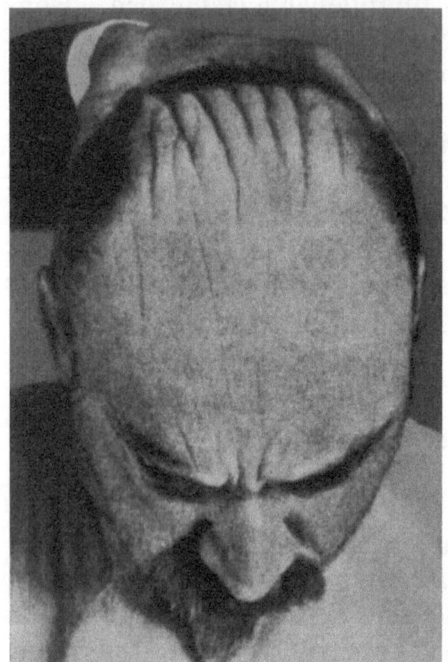

Abb. 5. Cutis verticis gyrata.
(Nach Dott und Bailey.)

Die *Kopfhaare* sind *borstig, dick und abstehend,* weswegen sie gern kurzgeschoren oder als sogenanntes „Stehhaar" getragen werden. Störend fällt daneben gelegentlich eine auf das sekundäre partielle HVL-Versagen (Kylin) deutende *Alopecia areata* ins Auge. *Haut und Unterhautfettgewebe* sind auch am übrigen Körper verdickt und *rauh,* nur bei Entstehung einer sekundären Schilddrüsenaktivierung kann die Oberfläche abnorm feucht und glatt sein. Ein besonders auffälliges und beachtenswertes Symptom ist die sogenannte *Cutis verticis gyrata.* Die schwartenartige Kopfhaut legt sich im Nacken, aber auch an der Stirn in harte, in der Frontalebene horizontal verlaufende grobe Falten, die besonders deutlich in den von Renander bzw. von Engel abgebildeten Diabetesfällen zum Ausdruck kommen. Weit eher noch fallen senkrecht dazu verlaufende, kaum verstreichbare, in der Sagittalebene parallel angeordnete Hautfalten in der Scheitelgegend und an der Stirn auf, aber kaum einmal wird richtig erkannt, was sie zu bedeuten haben. So monströse gyriartige Formen, wie sie Pitz kürzlich abgebildet hat, sind allerdings Raritäten. Nebenbei bemerkt ließ sich einmal durch operatives Angehen des eosinophilen Tumors der Stoffwechsel des vorliegenden Akromegaliediabetes beeinflussen, nicht die Hautveränderung.

Unter Garzer Diabetikern, vor allem bei Männern, aber auch beim essentiellen Hypertonus waren leichte Ausprägungen zu demonstrieren. Fast immer lassen sich dann noch weitere akromegale Zeichen finden.

Es hat lange gedauert, bis die Beziehung dieser Hautveränderung zur Akromegalie vollständig geklärt wurde. Unna und andere Dermatologen studierten sie eingehend. Schon 1868 wurde die Cutis verticis gyrata von Friedreich beschrieben, offenbar bei familiärer Exostosenbildung bei Akromegalie. Oehme hat sie 1919 bei der „Familiären akromegalieähnlichen Erkrankung" gesehen. Die Sella fand dieser Autor ebenso wie W. Müller, Grönberg und Renander nicht vergrößert. Französische Autoren rechneten die Cutis gyrata zur Akromegalie, Cushing nannte sie den „bull-dog scalp of acromegaly", und Dott und Bailey haben, wie aus der nebenstehenden Abbildung ersichtlich, einen besonders schönen Fall wiedergegeben. Offenbar kommt die Cutis verticis gyrata mehr bei weniger ausgeprägter und unvollständiger, gern bei familiärer Akromegalie vor.

Übereinstimmend wurde oft die verminderte Kh-Toleranz und vermehrte Adrenalinempfindlichkeit bei Trägern einer Cutis verticis gyrata festgestellt. Neuerdings hat RENANDER sich besonders nachdrücklich für die Zugehörigkeit zur Akromegalie ausgesprochen, unter anderem weil bei einem typischen Fall mit normaler Sella die Röntgenbestrahlung der Hypophyse zu deutlicher Besserung der Symptome führte. *Die diagnostische Bedeutung, die dieser leicht erkennbaren Hautveränderung zugesprochen werden muß, liegt auf der Hand.*

Die röntgenologische Untersuchung deckt außer direkten Schädeldestruktionen durch den Tumor zuweilen als kennzeichnenden Befund meist wenig beachtete *periostale Wucherungen am knöchernen Schädel* auf, die teils zu einer Verdickung der Calotte, teils zu einer *Exostosenbildung* ähnlich wie am übrigen Skelet geführt haben. Dabei können durch innere Hyperostosen, wenn sie am Stirnbein sitzen, ähnliche Bilder entstehen wie beim MORGAGNI-Syndrom. Bei diesem sind sie in der Regel typisch angeordnet, wenn auch Amerikaner (MOORE u. a.) noch weitere universelle Hyperostosen damit in Zusammenhang bringen (s. unter MORGAGNI-Typ des HVL-Überfunktionsdiabetes). Für die folgende Abbildung eines akromegalen Schädels ist mit Absicht ein solcher mit nicht zu plumpen Veränderungen gewählt worden, da hier ja geringgradigen Symptomen besonderes Interesse zugewandt werden soll. Am aufschlußreichsten bleibt immer noch die *Röntgenaufnahme im frontalen Durchmesser,* zweckmäßig wird daher nicht nur eine gezielte Aufnahme der Sella, sondern eine des ganzen Schädels gemacht.

Die durch Überfunktion des eosinophilen Teiles des Vorderlappens ausgelöste Wachstumstendenz prägt sich nun auch an den inneren Organen in wechselndem Maße als *Splanchnomegalie* aus. Von der des Pankreas war schon die Rede. Eine größere Bedeutung kommt der Untersuchung des Colons zu, durch Kontrastmittel läßt sich leicht das Vorhandensein eines *Megacolons* demonstrieren. Daß die Feststellung der Splanchnomegalie auch einmal praktischen Wert haben kann, zeigen Fälle, die wegen eines Ileus oder Subileus des ausgeweiteten und verlängerten Dickdarms sich einer Resektion unterziehen mußten.

So der vorhin abgebildete, der schon klinisch ein Terminalstadium der akromegalen Verkrüppelung verrät, bei dem 2 Jahre später ein gut insulinansprechbarer Diabetes deutlich wurde. Wie zu erwarten war, konnte eine versuchsweise Röntgenbestrahlung der Hypophyse diesen absolut nicht beeinflussen. Ebensowenig hatten Testovironinjektionen Einfluß auf die Hypophyse und die Stoffwechselstörung. Ein *ausgesprochener Hypogenitalismus* als Defekt des gonadotropen Hormons war besonders auffällig. Die Pankreasinsuffizienz stand absolut im Vordergrund, die Insulinansprechbarkeit war ausgezeichnet, also auch im Stoffwechselverhalten ein Endzustand. Beiderseitige Erschöpfung des glykoregulatorischen Systems nach dem vom HVL ausgehenden Sturm!

Leber- und Milzvergrößerung sind palpatorisch erkennbar, die des Herzens, bei dem es zu Muskelhypertrophie, aber auch zu Bindegewebseinlagerung, schon bei geringer Belastung zu Dilatation und Insuffizienz kommt — (Vorsicht bei der Arbeitstherapie!) —, klinisch und röntgenologisch.

Das möge genügen um zu zeigen, auf welche klinisch faßbaren endokrinen Stigmen die Aufmerksamkeit bei der Suche nach einer Überfunktion des eosinophilen Teiles des HVL bei Diabetikern gerichtet sein muß. Dabei dürfen vor allem die geringeren Ausprägungen nicht unbeachtet bleiben, was leider trotz gleichzeitigem Diabetes oft geschieht.

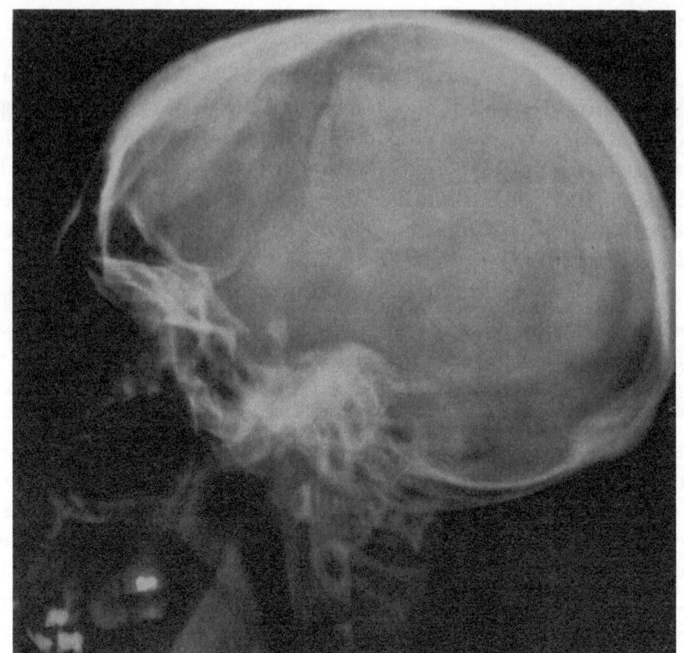

Abb. 6 a.

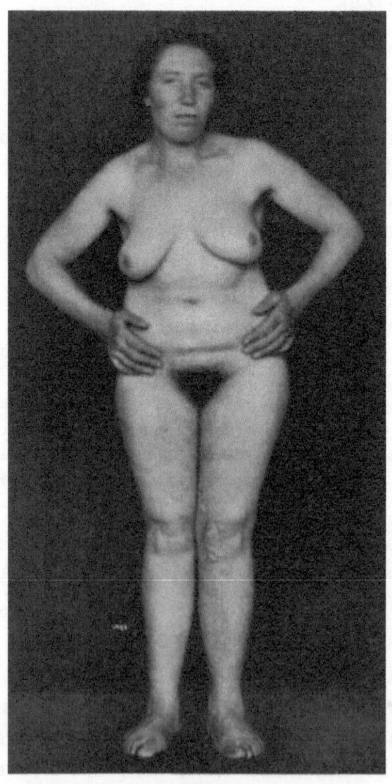

Abb. 6 b.

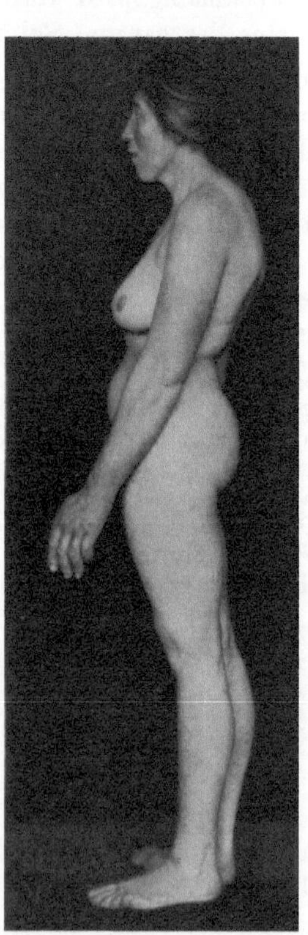

Abb. 6 c.

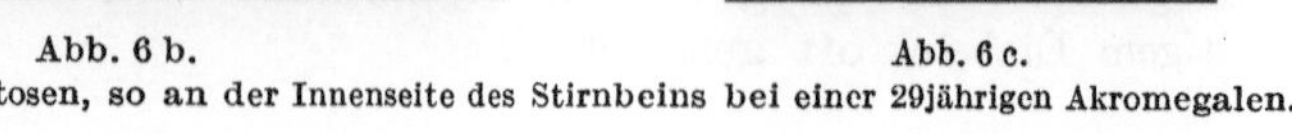

Abb. 6 a—c. Hyperostosen, so an der Innenseite des Stirnbeins bei einer 29jährigen Akromegalen.

2. Örtliche Hypophysensymptome. Zur klassischen Akromegalie wurden *Sellavergrößerungen* und andere direkte Anzeichen *für den Hypophysentumor* gefordert. Tatsächlich fehlen diese relativ selten beim kompletten Syndrom. Anders ist es bei weniger vollständigen, wo der pathologisch-anatomische Lokalbefund sich *nicht selten auf eine Hyperplasie der eosinophilen Zellgruppen beschränkt,* bei Fehlen derselben wird *sogar allein ein Hyperfunktionszustand* (JORES) nahegelegt.

So fanden GOLDSCHMIDT, VENTURA u. a. keine anatomischen Veränderungen, eine Möglichkeit, die von FISCHER-WASELS einer Kritik unterzogen wird, andere Autoren beschrieben Hauptzellenadenome oder auch basophile. Wenn also einerseits keine Parallelität zwischen Hypophysenbefund und klinischem Symptomenkomplex und Stoffwechselstörung besteht, so lehrt doch die Erfahrung, daß bei formes frustes häufig geringere morphologische Hypophysenveränderungen zugrunde liegen, und nur selten wird dann ein verdrängender Tumor klinisch nachzuweisen sein. Bei der Besprechung der Cutis verticis gyrata bei familiären akromegalen Veränderungen wurde dieser Zusammenhang (oft normale Sella!) bereits gestreift. Kurz das Wichtigste, was für die röntgenologische Diagnose des *Akromegalie-Typs* des HVL-Überfunktionsdiabetes von Bedeutung sein kann. Die durch eosinophile Adenome erzeugte „ballonartige" Erweiterung der Sella in allen Richtungen läßt im Gegensatz zu einigen anderen in dieser Gegend gelegenen Tumoren in der Regel die Begrenzung des Knochens klar und scharf bleiben. Ebenso wird die Struktur bis auf eine mehr oder weniger erkennbare Atrophie nicht verändert. Bei den in seltenen Fällen zugrunde liegenden Adenocarcinomen gilt das natürlich nicht. Die Aushöhlung der Sella bei Erhaltenbleiben der *Proc. clinoidei* läßt diese zuweilen *verlängert* erscheinen. Der Eingang wird aber nicht verengert, ein Bild, das bec acromégalique genannt wurde. Außerdem fallen bei zur Akromegalie führenden Tumoren *Verkalkungen* auf, die die Folge nekrobiotischer Vorgänge und trophischer Störungen sind und gern in alten Cysten der Hypophyse vorkommen. Außerdem können solche in den zwischen den Fortsätzen gelegenen Bändern liegen oder Kalkeinlagerungen in der Wand der benachbarten Carotis sein oder zu Erdheim-Tumoren gehören, wenn sie sich oberhalb der Sella befinden. Oft ist also die Lokalisation recht erschwert und kaum zu entscheiden, wieweit die Hypophyse beteiligt ist.

Die Ausmessung der Sellagröße hat nur bei subtiler gleichmäßiger Technik Sinn und auch dann eigentlich nur bei demselben Patienten in verschiedenen Zeitabschnitten. Individuelle physiologische Schwankungen verursachen nämlich eine beträchtliche Fehlerbreite, die leichte Hypophysenvergrößerungen, die hier besonders interessieren, nicht festzustellen erlaubt. Allerdings hat BOKELMANN bei kleiner Fläche der Sella (in 60% der Fälle) eine kleine Hypophyse und ebenso wie bei für eine solche sprechenden Rückbildungen der Processus clinoidei hypogenitale Folgezustände beobachtet. Dazu wird von LOHMANN u. a. die gezielte Aufnahme der Sellagegend bevorzugt.

Bei Verdacht auf eine HVL-Überfunktion empfiehlt es sich jedoch, wie früher schon gesagt wurde, nicht auf die seitliche Gesamtaufnahme des Schädels zu verzichten, um eine Exostosenbildung (Akromegalie!), Hyperostosis frontalis interna (MORGAGNI-Syndrom!) oder eine Osteoporose (CUSHING-Syndrom!) nicht zu übersehen. *Für die Diagnostik des hypophysären Diabetes kann die vollständige seitliche Aufnahme des Schädels daher nicht entbehrt werden.*

Naturgemäß treten auch Opticussymptome erst dann auf, wenn die Vergrößerung der Hypophyse einen wesentlichen Grad erreicht hat. Es sei dabei in erster Linie an die *bitemporale Hemianopsie* erinnert, wobei es, um Frühfälle zu erfassen, wichtig ist, sorgfältig auf Einschränkungen des Farbensehens zu achten, da diese zuerst entstehen. Die Ausfälle des Gesichtsfeldes pflegen erst oben, dann langsam nach unten fortschreitend, aufzutreten. Bei asymmetrischer Lage des Tumors kann die Gesichtsfeldeinengung selbstverständlich auch nur einseitig vorhanden sein. In seltenen Fällen soll früh infolge exquisiter Schädigung des papillo-makulären Bündels ein zentrales Skotom zustande kommen.

Im ganzen kann gesagt werden, daß derartige *Augensymptome nicht immer beim Akromegalie-Typ und höchst selten beim* Cushing-*Typ des hypophysären Diabetes*, bei dem basophile Adenome wegen ihrer Kleinheit auch kaum Sellavergrößerungen verursachen, erwartet werden dürfen.

Die mechanische *Schädigung des Zwischenhirns* bei der Akromegalie bleibt ebenfalls großen Adenomen vorbehalten. Störungen der Wärmeregulation, des Schlafes (und auch Stoffwechsels) können dann die Folge sein, Kopfschmerzen als vieldeutiges Symptom auch bei geringem Lokalbefund. Die mesencephalen Stoffwechselsteuerungszentren können dabei auch einmal direkt gereizt werden, während gemeinhin nur die funktionelle Verknüpfung von Bedeutung ist.

3. Klinische Veränderungen über glandotrope Wirkstoffe. All diese Symptome, die helfen sollen, jenen Teil der HVL-Überproduktion zu erkennen, der in vollausgebildeter Form zur Akromegalie führt, und zu klären, wieweit eine Stoffwechseldekompensation dadurch hervorgerufen wird, erhalten eine verwirrende Vermehrung durch die Störung des Vorderlappens in seiner *Tätigkeit als hormonale Schaltstelle*. So werden nicht wenige der genannten akromegalen Veränderungen — je nach Ansicht der einzelnen Autoren — bereits den sekundären Funktionsänderungen vom HVL gesteuerter peripherer Inkretdrüsen zugeschrieben. Ihre vielfältigen Wechselwirkungen bedienen sich untereinander sogar auch der Zwischenschaltung des Vorderlappens. — Kraß hat Jores diesen Standpunkt einmal so formuliert: *Die gesamten Korrelationen im endokrinen System verlaufen über die glandotropen Hormone des Vorderlappens.* — Immerhin bietet die Erforschung der Stoffwechselregulation einstweilen, wie im tierexperimentellen Teil gezeigt wurde, gerade einige bemerkenswerte Ausnahmen. Die direkt angreifenden stoffwechselaktiven Fraktionen des Vorderlappens von Houssay, Anselmino und Hoffmann besonders wären solche. Ob der für sie bisher angenommene Weg einmal berichtigt werden muß, läßt sich noch nicht entscheiden.

Die Häufung polyglandulärer Störungen ist immer auf eine Vorderlappenerkrankung verdächtig, das muß man sich klar vor Augen halten, bevor man sich zu der früher beliebten Diagnose einer allgemeinen Blutdrüsensklerose entschließt, ohne daß damit gesagt werden soll, daß ein solches parallel erfolgendes Versagen einer Reihe peripherer Drüsen nicht auch einmal vorkommt. — Meerwein hat in der Literatur von 15 Jahren insgesamt nur 20 Fälle finden können. — Das entgegengesetzte Extrem der HVL-Wirkung konnte Gerstel bei einem 36jährigen Mann mit Akromegalie vorlegen, in deren Gefolge sich Adenome in Schilddrüse, Nebennieren, Zirbel und interessanterweise auch im Pankreas (Insulom?) entwickelten. Trotzdem jedoch Hyperglykämie und Azidose, die erst nach Insulin verschwanden.

Kurz lassen sich die bei der Akromegalie gelegentlich vorkommenden glandotrop ausgelösten Befunde, die, wenn sie in größerer Zahl auftreten und unter der Voraussetzung eines Zusammentreffens mit altbekannten, die für die Feststellung eines hypophysären Diabetes eine gewisse Bedeutung haben, etwa so zusammenstellen. Am häufigsten sind die *Symptome der Hyperthyreose bis zum Morbus Basedow,* dazu gehört die Grundumsatzsteigerung. Auffällig ist das nicht seltene Vorkommen eines Exophthalmus bei Akromegalen, der nach neuerer Forschung (Marine und Rosen, Schockaert u. a.) durch die Vermehrung thyreotropen Hormons entstehen soll, der andererseits schon zur klassischen Merseburger Trias gehört.

Im Anschluß an die Überfunktion läßt sich nicht selten unter der stürmischen hyperpituitaren Stimulation das Versagen der Schilddrüse im klinischen Bild verfolgen, wie es Hertz und Kranes unter dem Einfluß thyreotropen Vorderlappenhormons nach anfänglicher Schilddrüsenhyperplasie sogar im Versuch feststellen konnten. Entsprechend ändert sich das klinische Bild, der Grundumsatz fällt unter den Normalwert. Bei oft erhaltener Intelligenz werden die Patienten langsam und umständlich. Der ungünstige Einfluß der Thyroxinvermehrung auf die Stoffwechsellage fällt allerdings fort. Dieser geht beispielsweise aus Beobachtungen von LÄMMLI hervor, der gerade bei jenen drei der sechs beobachteten Akromegalen eine ausgeprägte diabetische Stoffwechselstörung erlebte, die eine wesentliche Grundumsatzsteigerung hatten. Nach einer Statistik von 215 Fällen von Akromegalie mit Schilddrüsenstörungen sahen ANDERS und JAMESON jedoch häufiger die Hypo- als die Hyperfunktion.

Eine *vermehrte Inkretion des Lactationshormons*, von dem LONG u. a. eine diabetogene Wirkung vermuteten, ist Ursache einer etwa vorhandenen Gynäkomastie und Galaktorrhöe. *Hypogenitalismus* und Rückgang der Zahl der basophilen Zellen, in denen die Bildung der gonadotropen Hormone meist angenommen wird, wurde erwähnt. Nach HIRSCH sollen diese Störungen vornehmlich bei Destruktion des vorderen Teiles des Vorderlappens auftreten, und gerade hier wie in der Mitte des HVL ist diese Zellart unter physiologischen Bedingungen am stärksten vertreten. Das Vorkommen eines *Hypergenitalismus* aber bei der Akromegalie, dem ein Hypogenitalismus folgen kann, ist dagegen das Ergebnis einer reaktiv oder parallel verlaufenden Funktionssteigerung jenes Teiles des Vorderlappens mit später folgender hormonaler Sterilisation. Eine diabetische Stoffwechselentgleisung dürfte dadurch, wie anschließend beim CUSHING-*Typ* auseinandergesetzt werden soll, besonders begünstigt werden. Gelegentlich einmal vorkommender Hirsutismus und Pigmentierungen werden von denselben basophilen Zellen ausgelöst, nicht zum wenigsten weil dort wohl auch das corticotrope Hormon gebildet wird und sich nicht selten auch die Rindenhypertrophie, aber längst nicht in dem Umfang wie beim Cushing, einstellt. Diese Dinge deuten schon Übergänge zum CUSHING-Syndrom an, wie sie durch Hypertonus, Striaebildung, Polyglobulie oder Resistenzminderung noch eindrucksvoller gestaltet werden können. Mit einer gleichzeitigen Überproduktion dieser beiden funktionell gleich wichtigen Zellarten muß zweifellos häufiger gerechnet werden, vor allem dann, wenn der acidophile Tumor nicht alles erdrückt. Bei weniger großen Adenomen oder bei dem Vorhandensein nur von Hyperplasien werden deshalb Mischformen eher erwartet werden können (MORGAGNI-Syndrom!). Zeichen einer Nebenschilddrüsenaktivierung, einer vergrößerten Thymusdrüse, die ATKINSON bei reichlich 50% der Akromegalen fand, sind auch klinisch zuweilen feststellbar.

Zusammenfassend läßt sich sagen, daß all den zuletzt genannten Änderungen der fehlgesteuerten peripheren Drüsen für das zur Aufgabe gestellte Problem, aus klinischen Symptomen eine Funktionssteigerung des Vorderlappens, hier des eosinophilen Teiles, abzulesen, nur richtunggebende Bedeutung zukommt. *Die Diagnose des Akromegalie-Typs des hypophysären Diabetes wird also durch die vom klassischen Bild abgeleiteten charakteristischen Zeichen gestellt, unterstützt durch Sellabefunde und gekennzeichnet durch das beschriebene Stoffwechselverhalten.*

b) CUSHING-Typ des Überfunktionsdiabetes.

Das *Vorkommen eines Diabetes beim typischen* CUSHING-*Syndrom* fand BARTELHEIMER kürzlich *in 40%* von 70 beschriebenen Fällen, in dem gleichen Hundertsatz also, den BORCHARDT auf Grund einer größeren Statistik schon 1908 für die Häufigkeit der Kombination mit der Akromegalie angegeben hatte. Bei diesen 70 Cushing-Kranken war außerdem noch in weiteren 10% eine Glykosurie beschrieben. Das Verhältnis stimmt mit den bei KESSEL zitierten Angaben RAABs überein, von 30 Fällen hatten 15 einen Diabetes. KYLIN, ähnlich TESSERAUX schreiben, das basophile Hypophysenadenom erzeuge in etwa 50% der Fälle einen Diabetes und im allgemeinen eine Hypertonie. RADOVICI und

Mitarbeiter zählten die Hyperglykämie zum fast regelmäßigen Symptom des Cushing-Syndroms. Die geringe Frequenz von 15%, die Jonas angibt, entspricht der niedrigsten bei der Akromegalie genannten. Curschmann äußerte, daß sie hinter der der Akromegalie zurückbleibe. Auch wenn es einstweilen noch nicht möglich ist, schon auf Grund dieser Daten ein abschließendes Urteil über den genauen Grad der Häufigkeit abzugeben — *fließende Übergänge zwischen unmittelbar bedrohlicher Zuckerkrankheit über latente Stoffwechselschwäche und ausschließlich vorhandene Glykosurie bis zur Norm* gestalten die Aufstellung einer Statistik außerordentlich schwierig — dürfte immerhin damit erwiesen sein, daß *der Diabetes bei Vollformen der beiden großen Vorderlappensyndrome sehr häufig und etwa gleich oft anzutreffen ist.*

Rückblickend liefern diese klinischen Korrelationen bei Hormonüberproduktionserkrankungen, um die es sich ohne Zweifel handelt, in selten frappanter Weise eine wertvolle *klinische Bestätigung für die Richtigkeit experimenteller Arbeiten über den diabetogenen Effekt eines Zuviels gewisser HVL-Wirkstoffe.* Das um so mehr, wenn man bedenkt, daß die Manifestation nicht allein von deren absoluter Menge abhängt, sondern eine *reaktive Hypertrophie und gegenregulatorische Funktionssteigerung des Inselorgans weitgehend imstande ist, diesen aufzuheben.* Die Akromegalie gab ja auch die Anregung zu dieser tierexperimentellen Stoffwechselforschung.

Von besonderer Bedeutung ist noch die Tatsache, daß in gleichem Maße die Diabeteshäufigkeit mit der Überfunktion der eosinophilen wie der basophilen Zellen des Vorderlappens verknüpft ist. Nicht zuletzt wird dadurch wahrscheinlich gemacht, daß *nicht ein einzelner Faktor zur Stoffwechselentgleisung* führt, wobei in einem Fall das über die Adrenalinausschüttung des Nebennierenmarkes wirksame kontrainsuläre Hormon (eosinophile Zellen!) und das unmittelbar angreifende Kh-Stoffwechselhormon, beide mit *glykogenolytischer Wirksamkeit,* und im anderen corticotropes Hormon (basophile Zellen!) und im Houssay-Prinzip enthaltene, von der Nebenniere unabhängige *glykogenetische Substanzen* überwiegen. *Das Zusammenwirken beider führt erst zum echten diabetogenen Effekt.* Eine Hypothese, für die sich unter Berücksichtigung der früher entwickelten Vorstellungen der Fehlregulation von glykogenolytischen und glykogenetischen hormonalen Impulsen, die neben der Anpassungsfähigkeit des Inselorgans die Entstehung des hypophysären Diabetes zur Folge haben, so Beobachtungen aus der menschlichen Pathogenese anführen lassen. *Eine abstrahierende Trennung der Stoffwechselwirkung von Prinzipien, die in der einen oder der anderen Gruppe der verschiedenen inkretorisch tätigen Zellen des HVL gebildet werden, kann sich fast ausschließlich auf klinische und pathologisch-anatomische Beobachtungen stützen.* Tierversuche versagen, da nur aus dem gesamten Vorderlappen gewonnene Extrakte und nicht solche aus baso- oder eosinophilem Teil Verwendung finden können. Vielmehr wurden diese auf andere Weise, durch Vorbehandlung mit Säuren oder Basen, Kochen und vor allem durch Ultrafiltration, isoliert. Es ist daher begreiflich, daß von einigen Untersuchern die Vermutung geäußert wurde, ihre Wirkungen könnten die künstlich erzeugter Abbauprodukte sein (Collip u. a.).

In dieser Teilfrage der morphologischen und funktionellen Zusammengehörigkeit zeigt sich eindeutig eine Überlegenheit der klinischen Methodik, kombiniert natürlich mit der pathologisch-anatomischen, gegenüber dem Tierexperiment. Das typische, wohl umschriebene Syndrom geht in der Regel mit einer Vermehrung, gelegentlich nur mit histologischer Umformung der beiden Zellarten einher, und es kommt nun darauf an festzustellen, welche Kennzeichen die dazugehörigen Stoffwechselstörungen aufweisen. Die grundsätzliche Tatsache der diabetogenen Stellung des HVL liegt bei der hormonalen Plusdekompensation beider Zellarten fest. Schwierigkeiten entstehen nur dadurch, daß, wie überall in der menschlichen Patho-Physiologie, *reine Formen selten sind* und *das Gros* durch *Mischformen* gestellt wird, nur zu verständlich bei der *morphologisch eindrucksvollen gegenseitigen Durchflechtung, die zwangsläufig oft zu gleichsinniger Beantwortung von Reizen und Schädigungen führen mag.* So erklärt sich am einfachsten die Überschneidung der Symptome und die Häufigkeit komplexer Bilder.

Nicht nur die enge morphologische Bindung von eosinophilem und basophilem Vorderlappen erinnert an die von Nebennierenmark und Rinde, die v. LUCADOU so schön am Wachsmodell zeigen konnte, *sondern auch die funktionelle Zusammenarbeit.* Das kontrainsuläre, mit der Steuerung des Nebennierenmarkes betraute Hormon wird in den eosinophilen (LUCKE), das corticotrope in den basophilen Zellen gebildet (JORES). Primäre Überproduktion von Adrenalin führt ebenso wie die durch das kontrainsuläre Hormon veranlaßte zur Glykogenolyse, primäre der Rinde ebenso wie die sekundär durch das corticotrope Hormon erzeugte zur Glykogenese, offenbar auch aus Eiweiß und gleichermaßen aus Fett. Kaum ein zufälliges Zusammentreffen, sondern mehr die biologische Aufgabe mag die Ursache dieser morphologischen Verknüpfung sein. Andererseits bildet sie, vom stoffwechselphysiologischen Standpunkt gesehen, ein Argument für die besprochene Zusammenarbeit im Glykogenhaushalt. Die im wechselnden Maße bei beiden endokrinen Typen überschießend produzierten, den Glykogenabbau und -aufbau fördernden Substanzen bestimmen maßgeblich das Gepräge des Überfunktionsdiabetes. Das Gesamtbild erfährt eine weitere Modifikation durch die Reaktion der Gegenseite, die vom Inselorgan sowie Duodenal-Pankreasfaktor (MACALLUM, FLINT-MICHAUD, DE BARBIERI u. a.) beherrscht wird.

Das Prävalieren anderer Wirkstoffe und Wirkstoffgruppen erklärt einige *Besonderheiten des* CUSHING-*Typs des Überfunktionsdiabetes* (BARTELHEIMER) gegenüber dem *Akromegalie*-Typ.

1. Insulinansprechbarkeit und Stoffwechselverhalten. Ihre Prüfung ist neben der Traubenzuckerbelastung oder mit dieser kombiniert eine der aufschlußreichsten Maßnahmen zur Analyse der Regulation des latent oder manifest veränderten Kh-Stoffwechsels. *Abnormes Absinken der Blutzuckerkurve mißt das Minus, Ausbleiben oder Minderung jener Senkung das Plus diabetogener Kräfte.* Bei dieser Form des Überfunktionsdiabetes zeigt sich nun, am überzeugendsten an Vollformen demonstriert, in einem hohen Hundertsatz eine *Insulinresistenz,* wesentlich *häufiger als beim Akromegalie-Typ,* da bei diesem die Neigung zur Rückbildung der HVL-Überfunktion weit größer zu sein scheint, allerdings auch die Pankreasinsuffizienz sich früher einstellt. Die Traubenzuckerbelastung ergibt hohe Spitzenwerte, die nur höchst langsam wieder absinken. COSSA und RIVOIRE betonen beim CUSHING-Syndrom neben dem ziemlich lange anhaltenden Hochbleiben des Blutzuckers einen späten, plötzlichen Abfall. Seltener äußert sich ein deutlicher Hyperinsulinismus. Ein solches Verhalten kennzeichnet diese Form des Diabetes, die Kurve entspricht am ehesten der beim Diabetes lange bekannten. Es scheint so, daß *die beim hypophysären*

*Basophilismus vermehrte komplexe Fraktion die Eigenschaft der eigentlichen Dauer-
insulinresistenz einschließt.* Auch die von hier gesteuerte NNR spielt dabei wohl
eine besondere Rolle. H. Chiari macht bei einem Diabetiker, der insulinresistent
und im Koma zugrunde gegangen war, auf die mächtige NNR-Hypertrophie
aufmerksam, und Boller und Pilgerstorfer fanden bei einem in der Hypoglykämie durch Insulin-Protamin-Zink-Insulin zugrunde gegangenen Diabetiker
den völligen Verlust der NNR infolge Carcinomdurchwachsung, in einem ähnlichen Fall vermuteten sie eine NNR-Insuffizienz.

Bei beiden Typen sind die extrainsulären glykogenotropen Kräfte vermehrt,
beim *Akromegalie-Typ* größeres Überwiegen der glykogenolytischen, beim Cus-
hing-*Typ das der glykogenetischen* und auch der aus Nicht-Kh Zucker bildenden.
Größere Mengen beider ermöglichen erst eine längerdauernde Hyperglykämie.
Die beim reinen *Akromegalie-Typ* vorherrschenden glykogenolytischen Reize
können bei schwächerer Glykogenese nicht soviel Leberglykogen in Zucker um-
wandeln. Die vorhandenen Mengen sind bei diesem schon geringer und ebenso
die Kh-Neubildung. *Die beim Akromegalie-Typ im Vordergrund stehenden auch
flüchtigeren glykogenolytischen Reize gestalten den Stoffwechsel wesentlich labiler
als den des* Cushing-*Typs. Die beim Akromegalie-Typ stoß- und shockartigen
intermediären Veränderungen schädigen auch eher das Inselorgan.*

Um einen Vergleich aus diesem Gebiet zu gebrauchen, sei nur daran erinnert,
wie hochgradig Altinsulin die Gegenregulation erregt und wieviel weniger das
beim Verzögerungsinsulin der Fall ist, trotz absolut weit tieferer Hypoglykämien.

Von ausschlaggebender Bedeutung für den weiteren Verlauf ist naturgemäß
immer, wann das Inselorgan dieser ständigen Überlastung nicht mehr gewachsen
ist, denn die schädliche Zuckerüberschwemmung des gesamten Organismus
verursacht über die Hyperglykämie eine ständige Beanspruchung, so daß ihm
die physiologisch vorhandene zeitweilige Entspannung auf eine minime Ruhe-
tätigkeit vorenthalten bleibt. Ob Hyperglykämien höheren Grades selbst für
ein hochwertiges Pankreas gleichgültig sind, ist ja noch keineswegs erwiesen.
Youngs Hundeversuche sprechen ebenso wie ältere Untersuchungen Houssays
entschieden dagegen. Für ein konstitutionell minderwertiges oder anderweitig
geschädigtes Pankreas sind sie es wohl nicht, auch wenn die Kh-Aufnahme der
Gewebe eine bessere wird und sich die Bilanz im Augenblick hebt. Mit zunehmender Pankreasinsuffizienz wird natürlich der Diabetes intensiver, bei
der dieser zuweilen folgenden Verminderung der Antagonisten die Insulinansprechbarkeit wieder gehoben.

Wieweit die *Verringerung der Insulinansprechbarkeit durch einen erhöhten
Blutfettgehalt hormonal bedingt ist,* durch eine gemeinsame Ursache, ist keineswegs geklärt. Dirr und P. Hoffmann fanden die Lipämie bei leichten Diabeteskranken dem Zuckergehalt des Blutes ungefähr parallel verlaufen und sich auf
Insulin hin zurückbilden, die schwereren Fälle aber waren unbeeinflußbar. Katsch
und Krainick sahen bei höherer Lipämie Insulinshocks seltener und geringer
werden. Die früher geschilderte innige Verknüpfung des Faktors, der die Insulinresistenz bedingt, mit dem hormonalen Prinzip für die zur Neoglykogenese
erforderliche Fettmobilisation kann das Ausbleiben der Shocks erklären. Durch
Arbeiten von Himsworth und Scott u. a. wurde schon gezeigt, daß eine Vermehrung der Aufnahme von Fett eine Zunahme der Insulinresistenz und ebenfalls

eine Steigerung der HVL-Tätigkeit im Gefolge hat, die ebenfalls im fastenden
Organismus entsteht, der seine Fettdepots angreift. DEPISCH und HASENÖHRL
fanden nach Fettzufuhr neben der abgeschwächten Insulinwirkung ein Höher-
und Steilerwerden der Adrenalinblutzuckerkurve, am ehesten wohl infolge der
auch tierexperimentell erwiesenen, dabei stattfindenden Zunahme des Leberglykogens und der Kh-Bildung aus Fett durch eine vermehrte HVL-Tätigkeit
(BURN u. a.).

Das sind für die *moderne Diabetesbehandlung, die das Fett in der Diät reduziert
und die neben möglichst großer Kh-Bilanz die den Vorderlappen dämpfende Kh-
Zufuhr betont* (ADLERSBERG und PORGES, KATSCH, BERTRAM, BRENTANO, GROTE
u. a.), äußerst wichtige Ergebnisse. Die „*elastische Diät*" von KATSCH, die auch
bei körperlicher Arbeit einen Stoffwechsel ohne große Schwankungen anstrebt
und daher verlangt, die Einstellung den jeweiligen Erfordernissen anzupassen,
wird unnötigen Reaktionen der abnorm erregbaren und fehlgesteuerten Stoffwechselregulation am besten begegnen. Eine gesicherte Kh-Assimilation wird
nicht nur infolge der unnötig gewordenen Fettverbrennung den Blutfettspiegel
senken, sondern auch infolge Rückgangs der für die Fettumwandlung nötigen
Vorderlappenfraktion gleichzeitig mit der verwandten, vielleicht sogar identischen Insulinresistenz verursachenden erlauben, allmählich die angewandten
Insulinmengen zu senken, bei der langsamen Umstellung des mit der NNR
verknüpften basophilen Teils des HVL oft allerdings erst nach längerer Zeit.
Beobachtungen einer Hebung der Kh-Toleranz bei fettbeschränkter Kost, die
bei der Einstellung Zuckerkranker immer wieder zu machen sind, sprechen in
diesem Sinne. Als seltene Ausnahme wird es sich lohnen, *insulinüberempfindlichen
Diabetikern durch großen Fettgehalt der Diät eine ruhigere Stoffwechsellage* zu
verschaffen. *Die Fettzufuhr kurbelt die Insulinantagonisten (HVL und NNR)
an und wirkt so der Insulinüberempfindlichkeit entgegen.*

Die in dieser Arbeit im Mittelpunkt stehende und auch früher schon mit
Nachdruck vertretene Auffassung der *grundsätzlich wichtigen und aufschluß-
reichen Stellung des* CUSHING-*Typs des HVL-Überfunktionsdiabetes* hilft auch hier,
die Zusammenhänge der intermediären diabetischen Stoffwechselstörungen zu
erkennen. Die konstanteste und am leichtesten auffindbare Stoffwechselanomalie beim CUSHING-Syndrom ist die *Hypercholesterinämie*, und BANSE konnte
bei Diabetikern mit Hypercholesterinämie in Reihenuntersuchungen feststellen,
daß diese *häufig mit verringerter Insulinwirksamkeit* einhergeht. Die Cholesterin-
werte ließen sich durch kohlehydratreiche, aber fettarme Kost verringern.
Andere Autoren, wie BERTRAM oder KLEIN und HOLZER, vermuteten früher
sogar auf Grund ähnlicher Beobachtungen, daß die Insulinresistenz durch einen
vermehrten Cholesteringehalt des Blutes verursacht wird. Heute liegt die
Annahme näher, daß die aus Fett Zucker formende Fraktion parallel mit der —
vielleicht sogar identischen — zur Resistenz führenden gesteigert ist und beide
am gleichen Ort, wahrscheinlich in den basophilen Zellen, gebildet werden.
Jedenfalls scheint gerade diese Zellart bei bevorzugt insulinresistenten Formen
vermehrt zu sein. Der Diabetes Fettsüchtiger (FENZ), der von Hypertonikern
(KYLIN, FENZ u. a.) oder der sthenische Überdruckdiabetes (R. SCHMIDT)
wie auch der Altersdiabetes, alles Formen, die enge Beziehung zum CUSHING-
Typ des HVL-Überfunktionsdiabetes besitzen, sind in ihrem Stoffwechselverhalten
geradezu durch die Insulinresistenz gekennzeichnet.

Bei oligosymptomatischen Fällen des Cushing-*Typs* liegen grundsätzlich die gleichen Verhältnisse vor, auch wenn hier das *Vorliegen einer latenten Pankreasschwäche, das die Diabetesmanifestation begünstigt, eine gewisse Auslese treibt* insofern, als solche Fälle bevorzugt zuckerkrank werden, da die Unterwertigkeit der antidiabetogenen Reserven die Dekompensation des glykoregulatorischen Gleichgewichtes erleichtert. Dennoch kommt es *trotz Pankreasveränderungen nicht immer zum Diabetes.* Brunner hat, veranlaßt durch eine selbstbeobachtete *Pankreatitis bei Morbus Cushing* — früher hatte angeblich nur Moser eine solche bei diesem Syndrom gesehen — seine Aufmerksamkeit der Alteration der Bauchspeicheldrüse gewidmet. In dem Brunnerschen Fall fand sich nur eine vorübergehende Glykosurie. Während die Lipomatose der Bauchspeicheldrüse beim basophilen Pituitarismus sehr häufig ist, fanden nur wenige Autoren eine Atrophie (Minciotti, Moser, Hora und Freyberg). Teel entdeckte eine eindeutige Vergrößerung des Inselorgans. Die Autopsie des Brunnerschen Falles ergab eine entzündliche Pankreascirrhose. Läppchennekrosen beobachteten Gonley und Wieth-Pederson. Brunner denkt *1. an die „direkte hormonale Beeinflussung des Pankreas"* durch das pankreotrope Hormon und offenbar nicht an die durch die experimentelle Erfahrung heute nahegelegte reaktive Beanspruchung mit nachfolgender Erschöpfung und *2. an Schädigungen infolge endarteriitischer Prozesse,* wie sie durch die HVL-Überfunktion erzeugt werden können. Die heute im Tierexperiment gut fundierte, sehr bald zustande kommende Alteration des Pankreas nach Zufuhr von HVL-Hormon läßt vermuten, daß die hormonale Beeinflussung für gewisse morphologische Veränderungen des Pankreas auch in der menschlichen Pathogenese ausschlaggebend ist.

2. Rhythmik des Stoffwechsels. Diese, ein *Charakteristikum des Hypophysen-Zwischenhirnsystems,* findet sich sowohl beim vollständigen Cushing-Syndrom wie zuweilen auch bei weniger ausgeprägten Fällen, die aber noch erkennbar dem Cushing-*Typ* des HVL-Überfunktionsdiabetes angehören. Am leichtesten verrät sie sich durch Schwankungen der Glykosurie, aber auch durch periodisch sich wiederholende Azidoseneigung, natürlich bei gleichbleibender Einstellung. Auch andere Veränderungen dieses endokrinen Bildes können sehr plastisch die rhythmischen Schwankungen zeigen, so die Polyurie. In einem von Hildebrand beschriebenen Cushing-Fall ist das schubweise Auftreten einer sich später wieder zurückbildenden Osteoporose mit Kalkstoffwechselstörungen besonders eindrucksvoll. Und so wäre noch manches andere hier zu nennen.

3. Sekundäre Funktionsänderungen peripherer Drüsen und Beziehungen zum Zwischenhirn. Schon beim *Akromegalie-Typ* des HVL-Überfunktionsdiabetes wurde betont, wie weitgehend die Tätigkeit der Adenohypophyse über die gesteuerten peripheren Drüsen erfolgt. Es ließ sich zeigen, daß dabei Störungen der Funktion des NNM und der Schilddrüse prävalieren, was gut mit der Ansicht übereinstimmt, den Ort der Bildung von kontrainsulärem und thyreotropem Hormon in den eosinophilen Zellen zu suchen. Die nicht seltene Veränderung der Sexualsphäre erlaubte keine klare Entscheidung, ob die gonadotropen Hormone vermehrt oder vermindert sind. Hier beim Cushing-Syndrom tritt jedoch unverkennbar die *innige Verknüpfung des basophilen Zellsystems des Vorderlappens mit Nebennierenrinde und Sexualdrüsen zutage, die eine wechselseitige ist.*

Schon beim Addison war früh der Schwund der basophilen Zellen der Adenohypophyse bemerkt worden (E. I. Kraus u. a.). Eine Beobachtung Nicholsons, daß dieser Zellschwund nur jenen Fällen eigen ist, die eine Atrophie der Nebennierenrinde zeigen und nicht eine zerstörende Tuberkulose, läßt diese Form des Addison zum Gegenstück des sekundären Interrenalismus werden. Bei Hunden konnte NICHOLSON allerdings nach Epinephrektomie eindeutige morphologische Umformungen des HVL nicht regelmäßig auffinden. SHUMAKER und FIROR haben im Rattenversuch einen Schwund der Basophilen beschrieben. Im umgekehrten Versuch nach Injektion von Rindenextrakt (Cortin) konnte allerdings LIPPROSS weder in den Keimdrüsen noch in der Hypophyse Veränderungen entdecken. — Die gegenseitige Abhängigkeit bleibt jedoch ersichtlich und wird nicht allein durch die *Ähnlichkeit von* ADDISON*scher und* SIMMONDS*scher Krankheit auch im Stoffwechselverhalten* belegt, sondern besonders schön durch den *primären Interrenalismus* (J. BAUER) *verglichen mit dem sekundären durch* CUSHING *entdeckten.* Oft ist dabei die *Funktion der Rinde,* was auch klinisch nahegelegt wird, *letzten Endes das Ausschlaggebende.*

Nachdem J. BAUER, RAAB u. a. bereits einige charakteristische Fälle beschrieben hatten, stellte CUSHING, ausgehend von theoretischen Überlegungen, die einen basophilen Hyperpituitarismus forderten, unterstützt durch eigene Fälle, das nach ihm benannte Syndrom auf. Der Streit über die Beteiligung der NNR zwischen J. BAUER und CUSHING hat bald insofern eine Entscheidung erfahren, als auch das Bestehen eines primären Interrenalismus zugegeben werden mußte. Nicht zum wenigsten haben ausgezeichnete therapeutische Erfolge der Exstirpation von Rindentumoren das bewiesen (KEPLER und R. M. WILDER u. v. a.). Daß andererseits der sekundäre (also hypophysäre) Interrenalismus häufiger und bedeutsamer ist, geht daraus hervor, daß JORES, in gewissem Gegensatz zu REISS, bei fast allen Cushing-Kranken im Blut eine Vermehrung des corticotropen Hormons nachweisen konnte und CROOKE bei Cushing-Fällen — mit und ohne Adenom — im HVL hyaline Verquellungen und Verlust der Granula in den basophilen Zellen fand, die E. I. KRAUS schon vorher gesehen zu haben betont. — GELLERSTEDT und LUNDQUIST bestreiten allerdings die Identität der beschriebenen Befunde. — Sie sind entscheidend, nicht das Vorliegen eines Adenoms. So können Fälle von CUSHING-Syndrom auch bei Fehlen einer basophilen Zellvermehrung durch Funktionsänderungen des HVL erzeugt sein. Die zentrale Stellung der Hypophyse wird durch das Vorhandensein desselben morphologischen Befundes auch bei Thymuscarcinomen (LEYTON, KEPLER und WILDER) überzeugend aufgezeigt, da diese bekanntermaßen, ebenso wie in seltenen Ausnahmen Ovarialgeschwülste, vom gleichen endokrinen Bild begleitet sind, auch was Stoffwechsel, Fettsucht und Hypertonie anlangt. Der Einwand, daß basophile Adenome nicht selten ohne klinische Symptome vorkämen (SUSMAN u. a.), verliert damit andererseits außerordentlich an Wert. Nicht allein durch das nicht seltene Übersehen oligosymptomatischer, vielerorts klinisch nicht identifizierter Fälle findet er seine Erklärung, auch durch Fehlen jener histologischen Veränderungen (CROOKE). Es scheint nämlich so, daß diese eine pathognomonische Bedeutung für den basophilen Pituitarismus besitzen (HAMPERL, GELLERSTEDT und LUNDQUIST u. a.), auch wenn ihre Spezifität noch bestritten wird (ECKER). In höchst interessanten Versuchen haben SEVERINGHAUS und THOMPSON durch HVL-Extrakt-Injektionen den CROOKEschen histologischen Befunden entsprechende Veränderungen in der Rattenhypophyse erzeugt. Durch die zugeführten Hormonmengen kam es zur

Atrophie der peripheren Drüsen, die wieder eine Überfunktion des HVL aus-
löste. So könnte auch die Eigenart des YOUNGschen permanenten HVL-Diabetes
ihre Erklärung finden. Eine Vermehrung der Basophilen tritt außerdem bei
Vitamin A-Mangel auf (SUTTON und BRIEF). Da ein solcher dem Diabetes und
dem Alter beinahe obligat ist, ist das eine höchst beachtenswerte Tatsache. Im
Stoffwechselverhalten lassen sich keine eindeutigen Unterschiede zwischen
basophilem Pituitarismus und primärem Interrenalismus erkennen, ein Zeichen,
wie weitgehend die diabetogene Tätigkeit des Vorderlappens über die NNR geht.

In ähnlicher Weise fällt *beim* CUSHING-*Syndrom die Wirkung der hypophysären
Überfunktion auf die Sexualdrüsen ins Auge.* Zuweilen läßt sich eine Hypersexualität eruieren, der die hormonale Sterilisation (ZONDEK) folgt, die bei
rechtzeitiger Therapie, etwa durch Röntgenstrahlen, reversibel ist. Bei den
vorwiegend befallenen Frauen (etwa 3mal häufiger als Männer) kommt es zu
Amenorrhöe, Degeneration der Ovarien, zur Entwicklung sekundärer männlicher
Geschlechtsmerkmale (auch durch in der NNR gebildetes Adrenosteron!) usf.,
bei Männern nicht selten zu weiblicher Anordnung der Behaarung. Was die
Bedeutung dieser Merkmale für die Stoffwechsellehre angeht, so sei nur an den
„Diabète des femmes à barbe" und an den postklimakterischen Diabetes erinnert.
Bekanntermaßen sind schon entwicklungsgeschichtlich die Erfolgsorgane Sexual-
drüsen und NNR eng verwandt. Gonadotropes Hormon wird ebenso wie das
corticotrope in den basophilen Zellen gebildet (BERBLINGER, FELS, KRAUS u. a.).

CUSHING dachte zunächst auch an eine Ätiologie seines Syndroms durch Überproduktion
des gonadotropen Hormons. Doch läßt sich eine vermehrte Prolanausscheidung nicht
immer nachweisen, wie KYLIN sie von der verwandten essentiellen Hypertonie beschrieben
hat. Durch die ASCHHEIM-ZONDEKsche Reaktion konnte URBAN im Zisternenliquor allerdings eine erhebliche Prolanvermehrung zeigen. Für das Problem CUSHING-Syndrom bei
gleichzeitigem Thymustumor ist es nicht ohne Interesse, daß EVANS, MOON, SIMPSON und
LYONS nur mit aus Schwangerenserum gewonnenen glandotropen Wirkstoffen das Wachstum des Thymus beeinflussen konnten. Also der HVL scheint auch bei dem bisher auf
die Thymusdrüse zurückgeführten Syndrom ursächlich beteiligt zu sein.

Weitere endokrine Störungen dürften, abgesehen von der *Steuerung der
Nebenschilddrüsentätigkeit,* nicht zum eigentlichen CUSHING-Syndrom gehören,
sie sind Folgen der Entgleisung anderer Hormonbildungsstätten, am häufigsten
der benachbarten eosinophilen Vorderlappenzellen, wie beispielsweise eine
sekundäre Hyperthyreose. Beim CUSHING-Syndrom pflegt der Grundumsatz
normal, allenfalls etwas erniedrigt zu sein (JORES).

Nur die *Beziehung zum Zwischenhirn* bedarf noch einer gesonderten Besprechung. Besonders *zur Erklärung* der charakteristisch lokalisierten Fett-
anordnung, *der Stammfettleibigkeit,* wird die *Beteiligung dort gelegener Zentren*
viel zitiert. Von nicht minder großer Bedeutung dürfte die oft nicht genügend
bekannte *vegetative Übererregbarkeit* sein, die auch die Stoffwechselvorgänge
zu beeinflussen vermag. Chronische Hirndrucksteigerung und Hydrocephalus
allein vermögen nicht wenige Erscheinungen des CUSHING-Syndroms, auch was
die Stoffwechselregulation anlangt, zu erzeugen, wohl infolge einer Enthem-
mung, vielleicht auch durch Reizung des HVL.

Während E. I. KRAUS ursprünglich die basophile Zellvermehrung nicht als Ursache, sondern als Folge der Fettstoffwechselstörung ansah, ebenso die Veränderungen von Hypophyse
und Nebennieren für sekundär hielt, hat dieser Autor jetzt auf einen im Anschluß an chronische Hirndrucksteigerung auftretenden Hyperpituitarismus hingewiesen. An der Hyperplasie des Vorderlappens können dabei alle drei Zellarten teilnehmen, in der Regel über-

wiegen jedoch die Basophilen und die Hauptzellen. Das gonadotrope Hormon war in 62% der Fälle erhöht, bei Frauen in 80% eine kleincystische Degeneration der Ovarien vorhanden. Vor allem aber ließ sich eine Verbreiterung der Nebennierenrinde (von 89%) mit Lipoidanreicherung nachweisen, in einzelnen Fällen allerdings auch ein Schwund. Die Rindenhyperplasie ging in 85% mit einem vergrößerten Vorderlappen einher. Ebenso fand sich die vom Cushing-Syndrom her bekannte *zentrale oder diffuse Verfettung der Leber*.

Diese grundsätzlich wichtige und sehr aufschlußreiche Beziehung zwischen Nervensystem und Hypophyse kam auch klinisch bei einem kürzlich untersuchten 10jährigen Jungen (K.G. Nr. 1159/40), der dem Verf. freundlicherweise von der Greifswalder psychiatrischen Klinik (Prof. Thiele) zur Untersuchung zugeschickt wurde, zum Ausdruck. Mit der Vergrößerung eines axial gelegenen Tumors führte der Verschluß beider Foramina Monroi zu doppelseitigem Hydrocephalus. Ein Tumor der Epiphyse lag nicht vor. Bei dem Jungen hatte sich eine ausgesprochene Pubertas praecox (Vermehrung des gonadotropen und corticotropen Hormons!) gebildet; Fettsucht, vermehrte Körperbehaarung und Striae waren entstanden, ohne daß die mechanische Beanspruchung der juvenilen Haut besonders groß gewesen wäre (Vermehrung des corticotropen Hormons!). Vorher, einige Wochen lang, interessanterweise eine Polydipsie, Glykosurie, hochgradige Hyperglykämie (280 mg-%) und ausgesprochene Acidose, so daß eine Insulinisierung durchgeführt wurde. Nach allem ist eine einfache zentrale Reizglykosurie wohl auszuschließen. Die Sella war vergrößert. Später, nach wiederholter Ventrikelpunktion, bei Traubenzuckerbelastung normale Verhältnisse, aber eine verminderte Insulinansprechbarkeit, ein Blutcholesterinwert von 181 mg-% und eine Blutdrucksteigerung (135 mm Hg) waren bestehen geblieben. Dieser Fall demonstriert das Zusammenwirken des Zwischenhirns mit der Adenohypophyse, was hier wegen des Stoffwechselverhaltens besonders interessiert, und stellt ein klinisches Beispiel zu den obengenannten pathologisch-anatomischen Untersuchungen von Kraus dar.

Für die enge gegenseitige Verknüpfung liefert das seltene und vielgestaltige Laurence-Moon-Biedl-Syndrom [1], das oft mit Symptomen des basophilen Pituitarismus vergesellschaftet ist, auch was den Diabetes betrifft, weitere Argumente.

Während so die *Möglichkeit einer zentralen Auslösung des basophilen Hyperpituitarismus* klargelegt wurde, gibt es in der Literatur einen Fall (Parade und Krönke), bei dem in einem Ovarialteratom gelegenes HVL-Gewebe im Anschluß an eine Schwangerschaft zum Cushing-Syndrom führte. Da auch in der völlig normalen Hypophyse die Crookeschen Veränderungen der Basophilen fehlten, kann mit Parade und Krönke wohl der Schluß gezogen werden, daß die *Nachbarschaft der innersekretorischen Zellen zum Boden des 3. Ventrikels nicht immer eine grundsätzlich entscheidende Rolle spielt, ebensowenig das Einwachsen basophiler Zellen in den Hinterlappen* (Cushing). Die NNR war deutlich vergrößert, das corticotrope Hormon im Blut, wenn auch nicht übermäßig, so doch einwandfrei erhöht. Es bestanden eine Hypertonie und, was hier besonders wichtig ist, eine Glykosurie, die von 0,6—7,2% schwankte bei einer Hyperglykämie von 147—412 mg-%. Die übrigen Symptome wurden als klassisch bezeichnet.

Die hier beobachteten Zusammenhänge verdienen nicht nur Beachtung für die Kenntnis des mesencephalen Fehlsteuerungsdiabetes und seine Beziehung zum Cushing-*Typ des HVL-Überfunktionsdiabetes, sondern sie veranschaulichen eindrucksvoll, wie berechtigt es ist, die hormonale Regulation in der Diabetespathogenese in den Mittelpunkt zu stellen.*

4. Fettstoffwechsel. Kaum ein anderes Gebiet des intermediären Stoffwechsels ist so von Meinungsverschiedenheiten und Hypothesen durchsetzt wie dieses. So stehen auch die über die Regulation vorliegenden Kenntnisse noch mitten im Klärungsprozeß. Soviel liegt heute fest, Fett- und auch Eiweiß-

---

[1] Literatur dazu findet sich bei Menzel: Zum Laurence-Moon-Biedl-Syndrom. Z. klin. Med. **1939**, 424.

stoffwechsel beanspruchen in der Diabeteslehre kaum einen geringeren Platz als der gestörte Kh-Stoffwechsel, den die vom Pankreas beherrschte Blickrichtung ganz in den Mittelpunkt stellen ließ, so daß anderen Störungen nur eine sekundäre Rolle beigemessen wurde. *Der Diabetes ist die Krankheit durch falsche Regulation des Haushalts der KH, der Fette, ja zum Teil ist auch die Eiweißumsetzung beteiligt. Am häufigsten dominiert die Dekompensation des Kh-Haushalts, aber auch die der Fette kann überwiegen!* Die hochgradigste Lipämie sah Katsch bei einem nur leichten Diabetes, ebenso wie Bürger. Die Xanthomatose geht oft der Zuckerkrankheit voraus, oder sie imponiert bei Blutsverwandten. Hierher gehört auch die prädiabetische Fettsucht.

Der hypophysäre Diabetes bietet weitere überzeugende Beweise dieser Zusammenhänge. Es sei an *Cushing-Fälle mit Betonung der Fettstoffwechselentgleisung* erinnert, wie an den von Cannavò beschriebenen. Schon viele Jahre vor Auftreten des eigentlichen Syndroms mit Stammfettleibigkeit, Striae, Hypertonie, Polyglobulie, leichter Hyperglykämie u. a. wurde eine Azidoseneigung mit Anfällen von Leibschmerzen und Erbrechen beobachtet. Später ausgesprochen cyclischer Verlauf der Ketosis und Verschlimmerung durch künstliche Zufuhr von HVL-Extrakt. Auch Flints *zum* Morgagni-*Typ zu zählende Beobachtungen sind ähnlich.* Die Stoffwechselveränderungen wurden durch den basophilen Teil des HVL bestimmt (Flint und Michaud). In verschiedenem Ausmaß lassen sich solche Beziehungen auch bei geringerer Ausprägung der beiden genannten Typen nicht allzu selten beobachten. Fettzufuhr wird auffällig schnell und ausgiebig mit Ketonämie und Ketonurie beantwortet, eine Tatsache, die bei der früher üblichen Bevorzugung eines Fettregimes gern dazu verleitete, eine mäßige Azidose in Kauf zu nehmen. Ein Zuckerkranker, allein durch Insulinmangel, wird von dem Zeitpunkt an, in dem die Kh-Bilanz ausreichend ist, vielleicht auch nur die zur Fettverbrennung notwendigen Kh gesichert sind, in geordneter Weise Fett und Eiweiß verarbeiten, während bei Vorhandensein einer abnormen Ketogenese durch überschüssiges Fettstoffwechselhormon erst die Beschränkung der Fette die Ketosis wirkungsvoll dämpfen kann.

Störungen des Fettstoffwechsels bei Vermehrung der HVL-Tätigkeit äußern sich 1. durch übermäßige Ketogenese, Ketonämie und Ketonurie, 2. durch Lipämie, 3. durch Fettsucht. All das findet sich beim Cushing-*Typ* des HVL-Überfunktionsdiabetes ebenso, wie bei den nach Young durch Extraktbehandlung diabetisch gemachten Hunden. Die *Hypercholesterinämie* ist eines der führenden und am längsten bekannten, konstantesten Symptome. Aber sie kann auch fehlen, ja es kann sogar eine Hypocholesterinämie vorhanden sein, wie bei einem in Garz beobachteten Cushing-*Typ.*

Die der Fettsucht zugrunde liegende Regulationsstörung steht heute noch mitten in der Problematik, das wurde schon im experimentellen Teil erörtert. Für die Ablagerung sind die neurotropen Einflüsse von entscheidender Bedeutung, wie das beispielsweise Hausberger, der auch Glykogen- und Diastasegehalt des Gewebes bestimmte, kürzlich zeigen konnte. Die Ketonämie Fettsüchtiger verschiedener Natur fanden Lauter und Neuenschwander-Lemmer keineswegs einheitlich. Ebenso widersprechend sind die Angaben über die Ketosis des hypophysären Diabetes, zuweilen wird im Gegensatz zu den vorhin angegebenen Fällen eine verringerte Ketonneigung hervorgehoben (Marañon u. a.). Zum

Teil hängt das sicher damit zusammen, daß diese Fälle infolge ihrer langsamen Progredienz und der geringen Veränderung im Auslaßversuch sehr gutartig wirken, oft ist die Regulation der Ketonverarbeitung aber offenbar gut ausgeglichen, ja es scheint, daß — entsprechend dem Hyperinsulinismus im Zuckerhaushalt — gelegentlich die Ketonkörper besonders ausgiebig beseitigt werden. Einstweilen hat also die klinische Forschung hier noch kein klares Bild entwickeln können.

Der Erkennung des Cushing-Typs des hypophysären Diabetes dienende klinische Symptome.

Derjenige, der einmal ein vollständiges Cushing-Syndrom beobachten konnte, wird es schwerlich in Zukunft übersehen. Anders ist es mit den *oligosymptomatischen Formen.* Gerade diese aber — *das gehäufte Vorkommen dazugehöriger Symptome bei Diabetikern* — gaben Bartelheimer Anlaß, von der Klinik aus diese Möglichkeit, Einblick in die Art der diabetischen Regulationsstörung zu gewinnen, weiter auszubauen. Nicht allen Symptomen kommt dabei die gleiche Spezifität zu. Entscheidend ist es, klare Punkte festzulegen, die das Vorliegen eines basophilen Hyperpituitarismus rechtfertigen. Bei diesem kann die übermäßige Hormonproduktion ihre Wirkung offenbar in verschiedenen Bahnen entfalten. Entweder stehen die Stammfettleibigkeit oder der Hypertonus (Kylin, Volhard u. a.), die Striaebildung in der Haut (durch Umwandlung von Elastin in Elacin) oder die Osteoporose, die Polyglobulie oder die Hypertrichose, die noch wieder in verschiedenen Ressorts ablaufenden Stoffwechselstörungen oder irgendeines der übrigen Cushing-Symptome mit anderen zusammen oder auch allein im Vordergrund. Was Einzelheiten angeht, kann auf die ausführlichen Arbeiten von Kessel, Kehrer u. a. verwiesen werden. Was ist nun über die Befunde zu sagen, die bei Zuckerkranken an den Cushing-*Typ des HVL-Überfunktionsdiabetes* (Bartelheimer) denken lassen müssen. Die geringe Beachtung der Einblicke, die die sorgfältige klinische Analyse für die Mitarbeit des HVL an der Diabetesentstehung und -pathogenese zu gewähren vermag, erfordert eine eingehende Darstellung der klinischen Einzelheiten, auf die es hier ebensosehr wie auf die Stoffwechseluntersuchung ankommt.

1. Zum Cushing-Syndrom gehörige klinische Veränderungen unter Beachtung auch der weniger ausgeprägten. Zuerst die *Stammfettleibigkeit mit gleichzeitigen Fettpolstern an Hals und Nacken und mit dem auffälligen roten Vollmondgesicht.* Die Adipositas bewegt sich in allen Graden, oft ist sie ein besonders lästiges Symptom. Zuweilen sind ihr rapide Entwicklung (bis 10 kg Gewichtszunahme in 2 Wochen, Raab) und *schlechte diätetische Ansprechbarkeit* eigen. Eine Reaktionsweise, die die Entfettungstherapie, wie man immer wieder erleben kann, außerordentlich erschwert (eigene Beobachtungen, Malten [1], Umber u. a.) und die frühzeitig zu einer Behandlung der endokrinen Ursache auffordert. Bei Unterernährung schwinden nicht zuerst die Fettvorräte des Stammes, sondern nicht selten vorher die des übrigen Körpers. Umber wählte den Vergleich der durch Lipophilie oder lipomatöse Tendenz (v. Bergmann) belasteten Körperregionen mit dem hartnäckig widerstehenden Lipom. Der Energiehaushalt ist keineswegs anders als bei Gesunden. Warum es beim basophilen Adenom vornehmlich zur Stammfettleibigkeit kommt, ist im einzelnen noch

---

[1] Malten: Persönliche Mitteilung.

recht unklar, gleichzeitige trophoneurotische Störungen werden am häufigsten angeschuldigt. Die Vermehrung der basophilen Elemente im HVL auch bei anderen Fettsuchtsformen, ebenso bei der essentiellen Hypertonie, legt verwandte kausale Zusammenhänge (BERBLINGER, KRAUS u. a.) nahe. Nach CUSHINGs und KYLINs Untersuchungen hat sich BARR als einer der Ersten für die *hypophysäre Entstehung von Adipositas, Hochdruck und Diabetes, auch ohne Tumor*, mit Nachdruck eingesetzt. Postklimakterische Fettsucht, Diabetes und Hypertonie sind

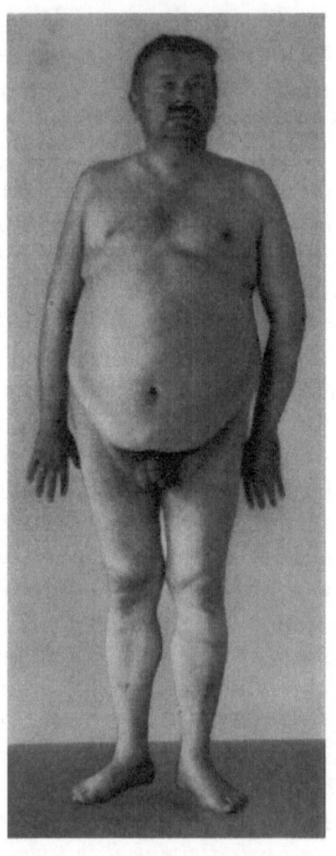
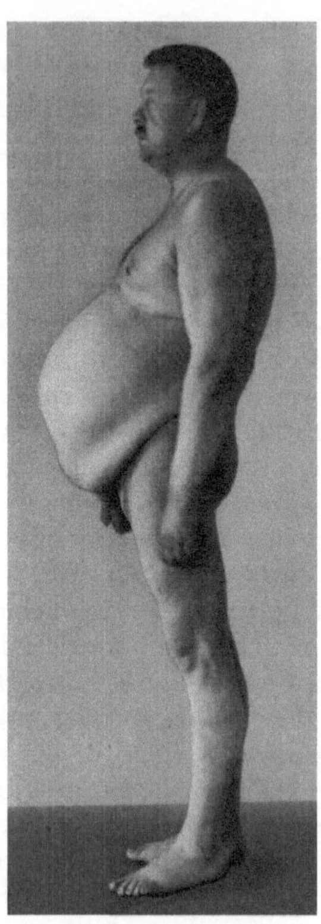

Abb. 7 a.   Abb. 7 b.

Abb. 7 a und b. Diabetiker, der dem CUSHING-Typ des HVL-Überfunktionsdiabetes angehört.

ebenfalls Folgen der Vorderlappenüberfunktion nach Wegfall hemmender Impulse von den Sexualdrüsen. Während RAAB die Adipositas bei der Dystrophia adiposogenitalis durch den Mangel an fettmobilisierendem Lipoitrin erklären konnte — ein Mechanismus, der beim Cushing wenig wahrscheinlich ist — haben andere Autoren, besonders REISS, wie schon gesagt wurde, die Fettsucht mit der Überproduktion des corticotropen Hormons in Zusammenhang gebracht. Fettleibigkeit in der Schwangerschaft, die BOMSKOV und SCHNEIDER bei gleichzeitigem Übermaß von Nebennierenrindenhormon beobachten konnten, bestärkt neben der innigen Verknüpfung der NNR mit dem basophilen Vorderlappen solche Mutmaßungen.

Nicht nur bei Diabetikern mit negativer Bilanz oder der entgegengesetzten Störung, beim Hyperinsulinismus, kommt die klinisch eindrucksvolle *Polyphagie* zustande. Sie ist wesentlich für die Entwicklung der Fettsucht und oft ein unangenehmes Symptom Cushing-Kranker, mehr als die *Polydipsie*. Besonders durch Arbeiten amerikanischer Forscher wird heute nahegelegt, daß ebenso wie ein Adiuretinmangel des HVL (oder ein Zwischenhirndefekt) ein Zuviel von Diuretin (von FALTA Prädiuretin genannt), das in den basophilen Vorderlappenzellen entstehen soll, dazu führt. TEEL, auch WERMER, DECANEAS und ARA, erzeugten durch HVL-Extrakte einen Diabetes insipidus (bei Hunden). Dieser war pituitrinrefraktär. Die Besserung der Oligurie der hypophysären Kachexie durch Präphyson führte H. CURSCHMANN kürzlich zur Anerkennung eines darin enthaltenen diuresefördernden Faktors. Nicht allein die diabetische Dekompensation, auch diese partielle Plusdekompensation des HVL vermag also die Polydipsie zu erzeugen. Für den Diabetes höchst interessante Zusammenhänge! *Die Gleichgewichtskonstanz der regulierenden Hormone ist auch hier für das „Durstsymptom" entscheidend,* soweit es nicht letzte Folge stärkerer Zuckerausscheidung ist.

Die Feststellung jener weit über die typische Stammfettleibigkeit des CUSHING-Syndroms hinaus erkennbaren *regulativen Kräfte in der Pathogenese der Fettsucht, die sich mit den bei der Zuckerkrankheit wirksamen in mancher Weise überschneiden,* vertieft die empirisch durch zahlreiche namhafte Diabeteskliniker gewonnene Beziehung von Adipositas und Diabetes, die in ähnlicher Weise auch für den essentiellen *Hochdruck* gilt. KYLIN ·u. a., früher schon NEUBAUER und CUSHING, betonten das *Zusammentreffen des essentiellen Hochdrucks mit diabetischen Stoffwechselabweichungen.* CUSHING, KYLIN, neuerdings VOLHARD, WESTPHAL und HANTSCHMANN haben auf Grund ähnlicher Gedankengänge, wie sie hier auf den Diabetes Anwendung gefunden haben, gezeigt, daß auch unter Hochdruckkranken ein beträchtlicher Teil Zeichen des Rindensyndroms aufweist, und auf die ursächliche HVL-Überfunktion geschlossen. SCHWEERS, der die Stoffwechselregulation essentieller Hypertoniker durch Dextrosebelastungen prüfte, fand fließende Übergänge zum vollausgeprägten Bild der Zuckerkrankheit. Im Gegensatz zu ROMBERG, ZIMMERMANN-MEINZINGEN u. a. waren O'HARE, MARAÑON u. a. zu ähnlichen Schlüssen gekommen.

Ein so allgemeines Symptom, wie es die Blutdrucksteigerung darstellt, besitzt, auch wenn Labilität und diastolische Erhöhung ohne renale Ursache besonders hervorstechen, naturgemäß für die Differenzierung der Diabetesformen nur in Kombination mit typischen klinischen, für einen Hyperpituitarismus sprechenden Veränderungen diagnostische Bedeutung. Für den zentral ausgelösten Blutdruckanstieg soll gerade die Labilität charakteristisch sein, für das Fehlen dieser blutdruckaktiven Wirkstoffe, beim *Simmonds,* dagegen das Ausbleiben einer regulatorischen Blutdrucksteigerung bei Muskelarbeit, ja ein Absinken bei schnellem Lagewechsel (SCHELLONG). Die bei großen Diabetikerreihenuntersuchungen — zuerst wohl eingehend durch HITZENBERGER (46%), dann durch v. NOORDEN, JOSLIN, KYLIN, WIECHMANN u. v. a. — festgestellte Häufung der Hypertonie, oft verbunden mit Insulinresistenz und Fettsucht (FENZ), lehrt schon, wie wichtig es ist, die Zuckerkrankheit unter dem Gesichtspunkt einer Regulationskrankheit zu betrachten. Umgekehrt ist unter Hypertonikern die latente Stoffwechselschwäche oft erst mit Hilfe pathologischer Belastungsblutzuckerkurven zu erkennen, fließende Übergänge führen zum kompletten Diabetes. Das nimmt ebenso SCHWEERS an.

:Den besten Beweis für die *hypophysäre Genese des Hypertonus beim* Cushing-*Syndrom* liefern Angaben über operatives Angehen und über Röntgenbestrahlung der Hypophyse, durch die eine Regularisierung möglich war (Jamin, Hantschmann), gleichzeitig auch von Fettsucht und Stoffwechselentgleisung. Jores und

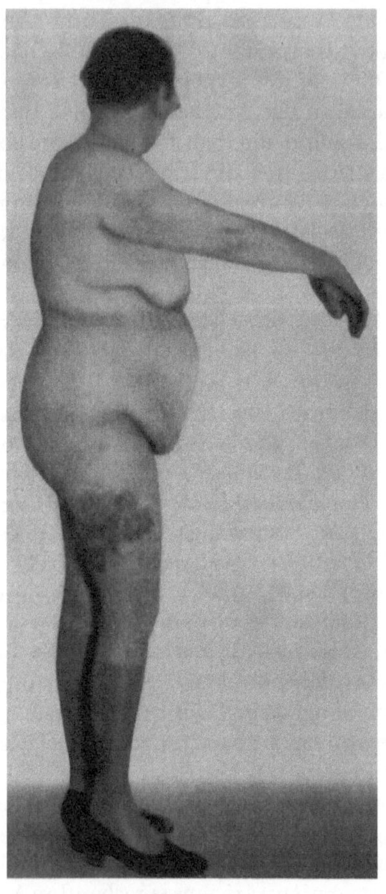

Westphal konnten im Blut das corticotrope Hormon nachweisen, Bergfeld allerdings nicht regelmäßig und Reiss überhaupt nicht.

Diese Bindung an die Nebenniere wurde von Westphal und Sievert beim essentiellen Hypertonus, bei dem auch oligosymptomatische Cushing-Formen aufgefallen waren, näher studiert. Ein aus Hypertonikerblut gewonnenes Ultrafiltrat führte bei Kaninchen zu Blutdruck- und Blutzuckersteigerung. Der „Reizstoff der genuinen Hypertension" soll peripher durch Gefäßverengerung angreifen, die am durchströmten Kaninchenohr zu sehen

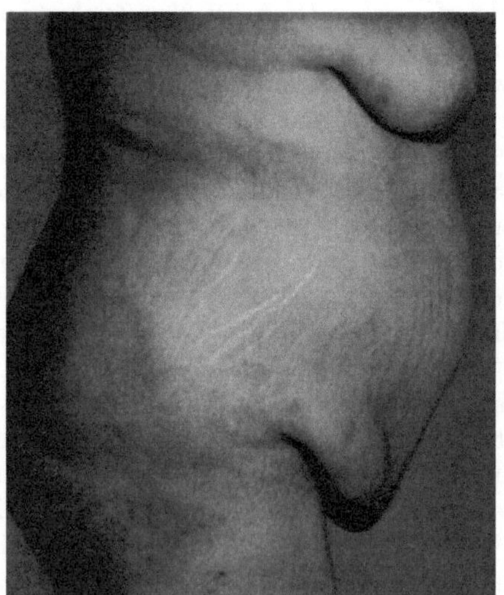

Abb. 8 a.Abb. 8 b.

Abb. 8 a—c. 36jährige Frau mit insulinresistentem Diabetes vom Cushing-Typ.
Unter zahlreichen anderen Symptomen Striae fast am ganzen Körper.

war. Autoptisch fiel bei diesen Tieren eine Vergrößerung der NNR auf. Westphal vermutet, daß es sich bei dem aktiven Stoff um ein umgewandeltes Hinterlappenhormon handelt. Von der Vorstellung ausgehend, daß eine Dysfunktion der Hypophyse zur essentiellen Hypertonie führt, wurden mehrere Kalbshypophysen nach Entfernung einer Nebenniere implantiert und gute Erfolge beschrieben, vermutlich infolge der Normalisierung der Inkretproduktion durch die eingepflanzte Hypophyse. Ob diese Annahme einer Dysfunktion der Hypophyse notwendig ist, muß in Nachprüfungen entschieden werden.

Eine der augenscheinlichsten klinischen Veränderungen beim Cushing-Syndrom besteht in den *Striae cutaneae distensae,* die in voller Ausprägung schon wegen ihrer bläulichen Verfärbung, ähnlich der des Gesichtes, die nicht allein durch die Polyglobulie zustande kommt, manchmal nicht zu übersehen sind. Ihr gehäuftes

Vorkommen, wenn auch nicht in jener bis zu mehrere Zentimeter betragenden Breite und nicht mehr so deutlichen Verfärbung — JAMIN sah die Striae im Anschluß an die Röntgenbestrahlung der Hypophyse mit Rückgang des Basophilismus abblassen und narbig schrumpfen — führte BARTELHEIMER dazu, dieses Symptom im Verein mit anderen hier genannten als besonders geeignet für die Diagnose des CUSHING-*Typs* des HVL-Überfunktionsdiabetes herauszuheben. Sie

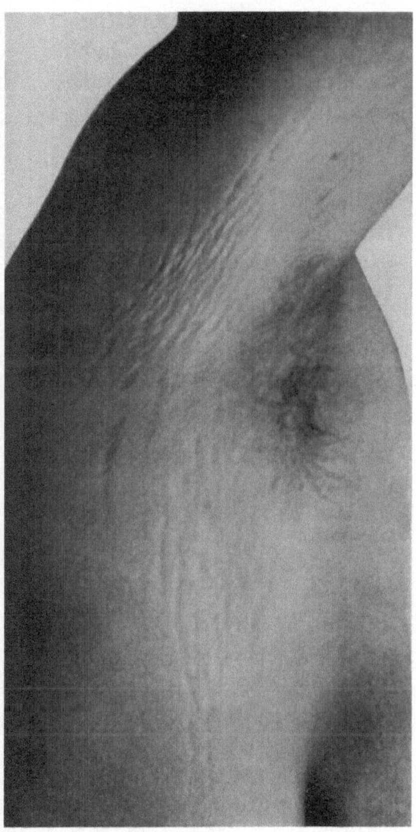

Abb. 8c.

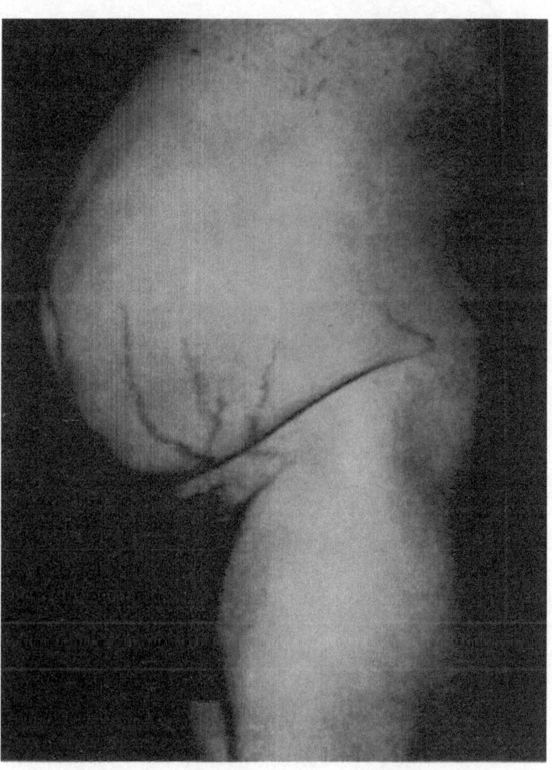

Abb. 9. Häufigste Lokalisation der Striae cutaneae, hier intensiv blaurot verfärbt (hypophysärer Diabetes).

stellen ein *führendes Symptom* dar, das nach anderen suchen lassen muß. Die bläulichrote Farbe spricht in gewissem Maß für die Akuität der HVL-Überproduktion, während blasses, narbig-faltiges Aussehen zuweilen nur einen früheren Schub als Narbensystem dokumentieren kann, wie nach einer Schwangerschaft. Die hormonale Schädigung des elastischen Bindegewebes wirkt sich an den Stellen größter Dehnung der Haut begreiflicherweise am stärksten aus, so in Gegenden vermehrter Fetteinlagerung, wie am Bauch und in den Achseln, bei Frauen an den Mammae oder dort, wo eine Spannung bei Bewegungen auftritt, wie über der Lendenwirbelsäule, an den Kniegelenken, an den Nates, deren relative Kleinheit sich — nebenbei bemerkt — nicht selten von der Stammfettleibigkeit frappant abhebt. In solcher Lokalisation finden sich also vornehmlich Striae, aber auch in anderer. Bei der abgebildeten Frau mit insulinresistentem Diabetes, Fettsucht, Hypertonus, Hypertrichose usf. fanden sie sich beinahe am ganzen Körper. Die Dehnung geht keineswegs immer über die unter physiologischen Verhältnissen stattfindende hinaus. Die Anordnung an den Gelenken verrät das, ebenso wenn sich Striae bei jungen Individuen finden, beispielsweise in dem Fall JAMINs an Armen und Beinen. Auch BERNHARDT glaubt an ihre *hypophysäre Ätiologie*. SCHILLING beobachtete sie ohne Fettsucht beim MARFAN-Syndrom, an dessen Entstehung zumindest eine Beteiligung der Hypophyse glaubwürdig ist. Die bekannte Striaebildung in der Schwangerschaft stellt ein weiteres Moment für die ursächliche Bedeutung der Vorderlappenüberfunktion dar. Wenn Striae bereits in der allerersten Zeit der Gravidität entstehen, so wird dadurch die sekundäre und nur lokalisierende Rolle des mechanischen Faktors gezeigt.

Ebenso wie bei der hypophysären Fettsucht oder Hypertonie hat die Frage Interesse gefunden, ob es sich hier nicht allein um den Ausdruck der NNR-Überfunktion handelt. HORNECKs Angabe, Striae durch Zufuhr von NNR-Extrakt erzeugt zu haben, wurde anscheinend bisher noch nicht bestätigt. Ein kürzlich am Meerschweinchen angestellter Versuch[1]

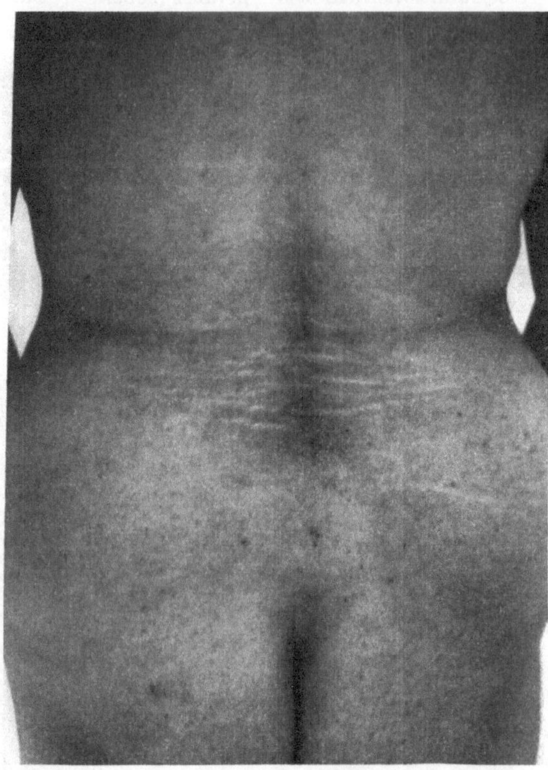

Abb. 10. Striae in der Gegend der Lendenwirbelsäule und nicht an den Stellen größter Fettablagerung bei einer dem CUSHING-Typ zuzurechnenden Diabetikerin.

ließ bei fortlaufend nachgefülltem hochgradigem Pneumoperitoneum nach 3 wöchiger täglicher Corticosteronapplikation in der Bauchhaut keine Striaebildung erkennen. Naturgemäß hat ein solch negativer Ausfall im Tierversuch aus zahlreichen, hier nicht zu erörternden Gründen nur sehr beschränkte gegenteilige Beweiskraft. Gibt es überhaupt bei Tieren während der Gravidität Striaebildung? Gegen die einseitige Richtigkeit der der HORNECKschen Auffassung entgegengesetzten, zur Differentialdiagnostik empfohlenen Angabe MEDVEI und WERMERs, die Striae wären nicht eine typische Eigenschaft des primären Interrenalismus, sondern gehörten zum basophilen Pituitarismus, sprechen pathologisch-anatomisch kontrollierte Fälle mit Striaebildung bei primärem Rindensyndrom. Ob es sich allerdings dabei tatsächlich immer um einen primären Interrenalismus gehandelt hat oder nicht, was schwer, am ehesten durch Fehlen

---

[1] Nicht veröffentlicht.

der CROOKEschen HVL-Zellen, zu belegen ist, bleibt offen. Was die allgemeine diagnostische Wertung anlangt, darf nie vergessen werden, daß auch dieses leicht auffindbare Symptom nur im Rahmen mit anderen Verwendung finden soll und daß es an gravid gewesenen Frauen sehr an Wert verliert.

Die zum basophilen Pituitarismus gehörige *Osteoporose* vorenthalten MEDVEI und WERMER ebenfalls dem primären Interrenalismus.

Nebenschilddrüsenvergrößerung, die CUSHING in 4 von 6 Fällen von basophilem Pituitarismus entdeckte, ebenso wie die Kenntnis des parathyreotropen Hormons ANSELMINO und HOFFMANNs legen allerdings in Analogie zum primären Hyperparathyreoidismus (RECKLINGHAUSEN) nahe, die Ursache in einer Plusdekompensation dieses glandotropen Hormons zu suchen. HOFF, auch HERZ und KRAUS fanden interessanterweise bei der Osteodystrophia fibrosa generalisata (RECKLINGHAUSEN) ein basophiles Vorderlappenadenom.

Klinisch verrät sich die auch bei der Akromegalie häufige Osteoporose meistens durch direkte Knochenschmerzen, aber auch wurzelneuritische, wenn die Statik leidet, und den Rundrücken bis zur Kyphoskoliose. Im Beginn imponieren vornehmlich lästige Rückenschmerzen in der Lendengegend, wie auch Schmerzen und Schweregefühl in den Gliedern. Röntgenologisch ist die Entkalkung leicht durch die Aufhellung der Knochenstruktur, in extremem Ausmaß beim CUSHING-Syndrom, erkennbar.

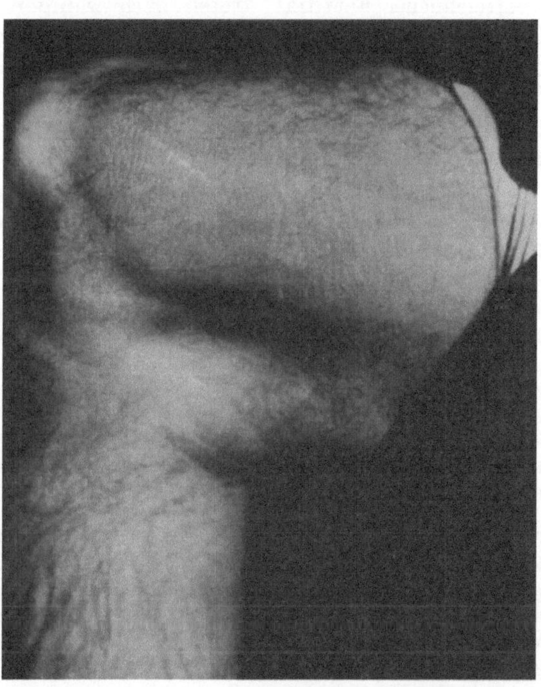

Abb. 11. Bei einem sportlich durchtrainierten Diabetiker Striae auf den Muskelwülsten des Oberschenkels.

In der Anamnese hierhergehöriger Diabetiker fällt nicht selten die Angabe von *Frakturen der Rippen* auf, in denen die Osteoporose sich bevorzugt entwickelt, nach eigenen Beobachtungen auch bei sehr wenig ausgeprägten sonstigen Symptomen. Schon früh wurde die osteoporotische Fettsucht von ASKANASY beschrieben, aber ebensosehr verdient bei Diabetikern das Knochensystem beachtet zu werden, was heute kaum geschieht. Nicht so ganz selten können dann Beschwerden, die leicht als zur Adynamie gehörig gedeutet werden, eine bessere Erklärung finden.

Die *Adynamie,* eine der am meisten die Leistungsfähigkeit der Cushing-Kranken beeinträchtigenden Begleiterscheinungen, die sich aber auch bei mancher verwandten Adipositas findet, ohne daß ein Diabetes manifest zu sein braucht, gilt als *Frühsymptom der Zuckerkrankheit.* Dabei muß zweifellos *die auf Glykogenverarmung der Muskulatur und Azidose beruhende, beim insulären Diabetes vorkommende, von der hier zu besprechenden, zum Überfunktionsdiabetes gehörigen*

getrennt werden. Jedenfalls kann die hochgradige Glykogenarmut des Muskelorgans, die der Pathologe auch nur selten bei der menschlichen Zuckerkrankheit
findet, bei erheblicher Adynamie fehlen. Wohl aber, das wurde im experimentellen Teil schon gesagt, ist der Glykogenumsatz wesentlich erhöht, was durch
die Kreatinurie intra vitam entschieden werden kann. Brentano zeigte ihre
Abhängigkeit vom gesteigerten Glykogenzerfall. Ob außerdem noch die vermehrt angebotenen, im Muskelorgan zu verarbeitenden Ketonkörper selbst eine
Rolle spielen, läßt sich schwer entscheiden, ist aber sehr wahrscheinlich. Bei
überreichlicher Fettdiät treten nach wenigen Tagen Schlappheit, Müdigkeit,
Gleichgültigkeit und mit weiterer Ketonkörperansammlung Übelkeit und Erbrechen auf, so war es auch bei jenem von Cannavò beschriebenen Cushing-
Syndrom mit anfänglich isolierter azidotischer Fettstoffwechselstörung. Auch
der Fall Flints mit ähnlicher Stoffwechselbetonung litt besonders unter der
Adynamie.

Verzár führt die *Adynamie auf die Störung der Restitutionsprozesse im Kh-
Stoffwechsel der Muskeln* zurück, ähnlich andere Autoren. Aber die Kraftlosig-
keit Cushing-Kranker ohne höhergradige Störung der Fett- und Kh-Bilanz ist
damit schlecht zu erklären.

Neuere Forschungen Rimls aus der Bergerschen Klinik haben in das Problem Nebennierenrindeninsuffizienz und Adynamie, wie es im Extrem beim Addison vorliegt, eine
andere Deutung gebracht. Sie erfuhren, soviel zur Zeit ersichtlich ist, bisher noch keine
Auswertung für das Cushing-Syndrom, geschweige denn für den Überfunktionsdiabetes.
Aus dem Blut isolierte Riml bei gesteigertem Muskelstoffwechsel oder Gewebszerfall, ebenso
aus dem der Autolyse unterworfenen Muskel- und Lebergewebe eine Substanz, die er Neben-
nierenrindeninsuffizienzstoff nannte und die er als ein Muskelstoffwechsel- oder Abbau-
produkt auffaßte. Sie war bei NNR-Insuffizienz, nach Epinephrektomie wie auch beim
Addison, im Serum nachweisbar. Cortin führt zu ihrem Abbau. Findet eine solche Entfernung nicht oder nur ungenügend statt, so stellen sich Adynamie, Müdigkeit und Mattig-
keit ein, später all jene vom Addison bekannten Erscheinungen eines Cortinmangels. Ein
„sekundärer Cortinmangelzustand durch Überlastung" wurde unter anderem nach an-
strengender Muskelarbeit, Infekten, Giften, Strahlenbehandlung, Verbrennungen und
Wundshock von Riml beobachtet. Der Organismus versucht dann, möglichst einen Ausgleich durch vermehrte Rindentätigkeit mit Vergrößerung des Organs zu schaffen.

Nach den Untersuchungen Brentanos kann, wie gesagt, die Kreatinurie als klinischer Anhalt für den erhöhten Glykogenzerfall und die vermehrte Eiweißumsetzung in der Muskulatur
dienen. Zudem ist heute erwiesen, daß die HVL-Überfunktion eine außerordentliche Steigerung der Glykogenese aus Eiweiß herbeiführt (Cushing, Young u. a.). Adynamie, Müdigkeit und Schlappheit bei den von Kreatinurie und vermehrter N-Ausscheidung begleiteten
endokrinen Störungen, zu denen der hypophysäre Basophilismus, der Diabetes Akromegaler,
aber auch die Hyperthyreose und Keimdrüseninsuffizienz gehören, könnten wenigstens
zum Teil die Folge der Vermehrung dieses Rimlschen Stoffes sein, dessen die NNR nicht
Herr wird. Untersuchungen, ob trotz Funktionssteigerung der NNR eine Vermehrung im
Blutserum nachweisbar ist, wurden wohl noch nicht vorgenommen. Diese Hypothese
könnte erklären, weshalb die Adynamie sowohl beim Addison, wie beim Cushing-Syndrom
auch ohne Diabetes und Glykogenmangel in Erscheinung tritt.

Hyperpigmentierungen bzw. Pigmentverschiebungen, die ebenfalls bei beiden
Krankheitsbildern, beim Cushing allerdings nicht annähernd in dem gleichen
Grad wie beim Addison vorkommen, haben ebenfalls noch keine allgemein
befriedigende Erklärung gefunden. Jedenfalls ist es bisher noch nicht erwiesen,
daß etwa das Pigmenthormon niederer Tiere, das *Melanophorenhormon,* auch
beim Menschen Pigmentierungen erzeugen kann. Die Bildung, die bei primi-
tiven Lebewesen im Mittelhirn stattfindet, wird bei den Säugetieren von den

basophilen Zellen übernommen (JORES). BARTELHEIMER und PAPAYANOPULOS[1] fanden entsprechend die *Melanophorenreaktion mit Blut von Diabetikern des CUSHING-Typs,* bei denen also eine Hyperfunktion der basophilen Zellen angenommen wird, *deutlich verstärkt* im Vergleich zu Stoffwechselgesunden und Angehörigen des Pankreas-Unterfunktionsdiabetes. Durch das Pigmenthormon erzeugte JORES bei intracerebraler Injektion am Kaninchen Blutzuckeranstieg und Temperaturabfall. Er brachte die nächtliche Blutzuckersteigerung ebenso wie das Absinken der Körpertemperatur mit dem auch beim Menschen rhythmisch wechselnden Anstieg dieses Hormons in Zusammenhang. Das Melanophorenhormon soll selbst bei höheren Lebewesen der Überträger des Lichtreizes sein.

Ein weiteres, nicht selten auf den ersten Blick feststellbares CUSHING-Symptom, die *Polycythaemie* meist mäßigen Grades, ist ebenfalls Ausdruck eines falschen, vom HVL ausgehenden Regulationsmechanismus, der vielleicht mit dem vom Zwischenhirn abhängigen, von HOFF, DENECKE und DOCKHORN studierten zusammenarbeitet. Für die Natur einer Regulationsstörung spricht auch, daß BARTELHEIMER und PUCHLEFF[1] im Sternalpunktat die den meisten Formen der Polycythaemia vera eigene Knochenmarkswucherung vermißten, sowohl bei Diabetikern des CUSHING-*Typs* als auch des MORGAGNI-*Typs,* vielleicht spielt aber dabei der geringere Grad der Blutveränderung noch eine Rolle. Hypophysenextrakte können ebenfalls eine Polyglobulie erzeugen, dabei waren gonadotropes, thyreotropes, Wachstumshormon, Prolaktin u. a. nach Untersuchungen verschiedener Autoren wirkungslos.

Daher wurde ein eigenes hämatopoetisches Hormon vermutet (FLAKS, HIMMEL und ZLOTIK u. a.). QUERIDO und OVERBEEK konnten zeigen, daß die Verminderung der Reticulocyten, wie sie der Hypophysektomie folgt, nicht nach der Exstirpation von Schilddrüse, Nebennieren oder der Sexualdrüsen eintritt. Nach HVL-Extrakten kommt im weißen Blutbild zuweilen als einziger abnormer Befund eine Eosinophilie vor, wie auch bei der Akromegalie. Das möge gleichzeitig genügen, um die Zusammenhänge von Polycythaemia rubra und HVL aufzuzeigen. Auch hier harrt ein fruchtbares Gebiet hormonaler Regulation weiterer Erschließung.

Hypertrichose, vor allem *bei Frauen mit viriler Anordnung der Behaarung,* bei Männern gelegentlich *femininer Haaransatz,* wie an den Pubes gut erkennbar ist, bilden nicht zu übersehende Zeichen des CUSHING-*Typs* des HVL-Überfunktionsdiabetes. Besonders von den Franzosen wurden diese Behaarungsanomalien bei Diabetikern beachtet. Für die Entstehung ist einerseits die hormonale Entgleisung der Nebenniere verantwortlich, deren Hormone den Sexualhormonen chemisch verwandt sind, wie im experimentellen Teil schon erwähnt wurde, aber die Beachtung dieser Behaarungsanomalien darf andererseits nicht dazu führen, sie mit konstitutionell oder rassisch begründeten zu verwechseln. Diese für die Stellung der Prognose wichtige Entscheidung wird am besten durch Untersuchung Blutsverwandter getroffen und durch Feststellung, ob noch andere typische endokrine Symptome vorliegen.

Die *Hypersexualität* im Beginn eines basophilen Pituitarismus, *die der hormonalen Sterilisation weicht,* ist das Ergebnis vermehrter Produktion des gonadotropen Hormons. Aber bald führt diese zur vorzeitigen Erschöpfung der Sexualdrüsen (Amenorrhöe!). Die gleichzeitige Ankurbelung der NNR durch das eng verknüpfte corticotrope Hormon erzeugt im sekundären Interrenalismus die genannten Abweichungen des Haarwuchses. Nicht anders ist der Verlauf, wenn

---

[1] Noch nicht veröffentlicht.

durch die physiologische Involution der Ovarien sich ungehemmt die Vorderlappenüberfunktion entfalten kann. Es resultieren im klinischen Bild, im Stoffwechselverhalten und anderem die bekannten Veränderungen der Klimax. Bei Männern vollzieht sich die gleiche Umstellung des endokrinen Zusammenspiels, nur viel allmählicher, schonender und später. Raabs Vergleich der Altersinvolution mit dem Cushing-Syndrom kann nur zugestimmt werden. *Daß ein großer Teil der Altersdiabetiker zu dieser Form des Überfunktionsdiabetes gehört, läßt sich nicht nur aus dem klinischen Bild, sondern auch aus dem Stoffwechselverhalten folgern.*

Die *vorzeitige Arteriosklerose*, die das basophile Adenom begleitet, beginnt mit dem Starrwerden der Gefäßwandungen im Verlauf des Elastizitätsverlustes des gesamten Mesoderms. Auf die *Durchblutungsstörungen in der Peripherie wurde schon beim Akromegalie-Typ hingewiesen.* Beim Diabetes ist beides, besonders dank der lebensverlängernden Wirkung des Insulins, leider nur zu gut bekannt.

Die *Resistenzminderung gegenüber banalen Infekten und Eiterungen,* die die Lebenserwartung des ausgebildeten Basophilismus so vorsichtig beurteilen läßt, ist auch für den fettleibigen, aber noch manchen anderen Diabetiker leider allzuoft prädestinierend. Höring hebt allerdings beim Morbus Cushing mehr die gesteigerte Empfänglichkeit hervor bei einer hohen natürlichen Resistenz, wonach die Prognose quoad vitam günstiger zu stellen und die Häufigkeit banaler Erkrankungen dadurch zu verstehen wäre. Auf welchem Faktor die Resistenzminderung beruht, ist noch unbekannt, jedenfalls hängt sie nicht allein von der Dekompensation des Kh- oder des Fettstoffwechsels ab.

Die jetzt während des Krieges aktuelle Frage der Wehrdienstfähigkeit wird selbst bei oligosymptomatischen Formen ablehnend zu beantworten sein, wie das beim ausgebildeten Syndrom Schüttemeyer kürzlich vorschlug. Dabei ist neben den anderen endokrinen Störungen nicht zum wenigsten, bei der erhöhten Exposition zu banalen Infekten, die Anfälligkeit maßgebend. Leichte oder latente Stoffwechselabweichungen würden sich gut beherrschen lassen, zumal die Leistungsfähigkeit von Diabetikern, was auch die Überprüfung von Garzer Patienten durch v. Hodenberg kürzlich wieder bestätigt hat, eine ausgezeichnete sein kann.

Die *psychischen Veränderungen* basophiler Überfunktion *sind überwiegend depressiver Art,* selten und nur bei wenig ausgeprägten Formen kommen schizoide Züge vor (G. Voss). Vorwiegend auf cerebralsklerotischer Grundlage stellen sich nicht so ganz selten die mannigfachsten geistigen Störungen ein.

In der Depression, die bei Vorliegen grober Stoffwechselregulationsstörungen durch die Azidose ausgelöst werden kann, wurden gelegentlich Suicide verübt, so in dem kürzlich von Umber beschriebenen Fall. Gegen die Annahme, die auch bei Diabetikern vermehrt vorkommenden Depressionen (Hoff u. a.) seien nur die Folge der Verschiebung des SäureBasengleichgewichtes nach der sauren Seite, wendet sich Then Bergh. Unter den Todesfällen der Geschwister von Diabetikern fand sich nämlich eine unerwartete Häufung von Selbstmorden, 1,71% gegenüber der von Luxenburger angegebenen Vergleichszahl von 0,27% für die Durchschnittsbevölkerung. Das wäre eine Steigerung auf das $7\frac{1}{2}$fache.

Das bekannte Zusammentreffen von Diabetes mit Fettsucht veranlaßt Then Bergh interessanterweise zu der Frage, ob es sich nicht vielleicht um Familien stimmungslabiler Pykniker gehandelt haben könne. Fernerhin wäre in diesem Zusammenhang noch an Zwischenfälle während Insulinhypoglykämien zu denken, in der psychotische Insulinreaktionen dem Erbgut entsprechend verlaufen können (F. K. STÖRRING). Bei der hypophysären Diabetikern eigenen Neigung zu rhythmischen Toleranzschwankungen muß unbedingt bei Muskelarbeit hieran gedacht werden. KATSCH hat immer wieder auf soziale Schwierigkeiten, die solche psychischen Entgleisungen verursachen können, aufmerksam gemacht.

Andererseits können *auch beim Cushing neben vorherrschenden Depressionen manische Phasen* auftreten. Es findet sich demnach eine psychische Reaktionsweise, wie sie nach KRETSCHMER zum Pykniker gehört. Das steht in gutem Einklang mit dem früher schon ausgesprochenen Urteil BARTELHEIMERs: *Das CUSHING-Syndrom enthält die ins Pathologische gesteigerten und verzerrten Besonderheiten des pyknischen Habitus.*

Ein Rückblick lehrt, daß sich bei diesem endokrinen, durch basophile Überfunktion beherrschten Syndrom fast alle jene Erscheinungen wiederfinden lassen, die die Eigenart der Klinik des menschlichen Diabetes ausmachen.

Da es sich hier kaum um ein zufälliges Zusammentreffen handelt, sondern vielmehr Entgleisungen der gleichen Regulationsstellen vorliegen, kann *das CUSHING-Syndrom* in ausgezeichneter Weise *Einblicke in die Genese und die Einzelheiten der diabetischen Regulationsstörung wie auch in die Besonderheiten der Klinik der Zuckerkrankheit* vermitteln. Die hierhergehörigen Fälle, einschließlich der oligosymptomatischen, werden daher am ersten richtig beurteilt, wenn sie zum CUSHING-*Typ* des HVL-Überfunktionsdiabetes zusammengefaßt werden, nicht nur wegen ihres Stoffwechselsverhaltens. Diesem Typ kommt daher nicht allein auf Grund seiner größeren Häufigkeit die führende Stellung unter den Formen des hypophysären Diabetes zu.

2. Örtliche Befunde in der Hypophysengegend. Zum Schluß noch ein Wort zu der Frage, ob die röntgenologische Selladiagnostik hier etwas leisten kann. Im Schrifttum findet sich beim CUSHING-Syndrom immer wieder, die Sella sei kalkarm, aber nicht vergrößert. Das letztere ist zu erwarten, da der Tumor sehr klein zu sein pflegt. Und die Kalkarmut ist die Folge der Osteoporose, sie fand sich auch in dem Fall von PARADE und KRÖNKE, wo das aktive Drüsengewebe in einem Ovarialteratom saß und die Hypophyse völlig normal war. Nur selten ist der Türkensattel vergrößert, und noch weniger kommt es zu Opticus- oder Zwischenhirnkompressionen. Dagegen ist die mehrfach angeschnittene funktionelle Zusammenarbeit mit dem Zwischenhirn wohl doch von einiger Bedeutung. *Röntgenologische Selladiagnostik und Gesichtsfeldprüfung haben demnach für die Diagnose des CUSHING-Typs des HVL-Überfunktionsdiabetes nur untergeordneten praktischen Wert.*

c) MORGAGNI-Typ des HVL-Überfunktionsdiabetes.

Im Grunde genommen handelt es sich hierbei um eine *Mischform zwischen Akromegalie-Typ und CUSHING-Typ,* die *oft in fließenden Übergängen von mehr oder weniger ausgeprägten Charakteristika beider Syndrome* begleitet wird. Nicht nur klinisch gewinnt man diesen Eindruck, auch die pathologisch-anatomischen Untersuchungen FOLKE HENSCHENs, der das Augenmerk vom Nervensystem mehr auf die Hypophyse lenkte, bestätigen diese Auffassung durch den Nachweis einer *gleichzeitigen Vermehrung von basophilen und eosinophilen Zellen im Vorderlappen bei verminderten Hauptzellen.* Auch PENDE hebt das Vorkommen von Zeichen einer Hyperplasie oder einer Adenombildung der Hypophyse hervor.

Die Berechtigung einer Abtrennung und gesonderten Darstellung ergibt sich trotzdem aus folgenden Überlegungen: Erstens steht hier eine, vor allem durch Arbeiten Henschens wohl umrissene Trias im Kernpunkt, zweitens bietet die Eigenart des führenden Symptoms, der Hyperostosis frontalis interna, die Möglichkeit, eine Steigerung der Inkretion des HVL klinisch, also intra vitam bereits, auf einfache Weise zu erfassen. So erhält dieses Syndrom eine besondere diagnostische Bedeutung für endokrine Regulationsstörungen, für den HVL-Überfunktionsdiabetes, wie Bartelheimer zeigen konnte. Dem gesteckten Ziel, auch beim Menschen den Nachweis für die Existenz und Bedeutsamkeit eines Diabetes durch Hormonüberproduktion zu erbringen, wird damit wieder ein Schritt näher gerückt und die Brücke zwischen experimentellen Schlußfolgerungen und der Klinik immer fester fundiert.

Zuerst zum Verständnis einiges über das wenig bekannte Morgagni-*Syndrom*. Es setzt sich aus *Hyperostosis frontalis interna, Obesitas und Virilismus* zusammen. Da es zuerst, schon 1761, klar von Morgagni beschrieben worden ist, schlugen Henschen, der es am eingehendsten studiert hat, ebenso Pende vor, es nach diesem zu benennen. Psychiater hatten nämlich inzwischen, beeindruckt durch die bei fettleibigen Geisteskranken beobachtete Stirnbeinhyperostose eine andere, nach Stewart und Morel benannte *Trias* aufgestellt. Für diese wurden *Hyperostosis frontalis interna, Adipositas und das Auftreten verschiedenster psychischer und auch neurologischer Symptome* gefordert. Wenn auch Henschen diese Trias bestreitet, da die Autopsie nicht genügend Anhaltspunkte für sie erbrachte, so ist wie bei den nicht seltenen psychischen Veränderungen Cushing-Kranker, bis zu jenen infolge verfrühter Cerebralsklerose, auch hier an ähnliche Korrelationen zu denken, zumal *das* Morgagni-*Syndrom dem Cushing näher steht als der Akromegalie,* wofür nicht allein das zweite und dritte Zeichen, sondern auch die Art und Häufigkeit zusätzlicher endokriner Zeichen sprechen. So finden sich beispielsweise im Bereich des Knochensystems selbst am Schädel osteoporotische Veränderungen. Immerhin sind die psychischen Erscheinungen recht inkonstant, wenigstens bei den selbst beobachteten Diabetikern. Es ist daher zweifellos richtiger, der Morgagni-*Trias* den Vorrang zu geben, der durch die *hypophysäre Ätiologie* (Henschen, H. Chiari, Bartelheimer) nahegelegt wird.

Die damit gegebene *Neigung zur Stoffwechselentgleisung,* die nicht selten im Überfunktionsdiabetes zum Ausdruck kommt, ähnlich wie bei den beiden besprochenen Hypophysensyndromen, war Bartelheimer Anlaß, unter Zuckerkranken nach diesem Syndrom zu suchen, zwecks Erforschung der dem einzelnen Diabetesfall zugrunde liegenden Hypophysenfunktion. Das führte dazu, fortan *besonderen Wert auf die Erkennung einer bei Zuckerkranken vorhandenen inneren Stirnbeinhyperostose zu legen,* die noch eindeutiger als Fettsucht und Virilismus sein kann. Sie gestattet erst die Zuordnung zum Morgagni-Typ des hypophysären Diabetes. Es ist von besonderem Interesse, daß Flint in einer persönlichen Mitteilung bei dem von ihm gemeinsam mit Michaud mit einer bisher wohl unerreichten Intensität über lange Zeit eingehend untersuchten Fall von „hypophysärem Diabetes" auf Grund dieser Arbeiten über das Vorhandensein einer inneren Hyperostose berichtete. In allerjüngster Zeit hat nun auch der bekannte italienische Endokrinologe Pende auf die große Bedeutung dieses Zusammentreffens mit einem Diabetes hingewiesen. Sie ist gerade beim Mann pathognomonisch. Deutliche begleitende Cushing- und Akromegalie-Symptome

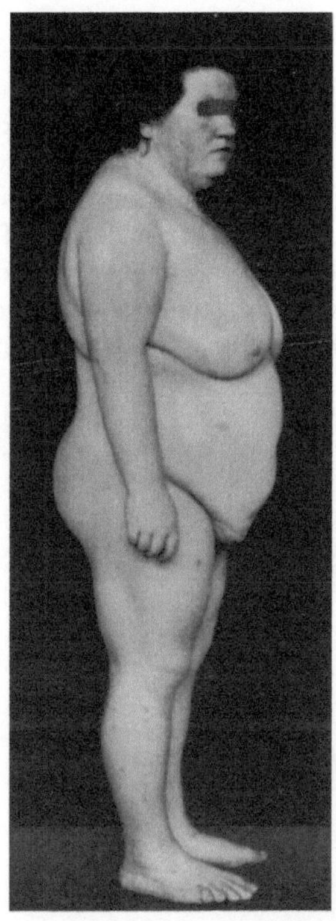

Abb. 12 a.

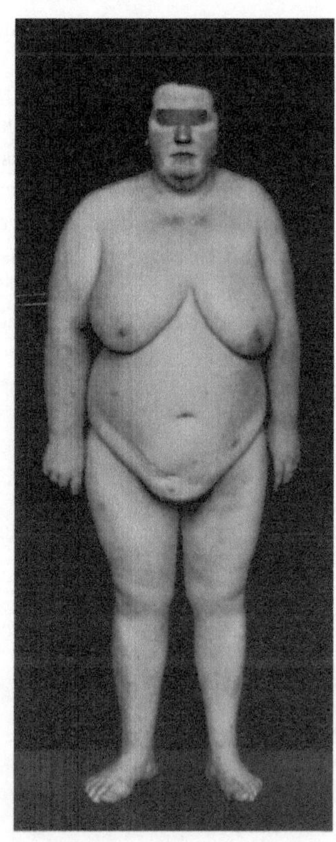

Abb. 12 b.

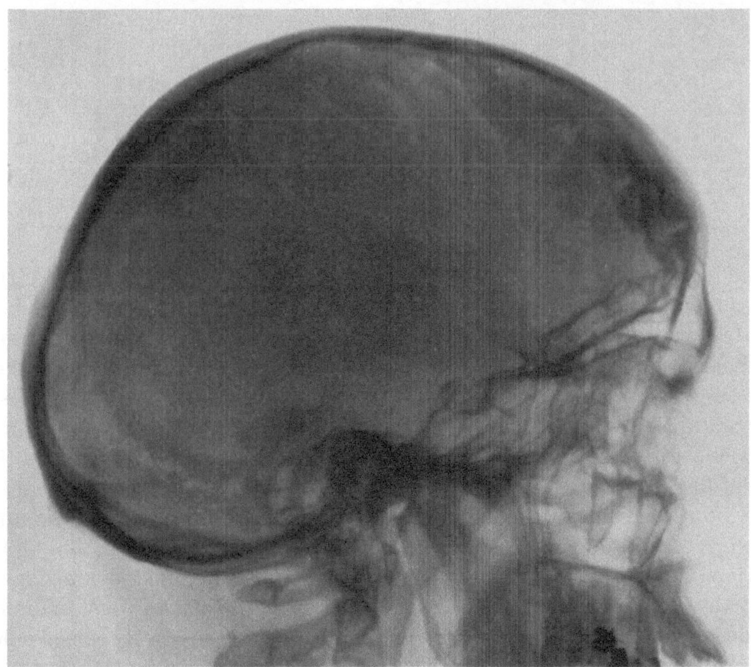

Abb. 12 c.

Abb. 12 a—c. 32jährige Zuckerkranke vom MORGAGNI-Typ des HVL-Überfunktionsdiabetes.
Dazugehörige Röntgenaufnahme des Schädels, die die ausgedehnte Hyperostosis frontalis interna zeigt.

bestätigten auch hier, daß dem Morgagni-Syndrom die genannte Mittelstellung
zukommt, fließende Übergänge in beiden Richtungen müssen eine engherzige
Isolierung dieser Trias als biologisch unrichtig erweisen. Ebenso wie bei
jenem hypophysärem Diabetes, dem die obige Schädelaufnahme entstammt,
wurde bei dem oben zitierten Fall von Flint und Michaud in erster Linie an
das funktionelle Überwiegen des basophilen Vorderlappenanteils gedacht.

*Die diagnostische Auswertung der Hyperostosis frontalis interna erfährt dadurch
eine Einschränkung, daß Frauen jenseits des Klimakteriums in einem wesentlichen*

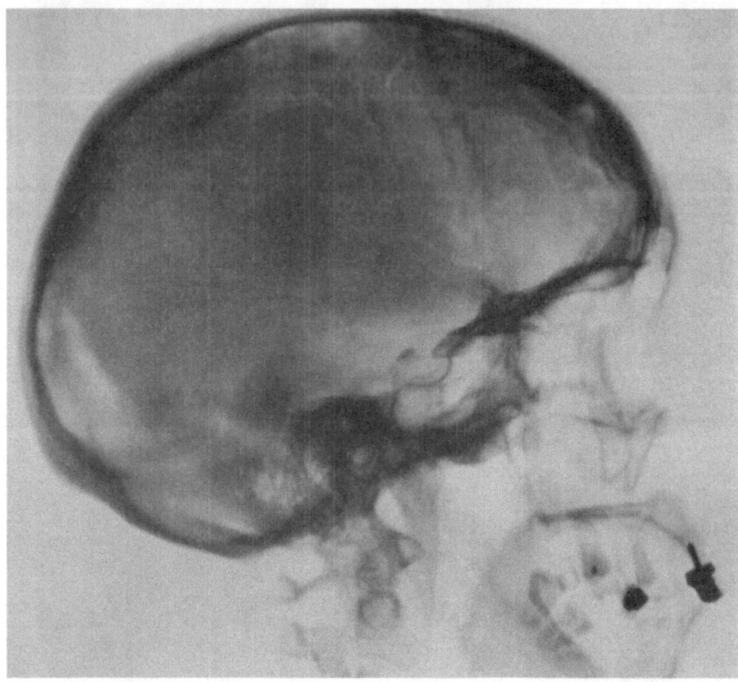

Abb. 13. Hyperostosis frontalis interna in geringerer Ausprägung, auch bei Diabetes.

Prozentsatz derartige Knochenveränderungen bekommen. Bei Berücksichtigung
feinster, nur autoptisch erkennbarer Befunde entdeckte Henschen sie fast in
40%, röntgenologisch sichtbare sind zweifellos sehr viel seltener vorhanden.
Sie sind Folge der nach Wegfall der dämpfenden Wirkung der Sexualhormone
einsetzenden Vorderlappeninkretion in der gleichen Bahn, deren Überlastung
zum Morgagni-Syndrom führt. Die Häufigkeit der Hyperostosenbildung in
jener Periode ist also ebenso wie die der Diabetesentstehung kein Zufall. Beide
beruhen auf der — dort sekundär ausgelösten — gesteigerten Vorderlappentätigkeit. Die Stoffwechselstörungen kommen in einem gemeinhin unterschätzten
Ausmaß vor, da die latenten nur selten berücksichtigt werden. Bei Frauen
vor der Klimax und bei Männern kann so jedoch der Nachweis einer ungewöhnlichen und abwegigen Vorderlappenüberproduktion auf einfache Weise erleichtert
werden, und weiter bieten sich bei Vorliegen einer diabetischen Stoffwechselstörung
für die Beurteilung der zugrunde liegenden Fehlregulation wichtige Hinweise. Bei
Männern wurde die frontale Hyperostose erst außerordentlich selten beschrieben.

Für die *hypophysäre Genese der Hyperostose* sprechen das Vorkommen ähnlicher, im allgemeinen aber an anderer Stelle lokalisierter *Schädelhyperostosen bei der Akromegalie*, ebenso wie die *bei einem Drittel der Schwangeren vorkommenden interkraniellen Osteophyten*, die parallel mit dem Abklingen der Hypophysentätigkeit sich zurückbilden. Der Gedanke, die innere Stirnbeinhyperostose sei allein Folge eines Zurücksinkens und einer Atrophie des Gehirns (GREIG, DRESSLER u. a.), ist daher mehr und mehr fallen gelassen worden, vor allem findet sich dieser Befund bei Frauen von 50 Jahren an aufwärts, trotz fortschreitender Hirnatrophie in dem gleichen Hundertsatz, nicht in zunehmender Häufigkeit, betont HENSCHEN. Daß überhaupt interkranielle Knochenumformungen vikariierend für die Schrumpfung des Gehirns eintreten können, steht allerdings nach Untersuchungen von LOESCHKE und WEINNOLDT, DRESSLER u. a. außer Zweifel, aber sie sehen ganz anders aus. STEWART erwog schon 1928, ob nicht ein „Dyspituitarismus" am Zustandekommen seiner Trias beteiligt sein könnte.

Über die Genese der *Fettsucht*, hier in den grundlegenden Arbeiten gewöhnlich Obesitas genannt, wurde das in diesem Zusammenhang Wichtige bei der Besprechung des CUSHING-*Typs* genannt. Hier wie dort scheint die HVL-Überfunktion entscheidend zu sein. Während dort aber die Verteilung der Fettdepots in charakteristischer Weise als Stammfettleibigkeit mit rundem „Vollmondgesicht" vorzufinden war, besteht beim MORGAGNI-Typ in der Regel eine allgemeine Adipositas, zuweilen nähert sie sich der obigen Form, oder sie erinnert an den „Typ rhizomélique" französischer Autoren. Ähnlich zeigt der *Hirsutismus* die Anlehnung an den basophilen Pituitarismus. MOREL bemerkt allerdings, daß das dünne Kopfhaar zu diesem gelegentlich in auffälligem Kontrast steht. Eine besondere Note erhält der Gesamteindruck bei Frauen durch den männlichen groben Knochenbau, wohl vermittelt durch Überproduktion jener Wirkstoffe, die im Exzeß dem Akromegalen sein Aussehen geben. Der Virilismus drückt sich außer durch breiten gedrungenen Körperbau, der H. CHIARI zusammen mit der Adipositas an den Pykniker erinnert, durch männliche Bewegungen und Haltung aus. In dem Fall FLINTs, bei einem Manne also, ist von athletischem Körperbau mit kräftiger Muskulatur die Rede, bei einem selbst beobachteten Mann bestand eher eine Anlehnung an den Habitus des basophilen Pituitarismus. Soviel über *das klinische Bild, dessen Beachtung für die Diagnose des hypophysären Diabetes ebenso bedeutungsvoll ist wie die Stoffwechselanalyse.*

Im Stoffwechselverhalten fallen *Insulinresistenz, rhythmische Toleranzschwankungen, Zeiten mit deutlicher Ketonneigung* besonders ins Auge. Mehr oder weniger ausgesprochene Insulinresistenz fanden sich ebenso wie die Änderungen der Toleranz bei den von BARTELHEIMER gesehenen Fällen dieses Typs. Bei einigen war, ähnlich *wie es bei anderen Formen des Überfunktionsdiabetes vorkommt, auf eine sekundäre Inselinsuffizienz zu schließen.* Die Erklärung der von FLINT geschilderten bedrohlichen Ketose bei einem „hypophysären Diabetes" mit Hyperostose, die auf ein Zuviel des ketogenen Hormons bezogen wurde, erfährt eine wertvolle Ergänzung durch experimentelle Untersuchungen MORTIMERs, der bei Ratten durch Injektion von ketogenem HVL-Hormon Schädelhyperostosen erzeugen konnte. Nicht minder interessant ist heute die Frage, wieweit die NNR an der Entstehung der Knochenveränderung beteiligt ist.

Erhöhte Zuckertoleranz, die CARR beim Hyperostosensyndrom beobachtete, verrät die *zeitweilig das Gleichgewicht störende kompensatorisch erhöhte Insulinproduktion*, wie YOUNG sie nach HVL-Extraktzufuhr im Experiment beweisen konnte. Da die HVL-Tätigkeit rhythmischen Schwankungen unterliegt, ist es begreiflich, daß solche Phasen auftreten können.

Außerordentlich interessant war in diesem Zusammenhang ein kürzlich beobachteter Fall. Bei einer 39jährigen Frau, die aus einer erblich diabetesbelasteten Familie stammte, mit normalem menstruellem Zyklus, deckte die Röntgenaufnahme eine Hyperostosenbildung auf, vor allem war die zeitweilige Überfunktion des HVL zu eruieren. Vor etwa 10 Jahren kam es plötzlich bei unveränderter Lebensweise zu hochgradiger Gewichtszunahme, Hypertonie bis 180 mm Hg, quälender Adynamie, später zu vitiligoartigen Pigmentverschiebungen, Furunkulose und lästigen Katarrhen, dann Alopecia areata. Langsame Rückbildungen dieser Erscheinungen; jetzt besteht noch eine Hypertonie, etwas angezogene Blutcholesterinwerte (181 mg-%), eine Neigung zu banalen Entzündungen (der Blutkochsalzwert ist auf 620 mg-% erhöht!), die Hypertrichose ist nur angedeutet. Das Beschwerdebild dagegen wird durch eine periodisch wiederkehrende, sehr unangenehme Adynamie und durch hypoglykämische Symptome beherrscht. Druckgefühl im Oberbauch und vergrößerte Leber ließen an eine Cholecystopathie denken, die etwa im Sinne KATSCHs zur Pankreatitis geführt hätte, jedoch ließen sich für diese Vermutungen keine sicheren Argumente beibringen. Viel wahrscheinlicher ist ein reaktiver Hyperinsulinismus durch hormonale Reizung, vielleicht über die NNR. Wieweit die Oberbauchbeschwerden auf eine Glykogenüberfüllung der Leber zu beziehen sind, ist fraglich, jedenfalls wurden sie durch Adrenalin gebessert. Ein keineswegs klares Bild, neben und nach der Überfunktion des HVL (+ NNR) steht jetzt diejenige des Inselorgans im Vordergrund.

Noch kurz etwas über die röntgenologische *Selladiagnostik*. Beim MORGAGNI-*Typ* des HVL-Überfunktionsdiabetes sah BARTELHEIMER *nur einmal eine mäßige Vergrößerung. Verkalkungen in der Hypophysengegend* kamen vor, am deutlichsten beim Fall FLINTs. Das Zwischenhirn ist durch die funktionelle Verknüpfung mit der Hypophyse beteiligt, aber wohl kaum einmal mechanisch beeinträchtigt, da nennenswerte Tumoren fehlen. *Vor allem lehrt der* MORGAGNI-*Typ wieder, daß bei Verdacht auf eine Hypophysenstörung nicht allein die Sella aufgenommen und nicht auf die Totalaufnahme des Schädels in frontaler Richtung verzichtet werden sollte.* Gezielte Sellaaufnahmen geben bessere Bilder des Türkensattels, aber sie vorenthalten dem Untersucher interkranielle Hyperostosen. Sie schließen, allein vorgenommen, überhaupt die Möglichkeit aus, das MORGAGNI-*Syndrom* zu erfassen. Einen groben Anhalt können allerdings *hartnäckige Stirnkopfschmerzen* geben, wenn Obesitas und Virilismus oder Cushing- und Akromegalie-Symptome wenigstens angedeutet vorhanden sind. Die Beseitigung solcher lange Jahre bestehender Schmerzen konnte BARTELHEIMER einmal durch Progynoninjektionen erzielen. Somit könnte sich hier eine *therapeutische Konsequenz* erschließen. PENDE rät zur Verabreichung von Nebenschilddrüsenhormon und zur örtlichen Calciumontophorese.

Neben der herausgearbeiteten Bedeutung, die die Hyperostosis frontalis interna für die Diagnose des HVL-Überfunktionsdiabetes besitzt, kann sie Einblick in die Pathogenese von Regulationsformen der Fettsucht und der Polycythaemia vera vermitteln. So berichtete BARTELHEIMER kürzlich über die auf eine HVL-Hormonüberproduktion deutende Schädelveränderung bei einem Mann mit einer Polycythaemia vera vom GAISBOECK-Typ. Genauere Einzelheiten über die Beziehung zwischen HVL-Funktion und Polyglobulie wurden unter den Symptomen des CUSHING-Typs bereits besprochen.

d) Grundsätzliche Folgerungen für die Bedeutung des HVL in der Diabetespathogenese.

Die Betrachtung der geschilderten, dem hypophysären Diabetes zugrunde gelegten Typen, die auf klinischen Symptomen basieren, erlaubt einige allgemeine Schlußfolgerungen: 1. Man kann schon *aus klinischem Bild und Stoffwechselverhalten feststellen, ob die Tätigkeit des HVL vermehrt — oder auch vermindert — ist.* Aber durchaus nicht immer läßt sich entscheiden, welche der einzelnen Wirkstoffe im Überschuß vorliegen, da nur zu oft reaktive Funktionssteigerung entgegengesetzter Inkretdrüsen den einzelnen Faktor an seiner Entfaltung hindern oder den Effekt modifizieren. 2. Fast immer werden *bei einer Funktionssteigerung zugleich mehrere* der zahlreichen experimentell postulierten *HVL-Wirkstoffe in erhöhtem, wenn auch verschiedenem Maße abgesondert*, seltener sind andere dabei verringert. Gleicher Entstehungsort und verknüpftes biologisches Verhalten bestimmen anscheinend die Parallelität der Inkretion. *Eine diabetogene Funktion des HVL kann bei all seinen Plusentgleisungen in Erscheinung treten, bei der Akromegalie und beim Cushing in gleicher Häufigkeit.* Die Eigenart der reinen Syndrome wird durch das Prävalieren zusammengehöriger Hormongruppen bestimmt. Für die Entstehung des HVL-Überfunktionsdiabetes sind Mischformen ebenso entscheidend, da eosinophiler und basophiler Pituitarismus gleich häufig einen Diabetes aufweisen. 3. *Die beschriebenen Diabetestypen* besitzen in reiner Ausprägung *grundsätzlichen und besonders didaktischen Wert für die Erkennung nur oligosymptomatischer Fälle.* Jeweiliges klinisches Syndrom und Entgleisung der Stoffwechselregulatoren entsprechen sich keineswegs immer in ihrem Ausmaß. Adenome pflegen höhergradige klinische Veränderungen zur Folge zu haben, Funktionssteigerungen des HVL mit geringerer morphologischer Grundlage in der Regel geringere, auch was die Stoffwechselregulation anlangt. Aber durchaus nicht immer ist das so. 4. Wenn sich auch weniger als im Experiment die Beteiligung der einzelnen Wirkstoffe abgrenzen läßt, so *stimmen klinische und Versuchsergebnisse doch in den Grundzügen überein. Ohne Zweifel ist die auf den Stoffwechsel zielende Wirkung des HVL eine ausgesprochen diabetogene*, derart daß man sagen kann: *Überfunktion oder Überwiegen des HVL erzeugt den Diabetes, und das Inselorgan verhindert ihn, so gut es kann.* Fällt der HVL aus, so führt selbst eine Inselinsuffizienz allenfalls nur zu unwesentlicher diabetischer Störung. *Liegt eine primäre Plusdekompensation des HVL vor, so entsteht der Überfunktionsdiabetes, falls die reaktive Steigerung des Inselorgans diese nicht ausgleicht. Erkrankt das Inselorgan primär im Sinne einer Minusdekompensation, so ist der Unterfunktionsdiabetes das Ergebnis.* Das umgekehrte Stoffwechselverhalten kommt bei Vertauschen von Plus- und Minusdekompensation zustande, als sekundärer und primärer Überinsulinismus. Aber darauf kann hier nicht näher eingegangen werden. 5. *Der Diabetes ist also eine ausgesprochene Regulationskrankheit*, das läßt sich auch aus klinischen Befunden schließen. Bei gesteigerter Inkretion des Vorderlappens kommt es zum *HVL-Überfunktionsdiabetes*, bei dem *die absolut erzeugte Insulinmenge gesteigert, normal oder vermindert* sein kann. Am ehesten ist er im Stoffwechselverhalten an der verringerten Insulinansprechbarkeit erkennbar. Bei der der Norm entsprechenden Tätigkeit dieses Hypophysenteils oder geringerer Verminderung, als sie der mangelhaften Insulinproduktion entspricht, entsteht ein *Pankreas-Unterfunktionsdiabetes.* Im letzteren Fall würde dieser als Charakteristikum eine Insulinüberempfindlichkeit zeigen. 6. *Die primäre HVL-Überfunktion kann sich, nachdem sie zu einer Erschöpfung des Inselorgans geführt hat, zurückbilden und sogar in das Gegenteil umschlagen.* Ein insulinempfindlicher oder sogar überempfindlicher Pankreas-Unterfunktionsdiabetes ist das Endergebnis. 7. Das relativ häufige Vorkommen der „*Reizglykosurie*" und das Vorhandensein aller Zwischenstufen *ebenso wie des Diabetes bei den genannten hypophysären Überfunktionssyndromen,* sprechen dafür, daß eine *vollständige Trennung nicht berechtigt ist.* In beiden Fällen ist das gleiche Regulationssystem gestört, allerdings in verschiedener Weise. Offenbar *überwiegen bei der „Reizglykosurie" glykogenolytische Reize,* die Insulin nicht ganz zu kompensieren vermag. Das Verhalten der „*Nierenschwelle" spielt eine besondere Rolle.* Das wurde anfangs schon und wird zum Teil im folgenden Abschnitt besprochen.

e) Andere Diabetesformen mit mehr oder weniger gesicherter ausschlaggebender Beteiligung des HVL.

Für den *Pankreas-Unterfunktionsdiabetes* läßt sich kein analoges typisches endokrines klinisches Bild erbringen, da die Tätigkeit des Inselorganes sich auf den Bereich der Stoffwechselregulation beschränkt. Im Stoffwechselverhalten muß der Pankreas-Unterfunktionsdiabetes eine *normale oder vermehrte Insulinansprechbarkeit* besitzen, da die hormonale Gegenregulation ja nicht über die Norm hinausgeht. Demgegenüber war die *Insulinreaktion beim floriden HVL-Überfunktionsdiabetes vermindert,* da die im Übermaß vorhandenen Gegenspieler sie aufheben.

Der größte Teil der insulinresistenten Zuckerkranken gehört wahrscheinlich in die Gruppe des HVL-Überfunktionsdiabetes, da nach experimentellen Erfahrungen die echte Insulinresistenz ein hypophysäres Phänomen zu sein scheint, die *Mitwirkung der gesteuerten Drüsen (NNR!) natürlich eingerechnet.* Einstweilen ist das aber nur eine, wenn auch sehr nahe liegende Vermutung. Andere resistenzfördernde Ursachen, wie sie zum Beispiel Falta in seinem Diabetesbuch zusammengestellt hat, mögen dort nachgelesen werden. Einiges wurde darüber auch im experimentellen Teil gesagt.

Unter den mehr oder weniger insulinrefraktären Diabetikern gibt es solche, bei denen die HVL-Überfunktion nach den entwickelten Gesichtspunkten zu erschließen ist, aber auch andere, bei denen es bisher unmöglich bleibt, sie zu zeigen. In der Mitte stehen Fälle, die nur ein oder zwei, häufig nicht einmal typische klinische Zeichen aufweisen, die aber im Stoffwechselverhalten die ausschlaggebende diabetogene Hormonüberproduktion erkennen lassen. Das wären zum Beispiel Fälle von *Hypertonie-Diabetes,* die Kylin schon früh auf eine hypophysäre Überfunktion zurückführte, oder von *Fettsuchtsdiabetes.* Bei sorgfältiger klinischer Untersuchung in der gezeigten Weise wird ihr Prozentsatz allerdings wesentlich schrumpfen, da sich weitere Symptome der hypophysären Abweichungen finden lassen, wie auch Kylin, Lucke u. a. andeuteten.

Auch so vorübergehende Änderungen in der *Stoffwechselregulation,* wie *in der Schwangerschaft,* kommen sicher *weitgehend über die Stimulation des HVL* zustande. So scheint es richtiger zu sein, auch jene Fälle, die durch tadellose reaktive Pankreasfunktion bei Belastungen nur geringe Toleranzverschiebungen erkennen lassen, *nicht* als *Schwangerschaftsglykosurie zur echten renalen,* vielleicht auf einer Funktionsanomalie der Niere beruhenden Glykosurie zu rechnen, *sondern* sie als *besondere reversible, hormonal ausgelöste Stoffwechselverschiebung, die den „Reizglykosurien" verwandt ist,* aufzufassen. Wie bei diesen steht die Senkung der Nierenschwelle im Vordergrund, und ebenso halten sich die Glukoregulatoren das Gleichgewicht, aber wohl auf höherem Niveau. Die Phlorrhizinansprechbarkeit ist erhöht, aber schon allein das häufig abnorme Verhalten des Fettstoffwechsels mit Cholesterinämie, Lipämie, auch Ketonämie gibt Anlaß, die Schwangerschaftsglykosurie im Bereich der Regulationskrankheiten des Stoffwechsels zu führen, deren manifest krankhafter Ausdruck der Überfunktionsdiabetes ist, und sie nicht mehr zur echten renalen Glykosurie zu rechnen. Durch die zeitliche Begrenzung der Gravidität ist die hormonale Regulation ja nur vorübergehend dekompensiert, primär herrscht immer das Überwiegen des HVL vor. Mit Beendigung derselben bildet sich die Hormonüberproduktion und damit akromegaloide Umwandlungen, Blutdrucksteigerungen, Pigmentverschiebungen, interkranielle Hyperostosen u. a. zurück. Ebenso wie andere durch die Inkretüberschüttung veranlaßte Erscheinungen verschwinden die Stoffwechselstörungen. Ein familiär-konstitutionell oder exogen geschädigtes Pankreas vermag nicht immer dem diabetogenen Sturm standzuhalten, ein Pankreas-Unterfunktionsdiabetes ist also in einem gewissen Prozentsatz für dauernd die Folge, wenigstens nach Rückbildung der diabetogenen Überproduktion. Ebenso kann naturgemäß gelegentlich die Hypophyse sich gar nicht zurückbilden, ein insulinresistenter Diabetes bleibt bestehen.

Zwei Momente müssen also beim Studium des *Stoffwechselverhaltens der Schwangerschaft* beachtet werden:

1. Die Senkung der Nierenschwelle, die nach den alten KÜSTNERschen Versuchen durch den Anstieg des Corpus luteum-Hormons, nach E. FRANK durch endogene, aus Placenta oder Fetus stammende Stoffwechselgifte, neuerdings nach ELERT durch eine relative Nebenniereninsuffizienz verursacht sein soll. So ließe sich noch eine große Zahl anderer Theorien anführen. Wieweit eine toxische Leberschädigung wesentlich sein kann, muß ebenfalls noch geklärt werden.

2. Die Stoffwechselverschiebung in der Schwangerschaft, die unter dem bestimmenden Einfluß der Überfunktion des HVL steht. So ist eine Herabsetzung der Insulinansprechbarkeit möglich, natürlich auch was die Zuckerausscheidung anlangt. Diese ist ja nicht allein eine „renale", denn während die Häufigkeit des Auftretens von Glykosurien in der Schwangerschaft durchweg mit 40% angegeben wird, wies NOTHMANN sie nach Kh-Belastung in 90% nach. Die Adrenalinempfindlichkeit pflegt erhöht zu sein. Entsprechend kommt es zu hohen steilen Blutzuckerkurven, auch bei der alimentären Glucosebelastung (KLEIN und RISCHAWAY). Der Abfall ist auch nicht selten verzögert.

Nicht wenige Fälle sind beschrieben worden, bei denen ein *Diabetes durch die Gravidität ausgelöst* wurde, wobei UMBER und LEMSER mit Recht besonders eindrücklich auf die Erbanlage (Pankreas!) verwiesen. Die wenigstens vorübergehende Verschlimmerung einer bereits vorhandenen Zuckerkrankheit durch die Gravidität ist die Regel. Das ist wichtig, da gegebenenfalls Insulin zugeführt werden muß, das das Pankreas vor der Erschöpfung schützt. Eindrucksvoll ist die *Azidoseneigung mit gleichzeitiger Lipämie und Cholesterinämie eines großen Hundertsatzes von Schwangeren, ein vorhandener Diabetes gleitet infolgedessen bei ungenügender Betreuung leicht ins Koma.* Der Grad der Ketosis übertrifft dabei oft die Kh-Stoffwechselstörung (Tonkes). Auch die N-Ausscheidung ist vermehrt. Zusammenfassend gesagt, finden sich also *Stoffwechselveränderungen, wie sie in vieler Weise dem HVL-Überfunktionsdiabetes eigen sind.* Die führende Beteiligung der Hormonüberproduktion des Vorderlappens an der Stoffwechselregulation gewinnt nicht zum wenigsten durch Auftreten von klinisch hypophysären Symptomen, wie sie vorhin aufgezählt wurden, an Wahrscheinlichkeit, ohne daß aber alles darauf bezogen werden darf.

In jüngster Zeit hat Elert in einer viele Einzelheiten enthaltenden Zusammenstellung, die die Wiedergabe von solchen hier unnötig macht, den Versuch unternommen, den dominierenden Einfluß einer wohlgemerkt *relativen NN-Insuffizienz* besonders in den ersten Monaten nahezulegen. Die Nebennieren sind nach übereinstimmendem Urteil zahlreicher Autoren erheblich vergrößert. Es würde zu weit führen, zu den einzelnen Punkten dieser Theorie schon Stellung zu nehmen, doch muß auf die Tatsache hingewiesen werden, daß Minus- und pathologische Plusdekompensation im Endergebnis mit gleichen Erscheinungen einhergehen können, wie es von der Adynamie erwähnt wurde, wie es von der Polyglobulie, Cholesterinämie u. a. bekannt ist, aber auf durchaus verschiedene Weise kommt es dazu. Außerdem sprach manches für die Bildung mehrerer Substanzen in der NNR, so daß eine partielle Überfunktion mit anderweitiger Unterfunktion einhergehen könnte. Dieses reichlich hypothetische Gebiet ist für eine abschließende Erklärung noch nicht spruchreif.

Die schon im Zusammenhang mit den hypophysären Überfunktionskrankheiten genannten „*Reizglykosurien*" kommen auch bei solchen von *Nebennieren und Schilddrüse* (außerdem bei *zentralnervösen Störungen*!) vor, auch mit niedriger Zuckerschwelle der Nieren und sonst normalem Stoffwechsel. Sie wurden von Umber „extrainsuläre oder hyperchromaffine Reizglykosurien" genannt und mit Recht *nicht auf eine Inselinsuffizienz bezogen.* Joslin schätzt ihre Häufigkeit auf etwa 3%. Nicht so ganz selten wird bei Verlust des glykoregulatorischen Gleichgewichts langsam eine konsumierende Zuckerkrankheit manifest, was einerseits von Art und Ausmaß diabetogener Überfunktion und andererseits von der Leistungsfähigkeit des Pankreas abhängt. Keineswegs läßt sich die früher geübte scharfe Trennung heute noch aufrecht erhalten, was unter anderen auch Marañon, Hoff und Lommel betonten.

Wo der die *Nierenschwelle senkende Faktor* zu suchen ist, weiß man noch nicht. Mangel an Rindenhormon (Hoff, Rühl und Thaddea) als Ursache ist, wenigstens beim Menschen, keineswegs gesichert (Bartelheimer, Robbers und Westenhoeffer, Monasterio, Umber). Ist die Zuckerdurchlässigkeit der Nieren nicht vermehrt, so wird die Überproduktion der Stoffwechselhormone naturgemäß erst wesentlich später erkannt. Es kommt zu latenten Formen des Überfunktionsdiabetes mit allen Übergängen. Eine Erhöhung der Nierenschwelle, die oft als charakteristisch für den extrainsulären Diabetes angegeben wird, ist also keineswegs obligat, was auch sonst die klinische Erfahrung lehrt. Unter anderen betonen das Flint und Michaud neuerdings. Sie ist begreiflich bei Arteriosklerose in den Nieren, die gesamte Ausscheidungsfähigkeit verringert sich dann.

Kurz noch etwas über den *Altersdiabetes.* Schon Naunyn trennte ihn vom „reinen Diabetes". Als erster wohl erkannte Raab in vollem Umfang die Ähnlichkeit der Altersumstellung mit der durch pituitaren Basophilismus. Auch pathologisch-anatomisch ließ sich *im Senium das Prävalieren der Basophilen* erkennen *gegenüber den Eosinophilen, die im jugendlichen wachsenden Organismus vorherrschen.* Die Zunahme der Diabetesfrequenz im Alter ist zu bekannt, als daß darüber viel zu sagen wäre. Nicht nur der fast physiologische Anstieg des Blutzuckerniveaus (SCHLOMKA und FRENTZEN) verrät diese Tendenz. VENTURA fand bei der größeren Zahl von Greisen, die er nach STAUB belastete, Kurven wie bei leichter Zuckerkrankheit. *Ganz zu Unrecht,* das ist praktisch wichtig, besteht die weitverbreitete Vorstellung, der *insulinresistente Altersdiabetes sei im Vergleich zum insulinempfindlichen junger Kranker recht harmlos* und bedürfe nur geringer Überwachung. Tatsächlich ist es doch so, daß eine geübte Führung mit dem letzteren glatt fertig wird, während häufig schwer oder gar nicht aufzuhaltende Komplikationen — man denke nur an die ähnlichen klinischen Begleitsymptome des CUSHING-, auch des Akromegalie-Typs des hypophysären Diabetes — das Schicksal unaufhaltsam besiegeln (Begünstigung der Arteriosklerose, periphere Kreislaufstörungen, Hypertonie, allgemeine Resistenzminderung, Fettsucht u. a.). Diese irrige Auffassung geht offenbar auf die Vorinsulinära zurück, in der man dem schnell zum Verfall führenden absoluten Insulinmangel fast hilflos gegenüberstand, vielleicht auch auf den oft langsamen Verlauf. Solange die Reserven des Pankreas die Vorderlappenüberfunktion zügeln, kommt es im Bereich des intermediären Stoffwechsels nicht zur Katastrophe. Aber BECKMANN hat vor einiger Zeit an Hand einer Statistik anschaulich demonstriert, daß die *Komaneigung bei jenseits des 50. Lebensjahres auftretendem Diabetes keineswegs verringert* ist, wegen der ungünstigen Kreislaufverhältnisse die *Lebensbedrohung sogar ungleich größer* sei. Auch BERTRAM hat die Prognose ähnlich gestellt. Für die Probleme des hypophysären Überfunktionsdiabetes interessiert besonders die aus den BECKMANNschen Angaben ersichtliche Azidoseneigung gegenüber der wenig konsumierenden Kh-Stoffwechselstörung. Die *Zunahme der insulinzerstörenden Kraft des Blutes im Alter* (KOHL und Mitarbeiter) ist bemerkenswert. KOHL fand sie bei Zuckerkranken erhöht und vermutet, daß sie eine ätiologisch bedeutsame Rolle spielt. Nicht gering für die Häufigkeit der Manifestation im Alter ist also die dann stattfindende *Verschiebung des glykoregulatorischen Systems* zu veranschlagen. — *Zunahme der Tätigkeit der diabetogenen Hypophyse und Nebennieren und dann erst Abnahme der Pankreasreserven* (Sklerose!). — Jene Plusentgleisung wird *durch den Fortfall der den HVL hemmenden Keimdrüsenhormone erleichtert,* die direkt oder vielleicht über das Zwischenhirn (HEROLD und EFFKEMANN) wirksam sind.

Einen außerordentlich schönen klinischen Beitrag für die Bedeutung der Hypophyse in der Diabetespathogenese hat kürzlich P. WHITE aus der JOSLINschen Klinik geliefert, der dadurch besonderes Gewicht erhält, daß er sich auf ein unerhört großes Material stützt und einer Arbeitsrichtung entstammt, die sich in erster Linie um die Erforschung der Funktion des Inselorgans in der Diabetespathogenese bemühte. Von 1250 Diabetikern, bei denen der Ausbruch der Zuckerkrankheit vor dem 15. Lebensjahr lag, zeigte fast ein Viertel klinisch deutliche endokrine Störungen, vor allem eine Unterfunktion des HVL (168 Fälle). Die nähere Analyse ergab nun aber, daß der Diabetesmanifestation so gut wie immer eine Überfunktion vorausgegangen war. Von 303 diabetischen Kindern waren 87% übergroß, im Mittel 6,4 cm gegenüber der Norm, die Knochenentwicklung war verstärkt (BOGAN und MORRISON), ebenso die der Zähne (um 1 Jahr). Gleichfalls war auch H. I. JOHN die Übergröße der Kinder aufgefallen, bei denen es zum Diabetesausbruch kam. Der Grundumsatz war in 12%, bei 86 Fällen von P. WHITE, erhöht. Die überdurchschnittliche Intelligenz fiel auf, die auch Katsch schon früher mehrfach beim kindlichen Diabetes betont hat. Diesem hormonalen Wachstumsimpuls erst folgte der Diabetes, und einige Jahre später waren Größe und Gewicht der Kinder wieder normal, in 8% trat sogar ein Stillstand des Wachstums ein. Ein Zwergwuchs (von 10 bis 33 cm Untergröße) entstand. Dieser war allerdings nie früher als nach 4jähriger Zuckerkrankheit zu bemerken. Ähnlich wie bei der Akromegalie folgte also auch hier der Überfunktion die Unterfunktion des HVL, was besonders früh in der hormonalen Sphäre der eosinophilen HVL-Zellen der Fall zu sein scheint. Inzwischen hat jedoch das reaktiv erschöpfte Pankreas bereits einen bleibenden Inseldefekt erlitten. Stoffwechselmäßig sind so die gute Insulinansprechbarkeit und die Pankreasinsuffizienz fast überall das Endergebnis. *Wachstumssteigerung geht hier — Fettsucht bei basophiler HVL-Überfunktion* (auch bei den Youngschen Hunden) — *dem Ausbruch der Zuckerkrankheit voraus, die dann später durch absolute Unterwertigkeit des Inselorgans beherrscht wird, was vom jugendlichen Diabetes ja gut bekannt ist, oder durch eine relative, die im späteren Leben überwiegt.* Diese Whiteschen Untersuchungen bestätigen, wie entscheidend der HVL-Überfunktion das Primat für die Diabetesmanifestation zukommt.

Die Ursache einer höchst ungewöhnlichen Entgleisung des Kh-Stoffwechsels extremsten Ausmaßes (Zucker im Blut 1308 mg-%, im Liquor 472 mg-%), die Scheller und Stroebe im Terminalstadium eines durch ein Inseladenom Stoffwechselgestörten erlebten — selbst eine Acetonurie blieb trotz neuntägiger Bewußtlosigkeit und entsprechender Nahrungsbeschränkung aus — konnte nicht geklärt werden. Schwere Entartungsprozesse im Gehirn verbieten die naheliegende Deutung durch eine Reizung der kontrainsulären Gegenregulation (Fettsucht, Hypertonus, Verbreiterung der NNR!).

f) Eosinophile und basophile Zellen des HVL und Diabetesentstehung.

Aus dem bisher Gesagten geht klar hervor, daß beim Menschen sowohl die *Vermehrung der EZ. (Akromegalie-Typ) wie auch die der BZ. (Cushing-Typ) oft mit einem Diabetes einhergeht,* ohne daß sich klinisch immer Anhaltspunkte für die *gleichzeitige Vermehrung* beider Inkretgruppen gewinnen lassen, wie das andererseits *beim* Morgagni-*Typ* der Fall sein dürfte. Von Akromegalie-Hypophysen wurde sogar eine Verminderung der basophilen Zellen behauptet (Jores u. a.), die wiederholt als Folge einer Kompression durch das Adenom gedeutet wurde. Daraus ist der Schluß zu ziehen, daß *einerseits im eosinophilen Teil produzierte Substanzen diabetogen* wirken, *im anderen Fall im basophilen Teil erzeugte* maßgebend sind. Nicht zum wenigsten wird dadurch nahegelegt, daß im HVL auf der insulinantagonistischen Seite nicht ein einziger, sondern mehrere, mindestens zwei Prinzipien an der Stoffwechselregulation beteiligt sind, da beide Zellgruppen verschiedene Inkrete abgeben. Ein Einwand, die gemeinsame Ursache sei eine Druckwirkung auf das Zwischenhirn, läßt sich zumindest wegen ihrer Kleinheit bei den basophilen Tumoren von vornherein ablehnen. Curschmann machte außerdem darauf aufmerksam, daß größere Tumoren dieser Gegend, als es die acidophilen Adenome gemeinhin sind, in weit geringerem Prozentsatz mit Stoffwechselstörungen einhergehen.

Im eosinophilen Teil wird das über eine Adrenalinausschüttung ausgesprochen *glykogenolytisch wirkende* kontrainsuläre Hormon gebildet, wie Lucke durch seine Untersuchungen an Akromegalen und bei hypophysärem Zwergwuchs nahelegen konnte. Eaves fand eine Vergrößerung des HVL mit Vermehrung der Eosinophilen nach wiederholter Insulinapplikation. Über die Fragen, wieweit neben diesem Hormon noch das von ANSELMINO und HOFFMANN vom Nebennierenmark unabhängige, ebenfalls zur Glykogenolyse führende Kh-Stoffwechselhormon bedeutsam ist und wo es gebildet wird, besteht noch keine genügende Klarheit. Den E.Z. kommt immerhin durch die enge Zusammenarbeit mit dem NNM eine starke glykogenolytische Wirksamkeit zu. Demgegenüber wird wohl sicher *in den B.Z.* das über die NNR *zur Glykogenese führende* corticotrope Hormon gebildet. *Die Eosinophilen sind funktionell mit dem Nebennierenmark, die Basophilen mehr mit der Rinde verknüpft.* Außerdem wird den E.Z. die Erzeugung des „Wachstumshormons", die des thyreotropen und des lactogenen Hormons zugeschrieben, den B. Z. aber noch die des gonadotropen, parathyreotropen und beim Menschen des Melanophorenhormons. Diese Angaben stimmen mit den meisten Befunden, die die Klinik durch das Studium der hypophysären Krankheiten vermittelte, überein.

Zur Kenntnis der hier diskutierten Beziehung der HVL-Zellen zur Diabetesentstehung hat besonders das CUSHING-Syndrom grundsätzlich wichtige Beiträge geliefert, neben anderem die Erzeugung corticotropen Hormons in den B.Z. nahegelegt. So begünstigt die Arbeit dieser Zellgruppe die Glykogenese, aber es besteht kein sicherer Anhalt dafür, daß hier auch glykogenolytische Kräfte erzeugt werden wie in den E.Z.

Durch die eben besprochenen klinischen Untersuchungen von P. WHITE wird die Hypoplasie der Hypophyse beim Diabetes verständlich, insbesondere die *Eosinophilenverminderung*, die E. I. KRAUS schon vor vielen Jahren *bei jugendlichen Diabetikern* entdeckte und die vielfach, neuerdings von KÖHNE, bestätigt wurde. Zusammen mit den nur geringen morphologischen Veränderungen im Pankreas veranlaßte der Eosinophilenschwund RAAB, einen Mangel des pankreotropen Hormons von ANSELMINO, HEROLD und HOFFMANN für die Pathogenese auch des „echten", als rein pankreatogen angesprochenen Diabetes zu erwägen. Der diabetogene Effekt roher HVL-Extrakte spricht ebenso wie das Ausbleiben der Zuckerkrankheit beim Hypophysenschwund sehr gegen die Existenz einer solchen Möglichkeit, zumal dieses glandotrope Hormon einer noch breiteren Fundierung bedarf. Das „Sellabrückensyndrom", das mit einer Hypophysenschwäche verbunden ist, soll nach SCHNEIDER aus dem JAENSCHschen Institut aber auch gern bei Diabetikern vorkommen. Die oben genannten Zusammenhänge machen eine solche Koinzidenz verständlich. Allerdings fehlte bei eigenen Patienten mit Brückenbildung bisher immer ein Diabetes, doch war ihre Zahl einstweilen noch nicht sehr groß. Das von JAENSCH besonders betonte Durstsymptom, psychische Unterwertigkeit, bei der eine solche des gesamten Nervensystems vermutet wurde, lassen fragen, ob dabei für die Entstehung der Zuckerkrankheit nicht mehr das übergeordnete Zwischenhirn anzuschuldigen ist.

Warum führt nun aber auch eine vermehrte Tätigkeit der Eosinophilen mit Vorherrschen der glykogenolytischen Wirksamkeit zum Diabetes? Seit langem ist doch bekannt, daß es beispielsweise allein durch das glykogenolytische Adrenalin nicht gelingt, eine Zuckerkrankheit zu erzeugen. Selbst die Entstehung einer solchen bei den echten Tumoren des NNM mit ihrer stoßweißen und hochgradigen Adrenalinabsonderung ist nur extrem selten, vielleicht kommt sie im übrigen durch Überbeanspruchung des Inselorgans zustande. In ähnlichem Mechanismus mögen die eosinophilen Tumoren indirekt das Inselorgan erschöpfen, oft unterstützt durch das ebenfalls gesteigerte Schilddrüsenhormon. So läßt sich *bei der Akromegalie besonders früh die Inselinsuffizienz* nachweisen, wofür allerdings auch der den inkretorischen Teil beeinträchtigende Umbau des Pankreas durch eine Splanchnomegalie zuweilen nicht ohne Schuld sein mag.

Das Hinzukommen gesteigerter Mitarbeit von glykogenetischen und neoglykogenetischen Wirkstoffen, die die Glykogendepots wieder auffüllen, dürfte von noch entscheidenderer Bedeutung für die Entstehung einer Zuckerkrankheit sein, wie im experimentellen Teil ausführlich besprochen wurde. Ohne absolute Inselinsuffizienz kann dann sogar ein Überfunktionsdiabetes entstehen. Die häufig bei der Akromegalie vorkommende Rindenhypertrophie spricht für einen begleitenden Überschuß des glykogenetischen Rindenhormons, wohl infolge corticotroper Stimulation.

Daß die E.Z. für die Stoffwechselregulation eher als die B.Z. zu entbehren sind, geht aus neueren Tierversuchen hervor. Mäuse mit erblichem Zwergwuchs, die keine eosinophilen Vorderlappenzellen besitzen, verhalten sich im Fasten wie normale und nicht wie hypophysenlose (Marshalz, Fernald und Marble). Ihr Blutzucker bleibt konstant, die zur Zuckerneubildung verantwortlichen Stoffe müssen also in erster Linie in den B.Z. gebildet werden.

Nicht immer findet sich bei der Akromegalie ein eosinophiles Adenom im Vorderlappen, auch basophile und Hauptzellenadenome sind beschrieben worden, und auch nicht ganz selten deckt die Pathologie beim Cushing-Syndrom statt eines Adenoms oder einer Hyperplasie der basophilen ein Adenom einer der beiden anderen Zellarten auf. Hier hat die Entdeckung der *hyalinen Verquellung,* die Crooke als für das Cushing-Syndrom spezifisch erkannte, trotz einzelner Widersprüche (Ecker) eine Klärung gebracht. Es ist im höchsten Grade interessant, daß E. I. Kraus schon weit früher in den Hypophysen älterer Diabetiker in den B.Z. eine bis zur Verflüssigung gehende hydropische Degeneration beschrieben hat, die er bei keinem anderen Leiden sah. Kraus vermutet auf Grund der Arbeiten Luckes *in den E.Z. die auf den Kh-Stoffwechsel gerichtete Wirkung und suchte in den B.Z. die Ursache der Fettsucht, der Hypertonie und auch der Hypercholesterinämie.*

Die entwickelten Rückschlüsse aus den empirisch gewonnenen Zusammenhängen können durchaus noch Abänderungen erfahren, und es ist heute die gleiche Vorsicht geboten, die J. Bauer 1933 nahelegte, auch wegen der Koppelung an Zwischenhirnzentren.

Während der Schwangerschaft bilden sich nach Kraus aus den Eosinophilen (nach anderen Autoren aus den Hauptzellen) in der sich vergrößernden Hypophyse die sogenannten *Schwangerschaftszellen,* nach Entfernung der Keimdrüsen *Kastrationszellen* (aus basophilen Zellen, Severinghaus), nach der der Schilddrüse *Thyreoidektomiezellen* (wahrscheinlich aus E.Z.). Sie sind der *morphologische Ausdruck der Funktionsänderung des HVL,* die auf biologischem Wege durch Nachweis vermehrten gonadotropen bzw. thyreotropen Hormons bereits gesichert wurde. Eine *Tendenz zur diabetogenen Überproduktion ist eigentlich bei allen nachweisbar,* wahrscheinlich werden nicht nur das korrespondierende übergeordnete HVL-Hormon mehr gebildet, sondern auch andere, so daß der gesamte Vorderlappen einen Impuls zu angestrengter Tätigkeit bekommt. Schoeller, Dohrn und Hohlweg ebenso wie Fichera, Moore u.a. konnten durch Progynon bzw. Testoviron die Kastrationshypophyse wieder zur Rückbildung bringen, ebenso gelang es, dadurch den Stoffwechsel zu regulieren. Für die Beurteilung der mit der Ausschaltung peripherer endokriner Drüsen verbundenen Änderungen der Stoffwechselregulationen über den HVL sind das zweifellos sehr gewichtige morphologische Befunde, da sie nach JORES u. a. den Schluß auf eine Umstellung der Hormonproduktion erlauben.

Die Hauptzellen sollen nach allgemeiner Auffassung, was die Hormonbildung anlangt, inaktiv sein. Der zwar seltene, aber dann oft gegenregulatorisch beunruhigte *Diabetes bei der Dystrophia adiposo-genitalis,* bei der sich in einer gewissen Prozentzahl ein Hauptzellenadenom findet, kann daher entweder auf einer Reizung der übrigen Vorderlappentätigkeit beruhen oder ein mesencephaler Fehlsteuerungsdiabetes sein, wobei die zufällige, wahrscheinlichkeitsmäßig sehr seltene Kombination mit einem primären Inselinsuffizienz-Diabetes nur erwähnt zu werden braucht.

Hierzu eine interessante Einzelbeobachtung von STRAUCH, die von der Klinik aus die komplexe Natur der hormonalen Stoffwechselregulation dramatisch beleuchtet:

Bei einem 17jährigen Jungen, bei dem eine Dystrophia adiposo-genitalis diagnostiziert wurde, brachte Testoviron (10mal 5 mg) zwar eine geringe subjektive Erleichterung, Präphyson (80 Tabl. + 8 Injekt.) hatte aber erst eine frappante Besserung mit Wachstumssteigerung, Schwinden des pathologischen Fettansatzes, Wachstum der Pubes, Stimmwechsel usf. im Gefolge. Kurze Zeit darauf akuter Beginn einer Zuckerkrankheit mit Präkoma, das gut auf Insulin ansprach. An der Inselinsuffizienz besteht demnach wohl kein Zweifel. Daß die Vorderlappentherapie im Verein mit der schnellen, beinahe überstürzten Auslösung der Pubertät, wohl mit Anregung der Produktion eigener HVL-Hormone, auch diabetogener, die später zum Versagen des reaktiv stark beanspruchten Pankreas geführt haben, diabetesauslösend wirkte, liegt nach allem, was heute vom glykoregulatorischen System bekannt ist, sehr nahe. Aber es läßt sich nicht beweisen. Als ungewolltes klinisches Experiment zu den Beobachtungen P. WHITEs ist der Fall sehr beachtenswert.

B. Hypophysenhinterlappen.

Den ersten Forschern, die bewußt die Bedeutung der Hirnanhangsdrüse für den diabetischen Stoffwechsel studierten, BORCHARDT, CUSHING, BRUGSCH u. a., schwebte der *Gedanke* vor, *die diabetogene Ursache liege in dem* dem Zwischenhirn entwicklungsgeschichtlich so eng verbundenen *Hinterlappen.* Die anfangs wiedergegebene experimentelle Bearbeitung dieses Problems in den letzten 2 Jahrzehnten hat dann eindeutig und unwiderlegbar die *Entscheidung zugunsten des HVL* gefällt. Selbst die Leberglykogen mindernde Kraft von Hinterlappenpräparaten wurde mit aus dem HVL eingewanderten B.Z. in Zusammenhang gebracht (NIEHANS u. a.). Neueste Untersuchungen von WESTPHAL und Mitarbeitern über die blutdrucksteigernde Substanz in Vorderlappenextrakten haben wieder zu dem Hinweis Veranlassung gegeben, daß diese viel Ähnlichkeit mit dem vasopressorischen Stoff des HHL besäße. Bei Hypertonikern findet sich im HHL bekanntermaßen oft eine Invasion basophiler Zellen. — Nach LEIMDÖRFER und zahlreichen Nachuntersuchern erhöht intralumbal injiziertes Pituitrin den Blutdruck, Adrenalin dagegen nicht. Dieser Mechanismus erinnert an den des kontrainsulären Hormons LUCKEs. KYLIN kommt zu dem Schluß, daß das HHL-Hormon Reize auf die vegetativen Zentren um den 3. Ventrikel herum auszuüben habe.

Beim Diabetes entsteht ebenso wie beim Stoffwechselgesunden nach LAWRENCE und HELWETT, MARAÑON und MORROS, ASCHNER und JASO-ROLDAN durch

Pituitrininjektion nur eine geringe Blutzuckersteigerung. Allerdings steigt die Kurve beim Zuckerkranken langsamer an und kehrt später zum Ausgangswert zurück. Die höchsten Werte finden sich bei Thyreotoxikosen. Aschner und Mitarbeiter kommen daher zu dem Schluß, daß die Erregbarkeit des Sympathikus für die Pituitrinhyperglykämie wesentlich maßgebender sei als eine Störung des Kh-Stoffwechsels. Eine Akromegalie verhielt sich normal, während Marañon dabei einen besonders großen Ausschlag gesehen hatte. Eine dem Insulin antagonistische Wirkung konnten Cushing und Davidoff dadurch zeigen, daß bei gleichzeitiger Injektion von 20 E. Insulin und 1 ccm Pituitrin nach 2 Stunden noch keine Blutzuckeränderung eingetreten war. Übereinstimmend mit zahlreichen klinischen Erfahrungen betont P. White aus der Joslinschen Klinik, daß Pitressin besonders gut zur schnellen Unterbrechung eines Insulinshocks geeignet sei.

Überzeugend konnte ein Überfunktionssyndrom des HHL noch nicht aufgestellt werden, wohl aber läßt sich eine Beteiligung des HHL am Cushing-Syndrom nicht gänzlich leugnen, wahrscheinlich infolge der dort eingewanderten basophilen Zellen. 1 Jahr lang täglich bei Kaninchen vorgenommene Prelobaninjektionen hatten nur zum Teil eine Vergrößerung der Nebennieren zur Folge, Tonephin dagegen bewirkte diese regelmäßig (Hantschmann). Ähnlich deuten auch von Westphal vorgenommene Versuche auf ein verwandtes Verhalten.

Aber auch ein *Unterfunktionssyndrom des HHL,* wie es der *Diabetes insipidus* ist, geht nicht ganz selten *mit einem Diabetes mellitus* einher (Freund und Schmitermann, Greene und Gibson u. a.). Labbé und Mitarbeiter sahen, wie sich neben einem Diabetes insipidus eine gut auf Insulin ansprechbare Zuckerkrankheit entwickelte. Bei einer Insipidus-Patientin erlebten Duvoir und Mitarbeiter im Anschluß an die 3. Gravidität die Entstehung eines Fettsucht-Diabetes, der ein letales Koma zur Folge hatte. Dabei muß man sich heute allerdings die Frage vorlegen, ob nicht ein neurogener, ein mesencephaler Fehlsteuerungsdiabetes vorliegt, oder die *Störung des Wasserhaushaltes auf einem Überschuß des wahrscheinlich in den B.Z. gebildeten Diuretins* beruhte. Dieselben Störungen kommen bei der Dystrophia adiposo-genitalis vor, bei der der Diabetes schon weniger selten ist. Allerdings geht das Gros der Fälle, wohl infolge Destruktion nicht nur des Hinterlappens, sondern auch des Vorderlappens durch das Hauptzellenadenom, mit erhöhter Kh-Toleranz einher. Überwiegend wird der Fettansatz heute auf die zentrale Fehlsteuerung, der Hypogenitalismus und das ungenügende Wachstum mehr auf die Vorderlappeninsuffizienz bezogen.

Aus all dem geht hervor, daß der Hypophysenhinterlappen in der Diabetespathogenese nur eine untergeordnete Rolle spielt.

C. Nebennierenmark.

Im experimentellen Teil wurde gesagt, daß die Stoffwechselfunktion des im NNM produzierten Hormons die Vermeidung bedrohlicher Hypoglykämien ist. *Dieses bildet den unmittelbarsten insulinantagonistischen hormonalen Regulator.* während der Insulinausschüttungsreiz durch die an Ort und Stelle auslösende Hyperglykämie erfolgt, bedient sich das Adrenalin hormonaler und neuraler Wege, wie Lucke und Mitarbeiter zeigen konnten. Der Zuckerstich Claude Bernards wird erst über das NNM wirksam.

Wie wirkt sich nun die gesteigerte Adrenalinerzeugung beim Menschen aus? Die Menge seiner Produktion bestimmt wesentlich den *Grad von Stoffwechselschwankungen.* Wird übermäßig viel NNM-Hormon frei, so sind diese sehr beträchtlich, weil erst langsam anschwellend das ausgleichende Inselorgan einschreitet. Wenn die flüchtige Adrenalinwirkung schon wieder abgeklungen ist, liegt immer noch ein Überschuß an Insulin vor. Eine beträchtliche hypoglykämische Nachschwankung folgt der steil ansteigenden Hyperglykämie. Diese kann wieder einen neuen Reiz auf das Adrenalsystem bilden, um so eher, je schneller und tiefer der Blutzuckerabfall erfolgte.

Es ist einleuchtend, daß eine ständige Wiederholung dieses Vorganges das Inselorgan außerordentlich beansprucht und im Falle seiner Minderwertigkeit zum Pankreas-Unterfunktionsdiabetes führen kann.

Ob in seltenen Fällen auch die Reservekräfte eines genetisch gesunden Inselsystems hierdurch erschöpft werden, ist dagegen schon fraglich. Es kommt vor, wie an einer konstanten, erst nach operativer Ausschaltung des schuldigen NNM-Tumors verschwindenden Hypertonie ersichtlich ist, daß ein dauernder hochgradiger Einstrom erfolgt. Dieser Mechanismus könnte durch Überschuß kontrainsulären Hormons wohl auch bei gewissen Formen des hypophysären Diabetes (Akromegalie-Typ) und bei der Kombination Hyperthyreose-Diabetes, bei der bekanntermaßen Sympathicus- und Adrenalsystem übererregt sind, wenigstens eine zusätzliche Rolle spielen. Der Diabetes zeichnet sich durch die genannte Labilität des Stoffwechsels aus. Die Rückbildung der Irritationen läßt einen immer besser insulinansprechbaren Pankreas-Unterfunktionsdiabetes zum Vorschein kommen.

Solche Stoffwechselschwankungen, oft in zeitlich enger Aufeinanderfolge, unabhängig von der Schwere der Zuckerkrankheit, können also die Beteiligung des NNM verraten, oft ausgelöst durch hypophysäre, thyreoidale oder neurogene Einflüsse. Außerdem darf nicht vergessen werden, daß nicht nur der Zuckermobilisator, das Adrenalin, vorhanden sein muß, sondern ebenso das zu mobilisierende Leberglykogen. So wurde die Insulinüberempfindlichkeit Addisonkranker auch durch Glykogenverarmung erklärt, ebenso wie ihre geringe Adrenalinhyperglykämie (THADDEA).

UMBER räumt dem Adrenalsystem unter den extrainsulären Faktoren die Schlüsselstellung ein und unterscheidet *bei sogenannten „Mischformen" hyperchromaffine, sympathicotonische Regulierungsstörungen von hypochromaffinen Regulationsstörungen* mit verminderter Adrenalinsekretion, unter Einbeziehung der „insulinempfindlichen" Fälle FALTAs. Die hyperchromaffinen sollen von mehr oder weniger ausgeprägter Insulinresistenz begleitet sein. Das steht vor allem im Widerspruch zu den früher zitierten Versuchen von HOUSSAY und Mitarbeitern, die *auch nach Wegfall des NNM eine diabetogene, mit Insulinresistenz einhergehende Stoffwechseländerung durch HVL-Extrakte* erzeugten. UMBER fragt dazu, ob nicht zurückgebliebene Reste des chromaffinen Systems noch von Bedeutung sein könnten.

Daß Unterfunktion des NNM mit der Schwere des Diabetes nicht konform geht, erhellt aus den Arbeiten von NOTHMANN, LUCKE u. a., da eine Entnervung, die das Mark, weniger die Rinde beeinträchtigt, im Gegensatz zur *Totalexstirpation auch beim Diabetes nur eine vorübergehende bzw. nur geringgradige Toleranzsteigerung* verursacht. CINIMATO wollte nämlich dadurch eine dauernde

Besserung gesehen haben und hatte große therapeutische Konsequenzen für den Diabetiker gezogen, die aber keine Anerkennung fanden. Ebenso wurde beim Diabetes die Splanchnicusdurchschneidung (Rupp) und die Exstirpation des Ganglion coeliacum vorgeschlagen (v. Tacats, Rupp).

Neben diesen im Stoffwechselgeschehen einer großen Zahl von Diabetikern imponierenden glykogenolytischen Wirkung eines Adrenalinüberschusses spielt der *Hyperadrenalismus von Markgeschwülsten nur eine geringe Rolle*, vor allem *wegen seiner Seltenheit*. Diesen liegen Paragangliome oder Phäochromozytome und aus bösartigen Sympathicuszellen bestehende Neuroblastome zugrunde. Immerhin muß man sie kennen, da eine richtige Diagnose einen erfolgreichen operativen Eingriff verspricht.

Paroxysmale Hochdruckfälle, oft mit Angina pectoris-Beschwerden und hochgradiger Tachykardie einhergehend, mit Hyperglykämie und Glykosurie und den bekannten Adrenalinsymptomen, Schweißausbruch, Zittern, Blaßwerden, Ohrensausen, Schwindel, Erregung, Pupillenerweiterung usf., erleichtern ihre Aufklärung. Selten entsteht ein Dauerhochdruck. Die Seitendiagnose (80% liegen rechts) wird durch Palpation, zuweilen mit Auslösung eines Anfalls (Kalk), Pyelogramm (Verlagerung der Niere), O_2- oder Lufteinblasung (Room) gestellt. Auslösend für derartige Krisen wirken bisweilen bestimmte Körperhaltungen, Abkühlungen, Aufregungen, körperliche Arbeit. Die Therapie der Wahl ist die operative Entfernung des Tumors, nicht die Röntgenbestrahlung. Falls die große Gefahr eines akuten Todes während des Eingriffes beherrscht wird und noch keine höhergradige Arteriosklerose (besonders in der Media) — oder ein insulärer Diabetes — besteht, läßt sich so ein glänzendes Endergebnis erzielen.

Raab wurde nebenbei bemerkt durch die Ähnlichkeit von Symptomen und auslösenden Faktoren veranlaßt, die Angina pectoris auf eine Adrenalinwirkung zu beziehen, Röntgenbestrahlung der Nebennieren soll — ähnlich wie die Thyreoidektomie amerikanischer Kliniker — auch nach Hadorn gute therapeutische Erfolge gezeitigt haben. Besonders für den Diabetes ist es nicht uninteressant, daß Staemmler im Tierexperiment nach Nicotin eine gesteigerte Tätigkeit des NNM feststellte.

Während *Hyperglykämie und Glykosurie zu den konstantesten Symptomen* gehören, ist der *Diabetes bei Hyperadrenalismus sicher sehr selten*. Jores gibt an, daß in der Weltliteratur nicht ganz 50 Fälle beschrieben wären und nur einmal die Kombination mit Diabetes. Schröder fand Hypertonus und Diabetes ebenso wie Terbrüggen. Bibel und Wichels sahen neben dem Hochdruck Hyperglykämie und Glykosurie. Zuckerbelastungen führten wiederholt zu abnorm hohen Blutzuckerwerten und einem verzögerten Abfall der Kurve bei normalem Ausgangswert, also eine latente Unterwertigkeit des Inselorgans besteht wohl häufig.

Dem Adrenalin kommt die Aufgabe zu, Hypoglykämien zu vermeiden oder zu beseitigen, es ist der unmittelbare Gegenregulator der Insulinwirkung. Allein führt es nicht, allenfalls bei latenter Inselschwäche, zum Diabetes. Im Überschuß vorhanden, unterhält es eine störende Labilität des Stoffwechsels.

D. Nebennierenrinde.

Zwei Gesichtspunkte bestimmen die Stellung der NNR in der Diabetespathogenese. Das ist einmal die *enge hormonale Bindung an den HVL* und zweitens die außerordentliche *Bedeutung, die diese endokrine Drüse für den Glykogenhaushalt und wahrscheinlich für die Kh-Neubildung hat*.

Das corticotrope Hormon läßt einen großen Teil der *hypophysären Stoffwechselstörungen über die NNR* verlaufen. Dadurch erlangt diese Inkretdrüse in der zweiten Hälfte des Lebens zusammen mit dem basophilen Teil des HVL allmählich eine Vorherrschaft im Inkretsystem. Es ist das Verdienst RAABs, die mit den Altersvorgängen einhergehende hormonale Umstellung klar erkannt zu haben. Wichtige Stoffwechselumstellungen sind die Folge.

Im Blut kreisende Milchsäure wird durch das Rindenhormon, nicht durch Insulin *in der Leber resynthetisiert*, ebenfalls an dem *Glykogenaufbau im Muskelorgan* ist die NNR beteiligt, wenn vielleicht auch nicht in demselben Umfang. Nebennierenlose Tiere weisen sehr schnell einen Glykogenschwund der Leber auf, während der Gehalt der Muskulatur langsamer absinkt. Die hochgradig vermehrte Blutmilchsäure vermag ja mit Hilfe des Rindenhormons erst genügend Leberglykogen zu liefern. Für die Erhaltung des Blutzuckerniveaus wie für die charakteristische Ausprägung der diabetischen Stoffwechselstörung ist aber eine ausgiebige Zuckerabgabe der Leber notwendig. Während *bei Insulinmangel in erster Linie die Zuckerverwertung in der Peripherie notleidet, mit Zuckernot der Gewebe*, ist die *Zuckerüberschwemmung des Organismus die Folge einer Überfunktion von Vorderlappen und Nebennieren*, da auch unter ihrem Einfluß eine erhebliche Steigerung der Zuckerbildung aus Nicht-Kh einsetzt. Ketonkörper entstehen in vermehrtem Umfang in der Leber und begleiten die Kh-Stoffwechselstörung teils als Folge unzureichenden Abbaues von Nicht-Kh, teils weil diese schon unter physiologischen Bedingungen zur Peripherie zwecks weiterer Verarbeitung transportiert werden, jetzt aber in größeren Mengen. Eine genügende *Insulinproduktion stabilisiert die Glykogenablagerung*.

Auch *bei der Glykogenbildung aus Nicht-Kh soll die NNR eine ausschlaggebende Rolle spielen* — für die gesamte Diabetespathogenese also — denn Zucker und Glykogen sind nicht nur zur Aufrechterhaltung eines geordneten Eiweiß- und Fettstoffwechsels unentbehrlich. Zucker ist der Brennstoff des Lebens (MACLEOD, BRENTANO). Allerdings findet auch im pankreas- und nebennierenlosen Organismus auf erniedrigtem Niveau ein geringer Umsatz statt mit fortschreitender Gesamtreduktion. Kh-, Eiweiß- und Fettaufnahme verringern sich, ebenso die Kh-Neubildung und damit die Azidose. Somit gewinnt die *Rindenfunktion eine Bedeutung für das diabetische Stoffwechselgeschehen, die kaum der des HVL nachsteht.*

Die seltene Kombination *Diabetes-Addison* ist von mehreren Autoren beschrieben worden, allerdings halten kaum alle Fälle einer Kritik stand (ALLAN, UNVERRICHT, ARNETT, UMBER u. a.). Typisch ist die *Geringgradigkeit der Zuckerkrankheit und eine oft störende Insulinüberempfindlichkeit* durch Ausfall des Adrenalins und des NNR-Hormons, mit dem damit verbundenen Mangel der Leber an mobilisierbarem Glykogen. Manche Fälle von Broncediabetes gehören ebenfalls hierher. Bei einer Rindenhormontherapie wäre daran zu denken, daß nach dem Ergebnis der experimentellen Forschung eine Zunahme der diabetischen Störungen erwartet werden muß. Die Rückbildung der Pigmentierung bei Nebenniereninsuffizienz gelingt im Gegensatz zu Angaben von ZAHLER und LILKA auch durch synthetisches Hormon, so in einem selbst beobachteten Fall mit diffuser fleckiger Bräunung des Gaumens (durch Cortenil).

Der Stoffwechsel eines Inseldiabetes wird sich mit zunehmender NNR- (auch HVL-) Unterfunktion diesem Verhalten des Addison-Diabetes nähern. Umgekehrt gewinnen bei relativer und absoluter Rindenüberfunktion die Azidose und Lipämie an Intensität, wobei die Prognose, auch was die Komagefahr anlangt, weitgehend durch das Ausmaß der Eigen-Insulinproduktion bestimmt wird. Dabei wirkt sich die Tatsache, daß mit zunehmender Insuffizienz der antidiabetogenen Seite der Stoffwechselregulation die diabetogene in der Regel sich langsam vermindert, in günstigem Sinne aus, falls nicht neue endokrine Einflüsse, Sexualdrüsenausfall und ähnliches, wieder Reize zu diabetogener Überproduktion liefern.

Die Symptomatologie der Rindenüberproduktion beim Menschen *gleicht der des basophilen Pituitarismus* so weit, daß praktisch in der Klinik nur höchst selten entschieden werden kann, ob ein primärer Interrenalismus oder ein sekundärer Interrenalismus (Morbus Cushing) vorliegt. Das ist nicht verwunderlich, wenn man bedenkt daß bei diesem die Vermehrung des corticotropen Hormons (Jores) ganz im Mittelpunkt steht. Alle Kriterien zur Unterscheidung können versagen, das wurde schon bei der Besprechung des Cushing-Typs des HVL-Überfunktions-diabetes gesagt. Vielleicht sprechen eine besonders ausgeprägte Hypersexualität, bei Frauen auch heterosexuelle Störungen, ein ausgeprägter Virilismus, am ehesten für den primären Interrenalismus. Jetzt haben Crooke und Callow behauptet, daß sich beim primären Nebennierentumor im Urin eine exquisite Vermehrung androgener Substanzen finde im Vergleich zum basophilen Vorder-lappenadenom. Ob ein Thymustumor oder ein Arrhenoblastom ursächlich am Cushing-Syndrom beteiligt sind, läßt sich schon eher feststellen. Die polyglandu-läre inkretorische Verknüpfung ist allerdings auch dann oft erkennbar und läßt nur schwer erraten, wo die primäre Hormonentgleisung im Einzelfall sitzt. Für die Therapie sind das höchst wichtige Probleme, die eine eingehende weitere Bearbeitung der gesamten Diagnostik fordern. Heute bleibt manchmal nichts anderes übrig, als sich zur Probelaparotomie zu entschließen. Bei der Resistenz-minderung dieser Kranken eine verantwortungsvolle Entscheidung.

Alles übrige, was das *Stoffwechselverhalten anlangt, entspricht dem beim Cushing-Typ des Überfunktionsdiabetes* Gesagten. Bei der Durchsicht des Schrift-tums gewinnt man allerdings den Eindruck, daß *manifeste Stoffwechselstörungen dem primären Interrenalismus weniger häufig anhaften.* Überzeugender als Adenome oder Hyperplasien sprechen stoffwechseländernde maligne Rindenadenome für die primäre Bedeutung der NNR im Stoffwechselgeschehen. So haben Duncan und Fetter (1934) 8 solche Fälle von Rindentumor mit Diabetes zusammen-gestellt. Long und Lukens sahen, daß die Hälfte von 35 überprüften Fällen deut-liche Kh-Stoffwechselstörungen aufwies. Dagegen stellten Kepler und Wilder nur bei einem von 8 Rindentumoren eine Zuckerkrankheit fest, bei einem wei-teren eine Glykosurie. Aber nur einmal, unter 5 Patienten, war die Zucker-belastungskurve gänzlich normal. Sämtliche Patienten wurden operiert, 4 völlig, auch unter Rückbildung der endokrinen Symptome geheilt. Nur der diabetische Patient ging gleich nach dem Eingriff zugrunde, die übrigen 3 an Rezidiven bzw. Metastasen im Laufe eines Jahres. Zuverlässige Zahlen lassen sich ohne Autopsie nicht angeben, da neu entdeckte histologische Details erst endgültige Rückschlüsse auf den Ort der endokrinen Funktionssteigerungen aufzeigen können, *hyaline Degeneration in den basophilen Zellen des HVL* (Crooke) und *die fuchsinophile Reaktion von Granula in den Rindenzellen* (Broster, Vines und Mitarbeiter). Die Feststellung eines Adenoms scheint weniger wichtig zu sein als diese histologischen Befunde. Ein gern gemachter Einwand, die Häufig-keit von Rindenadenomen — nach Dietrich und Siegmund kommen sie bei einem Drittel aller Autopsien vor — ohne Stoffwechselstörungen (leichte und larvierte werden zudem oft übersehen!), verliert dadurch sehr an Überzeugungskraft. Interessanterweise hat NEUHAUS bei der Hypertonie, die ja dem Überfunktionsdiabetes ätiologisch verwandt ist, doppelt so häufig Rindenadenome gefunden wie bei Vergleichspersonen. Nur gemeinsame Arbeit von Klinikern und Pathologen kann Licht in diese Zusammenhänge bringen, insbesondere soweit sie weniger ausgeprägte und erst bei funktioneller Prüfung erfaßbare Fälle von Zuckerkrankheit einschließen.

Unter den seltenen bösartigen Tumoren der NNR mit endokriner Tätigkeit gibt ein Fall mit dadurch ausgelöstem CUSHING-Syndrom von REINHERTZ und SCHULER Einblick in die Stoffwechselregulation. Keine Glykosurie oder Hyperglykämie, aber nach einer Belastung mit 100 g Traubenzucker langsamer Blutzuckeranstieg auf 325 mg-% (nach 2 Stunden), dann Abfall auf 48 mg-% (nach 4 Stunden). Diese Kurve unterscheidet sich wesentlich von den sogenannten „extrainsulären Reizglykosurien" mit ihrem schnellen hohen Blutzuckeranstieg und -abfall. Sie veranschaulicht, wie beide Seiten des glykoregulatorischen Systems übermäßig angespannt sind und je nach Überwiegen der einen oder anderen Seite pathologische Werte in beiden Richtungen entstehen. Auch die Insulinbelastung zeigte das auf der kontrainsulären Seite durch die Herabsetzung der Ansprechbarkeit. Nach einem fast noch im Bereich der Fehlergrenze liegenden Anstieg kommt es erst nach $1^1/_2$ Stunden zu einmaligem kurzdauerndem, mäßigem Abfall, während die übrigen Werte 3 Stunden lang gleichblieben. Bei einem anderen Falle, der von GERSTEL und NAGEL beschrieben wurde, fand sich gleichzeitig ein basophiles Adenom in der Hypophyse. Die großen GRAWITZ-Tumoren gehen selten mit innersekretorischen Veränderungen einher.

Als Ursache des „Diabète des femmes à barbe", auch nach den ersten Beschreibern ACHARD-THIERSscher Symptomenkomplex genannt, haben gerade kürzlich wieder SHEPARDSON und SHAPIRO den Nebennierentumor wieder hervorgehoben. Im übrigen gehören diese Diabetikerinnen im klinischen Bild und Stoffwechselverhalten zum CUSHING-*Typ des Überfunktionsdiabetes, der also nicht allein durch Funktionssteigerung des basophilen Vorderlappens, sondern in seltenen Ausnahmen primär durch die der NNR zustande kommen kann.* Daraus geht gleichzeitig hervor, wie wesentlich beim CUSHING-Typ des HVL die diabetogene Wirksamkeit der NNR ist.

E. Schilddrüse.

Morbus Basedow und Hyperthyreosen sind nicht selten Begleiter des Diabetes, lehrt die klinische Beobachtung. Eine derartige *Kombination verschlechtert die beiderseitige Prognose* beträchtlich. Allein schon durch die Umsatzsteigerung wird das Pankreas mehr beansprucht. Zuweilen findet sich eine deutliche Insulinresistenz beim Basedow-Diabetes (FALTA, KREINER, POLLAK u. a.). Eine einheitliche Genese kann bei jenen Fällen angenommen werden, bei denen die *Vorderlappenüberfunktion als gemeinsame Ursache* offen zutage tritt wie bei der Hyperthyreose Akromegaler. Bei solchen Patienten fand ARON — ebenso wie bei Myxödematösen — das thyreotrope Hormon vermehrt, beim Morbus Basedow war es nicht vorhanden (HERTZ und DOSTLER). THADDEA konnte durch Hypophysenbestrahlung Hyperthyreose und Kh-Stoffwechsel, allerdings nicht die

Insulinresistenz, beeinflussen. Kuhlmey hat Diabetes und Hyperthyreose auch
ohne Koinzidenz mit einer Akromegalie danach zurückgehen sehen. Stengel
erlebte andererseits bei der Strahlentherapie einer hypophysären Thyreose erst
das Auftreten einer insulinbedürftigen Zuckerkrankheit. An anderen gleichzeitig untersuchten Patienten der Greifswalder Klinik zeigte sich interessanterweise, daß jene Hyperthyreotiker, bei denen die Keimdrüsenunterfunktion
eine hypophysäre Genese nahelegte, diabetesähnliche Staub-Traugott-Kurven
lieferten. Bei den übrigen fand sich nur die bekannte Labilität. Seyderhelm
fand sogar bei diabetischen Hyperthyreotikern die Ausscheidung von Prolan A
im Urin gesteigert und vermutete als gemeinsame Ursache eine Überfunktion
des HVL. Schilddrüsendämpfende Therapie (Thyronorman, Dijodthyrosin)
beseitigte die Stoffwechselschwankungen. Bei dem Gros der Fälle von Diabetes
und Thyreotoxikose dürfte kein solcher Zusammenhang zufriedenstellend zu
eruieren sein.

*Nur bei einzelnen Hyperthyreosen tritt unter dem Einfluß der Thyroxinüber-
schwemmung und der begleitenden Adrenalinsupersekretion ein Pankreas-Diabetes
zutage.* Dieses Kontingent dürften einerseits die *Fälle mit einem minderwertigen
Inselorgan,* andererseits nach dem eben Gesagten die mit vermehrter Vorderlappentätigkeit stellen. Das Häufigere dürfte immerhin die schlummernde
Pankreasschwäche sein. Sattler, Joslin, Fitz und Wilder machen darauf
aufmerksam, daß im größeren Prozentsatz erst die Hyperthyreose und dann die
Zuckerkrankheit auftritt.

Operative oder Röntgenbehandlung der Schilddrüsenerkrankung führen
nicht selten zu erheblicher Besserung des Diabetes. Meistens bewegt sie sich
allerdings nur in mäßigen Grenzen und beruht auf dem Fortfall des chronisch
gesteigerten Sympathicusreizes und vermehrter glykogenolytischer Impulse.
Im Tierversuch war ja durch Thyreoidektomie kein Effekt auf den Pankreasdiabetes zu erzielen (Houssay und Biasotti, Long und Lukens, Sòs u. v. a.).
Unterschiedliche Einwirkung auf Nebenniere (Mark) und Nervensystem kann
vielleicht die Differenz erklären, nicht zum wenigsten spricht die größere Ansprechbarkeit des Sympathicus beim Menschen dafür.

Die Neigung von Basedowikern mit Glykosurie zu Fettstühlen, die nach
Falta nicht pankreatogen sind und wenig Neutralfett und reichlich Fettsäuren
und Seifen enthalten, auch auf Pankreasersatzpräparate nicht ansprechen,
könnte nach den heutigen Kenntnissen über das Wechselspiel zur NNR durch
einen relativen Mangel verfügbaren Rindenhormons erklärt werden, entsprechend
den Verzárschen Theorien.

Der Schilddrüse wurde ursprünglich unter den extrainsulären Inkretdrüsen
der erste Platz eingeräumt, zu Unrecht, wie man heute sagen kann. Nichtsdestoweniger verlangt die Häufigkeit ihrer Störungen, ihr nach wie vor große
Aufmerksamkeit zu widmen. John hat unter Auswertung sehr großer Zahlen
der amerikanischen Literatur in 1,68% bei Diabetikern eine Hyperthyreose
gefunden und in 2,31% der Hyperthyreosen eine Zuckerkrankheit. In dieser
Größenordnung bewegen sich auch die Angaben anderer Autoren. *Glykosurien*
kommen dagegen bis zu 30—40% bei klinisch eindeutiger Schilddrüsenüberfunktion vor, wobei oft die Abhängigkeit von alimentären Belastungen *Übergangsformen zum Diabetes* verrät. Als Ursache dieser häufigen, nicht beeinträchtigenden Glykosurien bei Basedowikern wird vielfach, unter vielen anderen

von JAGIĆ und FELLINGER, die begleitende gesteigerte Adrenalinausschüttung angeschuldigt, ebenso Sympathicus- und Zwischenhirnreize.

Myxödem und *Diabetes* dagegen kommen außerordentlich selten gemeinsam vor, höchstens der Wahrscheinlichkeit entsprechend (SHEPARDSON und WEVER, GREENWALD und Mitarbeiter u. a.). Bei FALTA finden sich noch einige Angaben darüber. WILDER und LABBÉ haben allerdings auch bei thyreoidektomierten Individuen erst einen Diabetes entstehen sehen. Es ist praktisch und theoretisch wichtig, daß eine Schilddrüsenhormonbehandlung bei Myxödem die Zuckerkrankheit verschlimmert (ANDERSEN, FALTA, HOLST u. a.), in einem Fall SNYDERs für dauernd. Schon im Jahre 1912 führte GARROD die Zuckerausscheidung bei Myxödem auf die Hypophyse zurück, veranlaßt durch eine nach Ausfall der Schilddrüse beobachtete Hypophysenvergrößerung. Der bei Hyperthyreose und Hypothyreose gleichermaßen an der Blutzuckerkurve zu findende erhöhte Insulineffekt wurde bereits, den Anschauungen von MEYTHALER und Mitarbeitern entsprechend, im experimentellen Teil erklärt. Ein Versuch von WILDER, FORSTER und PEMBERTON, die Kh-Toleranz bei einem schweren Diabetes eines 26jährigen durch operative Entfernung der normalen Schilddrüse zu heben, war erfolgreich, aber das entstehende Myxödem so störend, daß dringend von einer solchen Therapie abgeraten wurde. RUDY und Mitarbeiter haben bei einem thyreoidektomierten Diabetiker besonders die blutcholesterinspiegelsenkende Wirkung hervorgehoben. Von SCHMITKER, RAATLE und CUTLER dagegen wurde bei Gesunden und Zuckerkranken eine nennenswerte Änderung des Stoffwechsels nach Schilddrüsenexstirpation vermißt.

Diese wenig einheitlichen Ergebnisse lassen sich wenigstens teilweise durch eine Betrachtung des Verlaufsmechanismus verstehen. Die *intermediäre Stoffwechselentgleisung bei der Schilddrüsenüberfunktion,* die hier vor allem zur Diskussion steht, äußert sich ja zuerst in Glykosurie und hoher alimentärer Blutzuckerkurve, beides wesentlich durch den Reizzustand des Sympathicus bestimmt. Ein reaktiver, auch anhaltender Hyperinsulinismus kann intermittierend bis zu beträchtlicher Unterzuckerung entgegengesetzt eingreifen, bis erneut gebildetes Schilddrüsenhormon die Balance wiederherstellt. In wechselndem Maß können sich diese Schwankungen wiederholen. In diesem Stadium kann eine künstliche Neutralisierung der Schilddrüsentätigkeit, der das Inselorgan bald folgt, ein absolut physiologisches Stoffwechselverhalten wiederherstellen. Umgekehrt hat ein Nachlassen der Insulinproduktion, etwa durch Erlahmen eines minderwertigen Pankreas (latenter Diabetes!) die Manifestation eines insulären Diabetes zur Folge; solange die thyreoideale Störung noch floride ist, mit starken gegenregulatorischen Stößen. Auch jetzt kann daher ein Rückgang der Schilddrüsenüberfunktion sich noch günstig, stoffwechselberuhigend auswirken, vor allem den Insulineffekt bessern. Aber der inzwischen entstandene Defekt des Pankreas ist bekanntermaßen, beim Menschen wenigstens, nicht völlig reparabel. So ist es einleuchtend, daß, je nachdem ob die Beseitigung der Hyperthyreose im Frühstadium vorgenommen wird oder aber schon eine absolute Unterwertigkeit des Inselorgans vorliegt, der Nutzen einer über den Normalzustand hinausgehenden Ausschaltung der Schilddrüse für eine Toleranzsteigerung vorbestimmt und eng begrenzt ist.

Wieweit das NNM an der glykogenolytischen Tätigkeit beteiligt ist, läßt sich einstweilen noch nicht entscheiden, sicher ist, daß das Schilddrüsenhormon allein auch zur Glykogenolyse führt, wie schon das verschiedene Verhalten der Verfettung der Leber auf Adrenalin und Thyroxin annehmen läßt.

Eine gewisse Sonderstellung nehmen die von einer primären HVL-Überfunktion glandotrop ausgelösten oder die von einer solchen begleiteten Hyperthyreosen ein, am häufigsten die Akromegaler, aber auch die im Postklimakterium entstehenden, ebenso die sekundären Hyperthyreosen (Scholderer). Naturgemäß bestimmt dann zum mehr oder weniger großen Teil die parallele Fehlproduktion stoffwechselaktiver Vorderlappeninkrete das gesamte Verhalten. Dann kann eine vom HVL ausgehende Insulinresistenz eine weitere Verschlechterung herbeiführen, während sonst nur zeitlich begrenzte, kurzdauernde, dem Insulin entgegenwirkende Reaktionen eine störende Labilität erzeugten. Entsprechend mag auch die Ketoseneigung sich weiter vergrößern.

Nur *willkürlich* läßt sich hier die *Grenze zwischen Diabetes und der die Hyperthyreose begleitenden Kh-Stoffwechselstörung* ziehen. In Wirklichkeit gibt es völlig fließende Übergänge, und die Form der Stoffwechselentgleisung ist ganz ähnlich der des eosinophilen Hyperpituitarismus mit seiner starken Betonung der Glykogenolyse und seiner Verknüpfung mit dem Nebennierenmark.

Joslin bezeichnet jene Fälle von Hyperthyreose, die einen Nüchternblutzucker von 150 mg-% oder 200 mg-% nach Nahrungsaufnahme und eine davon abhängige Glykosurie haben, als Diabetes; ähnliche Werte gaben Forster und Lowrie jr. kürzlich an. Eine solche Grenze ist aus praktischen, klinischen und prognostischen Gründen erforderlich; entweder ist unterhalb derselben die Hyperthyreose nicht sehr hochgradig, oder aber ihre Stoffwechselbeeinträchtigung wird durch starke glykogenetische oder Glykogen stabilisierende Kräfte ausgeglichen. Das Inselorgan versucht zu kompensieren. Für eine Prognose auf längere Zeit ist trotzdem Vorsicht geboten, auch wenn jene Grenze noch nicht erreicht ist. Wichtig ist die Beachtung einer familiären Diabetesbelastung und die Vermeidung exogener Pankreasschäden.

Schilddrüsenüberfunktion wirkt also diabetesbegünstigend. Überschuß an Schilddrüsenhormon greift — stoßweise von einem Nebengleis aus — durch Glykogenolyse in den intermediären Stoffwechsel ein und erfordert zum Ausgleich vermehrte Produktion glykogenetischer oder Glykogen fixierender Hormone. Das Verhalten des Stoffwechsels zeichnet sich durch eine besondere Labilität aus, an der Sympathicus und Adrenalinausschüttung wesentlich beteiligt sind. Das bunte Bild des durch Schilddrüsenstörungen komplizierten Diabetes muß ferner nach einer HVL-Überfunktion und nach mesencephalen Abweichungen suchen lassen.

F. Sexualdrüsen.

Die große Bedeutung der Keimdrüsen in der Stoffwechselregulation liegt, wie immer wieder zu betonen ist, vornehmlich darin, daß *Ausfall ihrer Hormone eine gesteigerte Tätigkeit des Vorderlappens im Gefolge hat.* Während die dann vermehrte Bildung des auch im Urin nachzuweisenden gonadotropen Hormons gesichert sein dürfte, ist die anderer mehr oder weniger wahrscheinlich. Offenbar ist es im Einzelfall durchaus verschieden, welche Hormongruppen der Hypophyse pathologische Steigerungen erfahren, das ist nicht nur wegen der verschiedenen Antwort der einzelnen peripheren Drüsen oft schwer zu entscheiden. Was den intermediären Stoffwechsel anlangt, so sind der klimakterische Diabetes

und bei Männern, bei denen der Ausfall der Sexualdrüsen später und langsamer
vor sich geht, manche Formen des Altersdiabetes das Ergebnis. Primär liegt der
Stoffwechselstörung die HVL-Überfunktion zugrunde, die Pankreasinsuffizienz
kommt erst sekundär zur Manifestation.

Hoff und Marx konnten den *klimakterischen Diabetes* durch Follikelhormon verringern. Unter Ausnutzung des dämpfenden Einflusses der Sexualhormone gelang es Bartelheimer, den *hypophysären Diabetes* bei Männern
durch Testoviron und bei Frauen durch Progynon vorübergehend zu bessern.
Mehr als die Glykosurie wurde der Blutzuckerspiegel gesenkt. Veil und Lippross
hatten beim *Altersdiabetes,* aber auch bei einzelnen jüngeren Zuckerkranken
gute Erfolge erzielt und einen Synergismus von Proviron und Testoviron zum
Inselorgan in Belastungsversuchen festgestellt, im Gegensatz zu Untersuchungen
von Schulz mit Hombreol (Degewop). Politzer gibt an, bei *Diabetikerinnen
mit ovarieller Insuffizienz* (hormonale Sterilisation?) eine insulinsynergistische
Wirkung des Follikelhormons gesehen zu haben. Der Rückgang der Hypertonie klimakterischer Frauen unter der gleichen Therapie ist in analoger
Weise zu verstehen. Erwägungen alter Autoren, die Zuckerkrankheit durch
Kastration leichter zu gestalten, gehen von Beobachtungen aus, wie sie Kups
beschreibt, bei Frauen mit Atrophie und Sklerose der Eierstöcke fand sich
eine Hyperplasie des Inselorgans. Aber sie ist nur eine reaktive, vom HVL
ausgelöste und meistens unzulängliche, wie das im experimentellen Teil ausführlich gezeigt wurde.

Diese Angaben erfahren eine wertvolle Bestätigung durch die sich mehrenden
Angaben über günstige Beeinflussung Cushing-Kranker durch Sexualhormone
(Dunn, Sansone, Gill und Morton, Laqueur und Deelen u. a.). Auch
Bartelheimer sah den günstigen Effekt vor allem bei Angehörigen des Cushing-
Typs des HVL-Überfunktionsdiabetes. Hinzu kommt bei dieser therapeutischen
Anwendung die erfreuliche Minderung von Mangelerscheinungen infolge Sexual-
drüsenausfalls.

Potenzstörungen sind weitgehend *nervös bedingt,* auch bei Diabetikern (Frequenz 10%). Nicht so selten gehen sie der Manifestation des Diabetes voraus.
*Hypersexualität und Hypergenitalismus dagegen sind neben abwegiger NNR-
Inkretion oft die Folge übermäßiger Ankurbelung der Keimdrüsen durch hypophysäre Stimulation, der dann die Erschöpfung des abhängigen Organs folgt (hormonale Sterilisation).* Die geringe Fruchtbarkeit diabetischer Frauen kommt
nicht immer so zustande, oft ist sie nur durch die Dekompensation des Stoffwechsels bedingt, wie man heute in der Insulinära weiß. Die verfrühte Meno-
pause ist nicht so selten. Schwangerschaftsglykosurien und Schwangerschafts-
diabetes wurden früher schon besprochen. Ebenso wurde die günstige Beeinflussung der Kreatinurie durch Sexualhormone bei Keimdrüseninsuffizienz
erwähnt (Schittenhelm und Bühler).

Auch die Klinik des Sexualdrüsenausfalles zeigt, wie bestimmend die Vorderlappenüberfunktion im Stoffwechselgeschehen ist. *Der „eunuchoide Hochwuchs"
ist das Ergebnis der Frühkastration, der „eunuchoide Fettwuchs" das der Spät-
kastration. Man denkt unwillkürlich an eosinophilen und basophilen Pituitarismus.*
Der Cholesterinspiegel ist beim Kastraten erhöht. Teihum und Zahler konnten
kürzlich zeigen, daß die Steigerung sich wieder, wohl über die Hypophyse,
durch Testoviron normalisieren läßt. *Die Stellung der Keimdrüsen in der*

Stoffwechselregulation wird nach allem, was darüber bekannt ist, durch die Beziehung zum HVL bestimmt. Ihr Ausfall führt zur HVL-Überfunktion, dem das Inselorgan mehr oder weniger erfolgreich kompensierend gegenübersteht.

III. Diagnose des Überfunktionsdiabetes durch biologischen Hormonnachweis.

Ganz bewußt wurde die Auswertung klinischer Symptome in den Mittelpunkt der Diagnostik des Überfunktionsdiabetes gestellt, neben diejenige des Stoffwechselverhaltens. Dieses muß stets zur Bestätigung herangezogen werden, da *klinische Zeichen* irreversible Folgen, *Rudimente oder „Narbensymptome" einer früheren hormonalen Stimulation sein können,* die dann also keineswegs einer augenblicklichen diabetogenen Überproduktion mehr entsprechen würden, wie das zum Beispiel bei der Akromegalie nur zu oft der Fall ist. Über Genese, vornehmlich den Beginn eines Diabetes, vermögen sie trotzdem Auskunft zu geben. Um so erstrebenswerter wird das Ziel, den *direkten Nachweis der Vermehrung jener diabetogenen Wirkstoffe* zu führen. Der der antidiabetogenen und hypoglykämisierenden, des *Insulins* also, ist zwar *im Transfusionsversuch* (ZUNZ und LA BARRE u. a.) und auf ähnliche Weise durch Prüfung des Blutzuckers möglich, aber keineswegs kommt einem solchen Vorgehen bisher aus praktischen Gründen große Bedeutung zu. Noch mehr ist die des pankreotropen Hormons umstritten, dessen Menge nach den Versuchen von ANSELMINO, HOFFMANN und HEROLD bei Zuckerkranken zudem nicht charakteristisch verändert ist.

FALTAs Mitarbeiter konnten bei der Feststellung der *humoralen Natur der Insulinresistenz* die verantwortliche Substanz auf das zum Vergleich gewählte Individuum übertragen. Diese Möglichkeit wurde diagnostisch nicht ausgewertet, wohl einfach deswegen, weil die Insulinresistenz schon direkt am Patienten ohne Schwierigkeiten zu eruieren ist. Ein Versuch DOHANs, durch Vergleich der Insulinansprechbarkeit von Kaninchen vor und nach Injektion von Serum Zuckerkranker zur Differenzierung von Diabetestypen zu gelangen, scheiterte. Überzeugender ist die *Übertragung der Insulinresistenz* auf ein Kaninchen durch Serum eines nach Exstirpation von Uterus und Ovarien entstandenen resistenten Diabetes, die GLEN und EATON gelang. DE WESSELOW und GRIFFITHS injizierten Kaninchen das Blutplasma von Zuckerkranken mit hypophysären Zügen und konnten das Überwiegen resistenzbedingender diabetogener Stoffe zeigen. BJERING, sowie BERGMAN und TURNER benutzten *Diabetikerharn und als Testtier das Meerschweinchen.* Die Extrakte wurden intraperitoneal injiziert. BJERING fand diabetogene Stoffe auch beim Gesunden, wenn große Harnmengen aufgearbeitet wurden. Bei einigen Diabetikern waren sie vermehrt, bei anderen nicht, deutlich immer bei graviden Frauen. Urinextrakte von Diabetikern hatten in Untersuchungen WERCH und ALTSCHULERs Blutzuckersteigerungen hervorgerufen, die aber eindeutige Schlüsse nicht erlaubten. RATHERY, BARGETON und DE TROVERSE konstatierten nach vorangegangenen tierexperimentellen Untersuchungen von KÉPINOV und PETIT-DUTAILLIS eine *hyperglykämisierende Fähigkeit des Diabetikerblutes.* Im Tierversuch hatten KÉPINOV und Mitarbeiter, da diese nach Hypophysektomie verschwand, auf eine pituitare Herkunft geschlossen.

Vor allem muß heute angestrebt werden, beim menschlichen Diabetes die diabetogenen Einflüsse durch eine für den laufenden Klinikbetrieb geeignete Methode zu erfassen. Grundsätzlich ist der von ANSELMINO und HOFFMANN an Blut und Harn geführte Nachweis des beim Diabetiker vermehrten Kh-Stoffwechselhormons und des Fettstoffwechselhormons ja nichts wesentlich anderes, ebenso wie die Gewinnung des von HOUSSAY und seinen Schülern isolierten, den Blutzucker pankreas- und hypophysenloser Hunde steigernden Prinzips aus dem Diabetikerurin.

Exakter und quantitativ bis auf eine geringe Fehlerbreite genau konnte die *Adrenalinbestimmung im Blut* ausgearbeitet werden, aber auch sie hat, nicht zum wenigsten wegen ihrer Umständlichkeit, noch keine praktische Bedeutung erlangen können, ebenso wie der von LUCKE gelieferte *Nachweis übergeordneten kontrainsulären Hormons* im Zisternenliquor. Die hyperglykämisierende Wirkung des Liquors von Diabetikern, Akromegalen (KOCH und LEHNDORF) und von essentiellen Hypertonikern, die KYLIN, KJELLIN und KRISTENSSON beschrieben, wurde von FENZ und ZELL vermißt. Zweifellos führt die Erregungshyperglykämie der zur Testung benutzten Kaninchen leicht zu Täuschungen.

So außerordentlich nützlich die Bearbeitung von Bestimmungsmethoden an der Diabetespathogenese beteiligter Stoffe für die Analyse der dem einzelnen Diabetesfall zugrunde liegenden Regulationsstörung zu werden verspricht, heute scheitert sie in der Klinik noch an *zahlreichen technischen Schwierigkeiten*. Neben der Umständlichkeit und den Kosten, die biologischen Verfahren anhaften, verlangen die meisten Geübtheit und Erfahrung des Untersuchers, nicht zum wenigsten, weil es sich um den Nachweis oft labiler Substanzen in minimsten Mengen handelt.

Aber nicht nur der direkte Nachweis einer pathologischen Vermehrung stoffwechselwirksamer humoraler Faktoren selbst ist imstande, Einblick in das glykoregulatorische System zu gewähren. Oft genügt schon die *Sicherung* einer *aktuellen Überfunktion* der hier umrissenen Inkretdrüsen, zumindest ist sie für einen kausalen Therapieversuch das Entscheidende. Die ASCHHEIM-ZONDER-*Reaktion* kann bei der HVL-Überfunktion des basophilen Pituitarismus positiv sein (CUSHING, SCHILLING u. a.), im allgemeinen ist sie es nicht, da selten so große Hormonmengen vorhanden sind, wie etwa in der Gravidität, wo die Placenta der Hauptproduzent wird (PHILIPP). Schon bessere Ergebnisse verspricht der von JORES ausgearbeitete *Nachweis des corticotropen Hormons*, naturgemäß vor allem für den CUSHING-*Typ* des HVL-Überproduktionsdiabetes, vielleicht auch der von ANDERSON und HAYMAKER aus dem Harn Cushing-Kranker gewonnener, das Leben nebennierenloser Ratten verlängernder Substanzen. Neuerdings ist mehrfach bei adreno-genitalem Syndrom die absolute Vermehrung von androgenen und oestrogenen Substanzen im Urin beschrieben worden, letztere in biologisch unrichtigem Verhältnis, aber im Einklang mit klinisch heterosexuellen Merkmalen. Gleichzeitig ein Anreiz für eine Therapie mit dem unterlegenen Sexualhormon zur Wiederherstellung des Gleichgewichtes.

Letzte Untersuchungen von BARTELHEIMER und PAPAYANOPULOS, die beim CUSHING-Typ des Überfunktionsdiabetes eine *Vermehrung des Melanophorenhormons* im Blut zutage förderten — im Vergleich zu Stoffwechselgesunden und offenbar primär inselinsuffizienten Diabetikern, bei denen klinisch und stoffwechselmäßig also keinerlei Anhalt für eine absolute Vorderlappen- oder

Rindenüberfunktion bestand —, sind wegen der nicht sehr schwierigen Nachweismethode auch für die Praxis geeignet. Die Erzeugung dieses Hormons wurde bei höheren Lebewesen ja in den basophilen Hypophysenzellen angenommen (Roth, Jores und Glogner), während ursprünglich und noch jetzt bei niederen Tiergattungen der Zwischenlappen der Produzent war. Jores sah nach intracerebraler Injektion am Kaninchen einen Blutzuckeranstieg, andererseits beobachtete er auch eine Einwirkung des Melanophorenhormons auf die Nebennieren. Bei einem Fall von Morbus Cushing waren Melanophoren-, adrenotropes und corticotropes Hormon im Blut vermehrt, dagegen nicht die gonadotropen. Ob und wieweit das Melanophorenhormon an der Entstehung von Pigmentverschiebungen beim Menschen beteiligt ist, ist nichtsdestoweniger noch unklar, Marañon und Mitarbeiter traten für deren hypophysäre Ätiologie ein. Der Nachweis erhöhten Gehaltes an Melanophorenhormon im Blut von hypophysären, dem Cushing-Typ einzugliedernden Diabetikern, gewinnt besonderen Wert und allgemeines Interesse durch neuere Untersuchungen Collips mit O'Donovan bzw. Neufeld, die aus der Hypophyse eine stoffwechselaktive Fraktion trennten, die insulinantagonistisch wirkte, andererseits auch die Adrenalinhyperglykämie verringerte, die aber in ihrem chemischen Verhalten dem Melanophorenhormon glich. Eine Steigerung der Fettverbrennung, vielleicht mit gleichzeitiger Glykogenneubildung, war ebenfalls zu vermuten. Unter anderen hat kürzlich Teague sich mit dem Zusammenhang von Melanophorenhormon und der Stoffwechseltätigkeit der Hypophyse befaßt.

Natürlich kann auch die Bestimmung noch anderer Hormone oder biologisch aktiver Wirkstoffe in das Zusammenspiel der endokrinen Drüsen und indirekt damit in die hormonale Stoffwechselregulation Einblick gewähren. Methodische Einzelheiten dazu finden sich in dem umfangreichen Werk Bomskovs „Methodik der Hormonforschung", auch in denen von Reiss und von Burn.

Durch die Anwendung der Abderhaldenschen Reaktion zeigte Lucandri bei der Bearbeitung der die Zuckerkrankheit begleitenden erhöhten Abbauwerte, daß diese mit durch Insulinzufuhr verbesserter Stoffwechsellage sich verringerten.

Die dem diabetischen Stoffwechselgeschehen zugrunde liegende hormonale Entgleisung fordert klinisch brauchbare Methoden für den Hormonnachweis. Nicht nur zahlreiche grundsätzliche Fragen könnten dann eher geklärt werden, auch die Indikation für eine kausale Therapie ließe sich besser präzisieren. Der letzte direkte Beweis einer zugrunde liegenden Inkretdrüsenüberfunktion oder -unterfunktion ist beim Menschen am überzeugendsten auf diese Weise zu erbringen. Erfolgversprechende Anfänge wurden bereits gemacht.

IV. Überfunktionsdiabetes und Erbanlage.

An der überwiegenden Bedeutung des Erbgutes für die Entstehung des Diabetes kann nicht mehr gezweifelt werden, dieser Schlußsatz Then Berghs aus dem Rüdinschen Institut, der aus Untersuchungen an 85 000 Diabetikern kürzlich gefolgert wurde, stellt eine weitere Bestätigung der vielfach geäußerten Anschauung über die hervorragende Stellung der Erbanlage in der Diabetespathogenese dar (v. Noorden, Umber, Joslin, Grote, Pannhorst, Lemser u. v. a.). Aber es dürfte *kaum noch die Berechtigung vorhanden sein, sie ausschließlich auf die angeborene Minderwertigkeit des Pankreas zurückzuführen,* wie das vielfach geschieht, wenngleich Reserven und Elastizität des Pankreas oft auch beim Überfunktionsdiabetes die Manifestierung entscheiden. In wie hohem Maße tatsächlich die Leistungsfähigkeit des Inselorganes für den Endzustand maßgebend ist, wurde im experimentellen und klinischen Teil immer wieder gezeigt.

Aber das Experiment des durch HVL-Extrakt permanent diabetisch gemachten Hundes lehrt, ebenso der hohe Prozentsatz, in dem diabetische Stoffwechselstörungen bei Vollformen der beiden bekannten HVL-Überfunktionssyndrome, beim Cushing-Syndrom und bei der Akromegalie, vorkommen, daß auch ein *erbgesundes Pankreas eine Zuckerkrankheit nicht ausschließt*, es keineswegs immer den diabetogenen Kräften gewachsen ist. Dazu eine jüngst von Störring und Lemser mitgeteilte Beobachtung eines eineiigen Zwillingspaares, wovon ein Partner eine Akromegalie und bald darauf bei erbgesundem Pankreas einen insulinansprechbaren Diabetes erwarb. Diese Zustimmung kommt aus der Klinik Umbers, die der vererbten Minderwertigkeit des Inselorgans die zentrale Stellung in der Diabetespathogenese einräumte. Über den Prozentsatz, wie oft trotz hereditär unbelasteten Inselorgans durch diabetogene Hormone eine Zuckerkrankheit erzeugt wird, Angaben zu machen, ist allerdings unmöglich. Jedenfalls macht die Tatsache, daß auch bei Hypophysenadenomen Vorderlappenentgleisungen in einzelnen Richtungen fehlen, andererseits nur bei histologisch erfaßbarem Hypophysenbefund beträchtliche Funktionsstörungen erkennbar werden, durchaus wahrscheinlich, daß auch bei oligosymptomatischem klinischen Bild ein nur unwesentlich in seinen Reserven beschränktes oder gar ein gesundes Inselorgan durch hochgradig vermehrte diabetogene Wirkstoffe überwunden worden sein kann. *Nicht die absolute Minderung der Insulinproduktion entscheidet ja die Manifestierung der Zuckerkrankheit, sondern das Überwiegen diabetogener Kräfte.* Die Zahl der nicht erblich durch Unterwertigkeit des Inselorgans belasteten Diabetiker dürfte demnach wohl doch höher sein als vielfach angenommen wird.

Vor allem darf aber nicht übersehen werden, daß *die Plusdekompensation der Vorderlappentätigkeit*, gerade die weniger ausgeprägte — es sei nur an den Akromegaloidismus erinnert —, *auch familiär* auftritt und die *Erblichkeit oft* eindeutig *erkennbar* wird. *Ebenso* ist das *bei entgegengesetzter Hypophysentätigkeit* der Fall (J. Bauer), bei erblichem hypophysärem Zwergwuchs oder bei jenen Mäusestämmen amerikanischer Autoren, bei denen die eosinophilen HVL-Zellen fehlen. Ähnlich ist es gelegentlich mit der Neigung zur Hyperthyreose. Wenn man sich die Mühe macht, Blutsverwandte von Diabetikern des Cushing-*Typs* zu untersuchen, so fallen nicht selten eine ,,Reizglykosurie'', ein essentieller labiler Hypertonus, eine Adipositas in mehr oder weniger charakteristischer Form oder die eine oder andere der übrigen dazugehörigen Veränderungen auf, derart, daß einem die Tendenz zur *Plusentgleisung des HVL,* hier *des basophilen Vorderlappens, als familiäre Belastung* eindrucksvoll entgegentritt. Die Beziehung des Basophilismus zur Konstitution (Pykniker!) wurde schon besprochen. Es ist nicht zu leugnen, daß dann eine weit geringere Unterwertigkeit des Inselsystems genügt, um den Ausbruch einer diabetischen Stoffwechselstörung herbeizuführen.

Während in solchen Fällen oft wenig imponierende morphologische Unterlagen in HVL und Nebennieren aufzufinden sind, wirken *im Gegensatz dazu* die ausgedehnte *Adenombildung mancher Akromegalie oder aber ein NNR-Carcinom, deren Überproduktion imstande ist, auch ein unbelastetes Pankreas zu erschöpfen, doch außerordentlich überzeugend als neuerworbenes Leiden.* Für die hier negativ zu beantwortende Frage der Erblichkeit der Stoffwechselstörung dürften sich solche Fälle von Überfunktionsdiabetes grundsätzlich, nämlich was das Fehlen einer Diabetesanlage anlangt, kaum von jenem zwar seltenen Pankreas-Unterfunktionsdiabetes nach Pankreasnekrose, schweren und chronischen Oberbaucherkrankungen und dergleichen unterscheiden, so daß der *sekundäre Diabetes von* KATSCH *auf diese Weise eine erweiterte Bedeutung* erhält. Ebenso können natürlich selbst geringgradige exogene Schädigungen, die ein durch solche diabetogene Hormonüberproduktion außerordentlich beanspruchtes Inselorgan treffen, erst die Manifestation der Zuckerkrankheit entscheiden. Auch dann kann man von einem sekundären Diabetes sprechen.

Nichtsdestoweniger besitzt die Erblichkeit für den Überfunktionsdiabetes eine nur wenig geringere Bedeutung als für den Unterfunktionsdiabetes, das wurde schon früher von BARTELHEIMER vertreten. Die Ausdrucksweise, einer erblich begründeten Zuckerkrankheit einen „sekundären bzw. extrainsulären Diabetes" gegenüberzustellen, wie sie gelegentlich zu finden ist (auch bei G. STEINIGER), ist also irreführend, denn dadurch wird leicht der Anschein erweckt, als sei die extrainsuläre Zuckerkrankheit immer eine sekundäre, d. h. nicht erbbedingte. Das ist zweifellos unrichtig. Die Vererbung der Disposition für einige zum sekundären Diabetes führende Erkrankungen wird dabei von G. STEINIGER mit Recht betont, auch das Fehlen den Blutzuckerspiegel regulierender Anlagen, vor allem im Zentralnervensystem, gerade bei jugendlichen Diabetikern.

Der Erbgang ist rezessiv, Pseudodominanz soll vorkommen. Eine Ansicht von CAMMIDGE, der Altersdiabetes (über 40 Jahre) zeige dominanten, der jugendliche rezessiven Erbgang, ist allgemeiner Ablehnung anheimgefallen. Schon das Vorkommen von Anteposition und Postposition (PANNHORST, HANHART, STEINIGER u. a.) spricht dafür, daß zumindest einige gemeinsame Ursachen den beiden Diabetesformen zugrunde liegen, jedenfalls ist die Inselunterwertigkeit beiden bedeutungsvoll. Sie ist beim Unterfunktionsdiabetes eine absolute, beim Überfunktionsdiabetes eine relative.

PANNHORST, HANHART u. a. sagten schon, daß dem *Diabetes keine genetische Einheit* zukomme. Nicht ein einzelnes mendelndes Gen, sondern wahrscheinlich multiple Allele sind für die Erbanlage des Diabetes maßgebend (PANNHORST). Der Diabetes als Regulationskrankheit läßt kaum eine andere Deutung zu. *Eine Ausweitung der Erbforschung der Zuckerkrankheit unter diesem Gesichtspunkt mit Loslösung von der alleinigen Betrachtung des minderwertigen Inselorgans ist auch hier erfolgversprechende Aufgabe geworden.* HOFF fordert mit Recht, „die erbbiologischen Untersuchungen auf den gesamten Kreis der beim Zuckerhaushalt mitwirkenden vegetativen Wechselwirkungen auszudehnen".

Es ist nicht uninteressant — vor allem für die Einordnung sonstiger humoraler nicht von Inkretdrüsen produzierter stoffwechselregulierender Stoffe —, daß die Vergrößerung der insulinzerstörenden Kraft, die KOHL bei Diabetikern — nicht bei pankreaslosen Hunden — feststellen konnte, bei klinisch gesunden Familienangehörigen von Zuckerkranken ebenfalls deutlich war.

Auch UMBER sowie LEMSER erwähnen, daß gelegentlich eine „*Reizglykosurie*" *familiär* vorkommt. Wenn trotzdem in derselben Familie kein Diabetes entsteht, zeugt das nach der heutigen Kenntnis der Stoffwechselregulation unter anderem von der Robustheit des dieser Sippe eigenen Inselorgans. Die primäre Fehlsteuerung liegt, wie früher erklärt wurde, auf der diabetogenen Seite des glykoregulatorischen Systems, sie wird aber durch antidiabetogene Kräfte im Zaume gehalten. Diese Einordnung jener Zuckerausscheidung gewinnt durch eine kürzlich veröffentlichte Nachuntersuchung aus einer der hervorragendsten und kritikvollsten Diabeteskliniken, aus der JOSLINs, noch an Gewicht. Von den in den letzten 35 Jahren festgestellten Reizglykosurien war bei 10% ein charakteristischer Diabetes entstanden und, was besonders wichtig ist, um so häufiger, je länger die Zuckerausscheidung bestanden hatte.

Die Neigung des HVL zur Überfunktion kann erbmäßig festgelegt sein. Ob ein Diabetes entsteht, hängt außerdem davon ab, ob die diabetogenen Kräfte über die vorhandenen antidiabetogenen ein Übergewicht erlangen können. Der Hochwertigkeit des Inselorgans kommt also nach wie vor für die Manifestierung des Überfunktionsdiabetes noch eine, wenn auch nicht absolute Schlüsselstellung zu. Zweitens existieren Formen des Überfunktionsdiabetes, die ebenso wie seltene Fälle von Unterfunktionsdiabetes trotz erbgesunder Anlagen entstehen, die somit den Bereich des sekundären Diabetes (KATSCH) erweitern.

V. Therapie des Überfunktionsdiabetes.

a) Symptomatisch.

1. Diät. *Hunger stellt das Inselorgan ruhig, aber fördert die Tätigkeit von HVL und Nebenniere.* Die diabetogene Seite der Stoffwechselregulation beginnt erst, die Kh-Reserven allmählich zu mobilisieren, bewirkt dann aber auch Steigerung der Zuckerbildung und Neoglykogenese aus körpereigenem Fett und Eiweiß. Ein *Pankreas-Unterfunktionsdiabetes* wird daher, solange noch ein Rest der Insulinproduktion und das Kh-Minimum in der Zufuhr erhalten sind, *besonderen Nutzen von einer mäßigen Nahrungsbeschränkung* haben und später *relativ gut eine überwiegend fett- und eiweißreiche Diät ertragen, da die zur Verarbeitung nötigen Hormone in physiologischer Regulation erhalten sind. Anders der Überfunktionsdiabetes;* die ohnehin schon vorhandene Steigerung der diabetogenen Regulatoren nimmt bei dieser Kost weiter zu, erkennbar an schnell auftretender Azidose. Hier ist eine *calorisch weniger eingeengte, vor allem kohlehydratreiche, eiweiß- und fettarme Kost das Gegebene,* die so die absolut größere Leistungsfähigkeit des Inselorgans ausnutzt, vor allem aber HVL-dämpfend wirkt. Übergangs- und Zwischenformen verlangen eine entsprechende Anpassung der zugeführten Nahrungsstoffe an die Art der Regulationsstörung. Die Differenzierung der dem Einzelfall zugrunde liegenden diabetischen Regulationsstörung liefert also wichtige Richtlinien für die diätetische Einstellung.

FALTA hat schon früh betont, daß bei Zuckerkranken mit niedrigem Glucoseäquivalent dieses durch kohlehydratreiche Kost heraufgesetzt, durch fettreiche verringert wird. KERR und HIMSWORTH kamen allerdings vor kurzem zur entgegengesetzten Ansicht.

HIMSWORTH trennt nämlich neuerdings eine Zuckerkrankheit durch Insulinmangel von einer durch Fehlen eines unbekannten Faktors, der zum Insulineffekt nötig sein soll. Bei ersterer soll reichliche Kh-Zufuhr die Insulinempfindlichkeit noch weiter bessern, bei letzterer kaum.

Eine unnötig *fettreiche Kost* — das lehrt die Erfahrung — *schadet besonders dem Überfunktionsdiabetes,* da die weitere Ankurbelung der diabetogenen Regulation einsetzt, ganz zu schweigen davon, daß der alimentäre Fetttransport die infolge vermehrten Umsatzes erhöhten Werte des endogenen Blutfett- und Lipoidspiegels noch zusätzlich steigert, was wahrscheinlich für die Entwicklung von Komplikationen nicht ganz gleichgültig ist. Eine prävalierende Vermehrung des ketogenen Hormons kann durch die erhöhte Komagefahr in Zusammenhang mit der Insulinresistenz unmittelbar lebensbedrohliche Situationen heraufbeschwören.

Eine einseitig mit Kh angereicherte Kost wird vom Unterfunktionsdiabetes ertragen, solange vorhandenes und zugeführtes Insulin ausreichen, um eine genügende Assimilation zu erhalten. Solange bleibt ebenfalls die Azidose aus. Jeder Überschuß stellt eine zumindest unerwünschte und nutzlose Belastung dar, die mit Glykosurie und Hyperglykämie einhergeht, und zudem erzeugt der erhöhte Blutzucker unaufhörlich Inkretionsimpulse zum Pankreas, die für eine verfrühte Erschöpfung desselben mit Abnahme der Insulinproduktion nicht gleichgültig sein mögen. Als günstiges Moment wirkt sich allerdings die Dämpfung des diabetogenen Systems aus, dessen Bedeutung bisher vielfach unterschätzt wurde, ferner die Tatsache, daß in größerer Blutzuckerhöhe die Zuckerassimilation verbessert ist. Dagegen ist für den Überfunktionsdiabetes die dämpfende Wirkung auf den HVL von noch größerer Bedeutung. Das Pankreas ist hier von vornherein leistungsfähiger und der durch die Hyperglykämie erfolgenden Belastung eher gewachsen. Der Fett- und auch Eiweißumbau in Kh wird verringert, die Azidosebereitschaft also kleiner.

Im ganzen genommen ist also ein *Kh-Reichtum der Kost bei beiden Formen der diabetischen Regulationsstörungen gegenüber einem Fettreichtum ungleich günstiger,* immer verbessert sie die Insulinansprechbarkeit und vermindert die Tendenz zur Azidose. Voraussetzung dazu ist allerdings, daß die zur Verbrennung notwendige *physiologische Kh-Assimilation gesichert* ist, *gegebenenfalls unter Zugabe von Insulin.* Zur Vermeidung eines schädigenden unausgenutzten Umsatzes sollte aber eine *übercalorische Ernährung vermieden werden,* natürlich unter Bewertung von Muskelarbeit, Wärmeabgabe und allen größeren energiefordernden Vorgängen, die selbst eine anpassende Erhöhung der Fettzufuhr gestatten. Eine genügende Kh-Assimilation läßt sich ohne Schwierigkeiten beim Pankreas-Unterfunktionsdiabetes durch künstliche Insulinapplikation erreichen, aber in der Regel auch beim hypophysären Diabetes. Da *kohlehydratreiche Kost* nach Staub u. v. a. die *Insulinansprechbarkeit erhöht,* wird sie möglich.

Dienst hat außerdem kürzlich — in guter Übereinstimmung mit der bekannten Komabehandlung — darauf aufmerksam gemacht, daß Alkali Insulin wirksamer und Adrenalin unwirksamer macht (Elias und Sammartino) und eine säureüberschüssige Kost durch Verstärkung des Sympathicotonus die vegetative Dysharmonie begünstigt, basenüberschüssige sowohl die Komaneigung als auch die Hypoglykämie verringert. Diese würde also regulierend wirken.

Solange eine *genügende Kh-Assimilation* erfolgt, ist die Anwendung von Insulin oder eine Vergrößerung der schon zugeführten Menge nicht unbedingt notwendig. Sie ist *erstes Ziel jeder Diabeteseinstellung.* Dieser moderne Standpunkt ist zweifellos für die Beherrschung der augenblicklichen Stoffwechsellage richtig. Trotz alledem müssen aber nicht nur die Beseitigung der Azidose, sondern auch das Erreichen von Normoglykämie und Aglykosurie erstrebenswerte Aufgabe bleiben. Allerdings nicht auf Kosten einer Einbuße von Wohlbefinden und Leistungsfähigkeit — Opfer, die mancher Zuckerkranke früher dafür bringen mußte —, sondern durch Ausnutzung der verbliebenen Regulationsmöglichkeiten des Stoffwechsels, falls angängig durch ursächliche Therapieversuche.

2. Insulin. *Insulin gleicht den Defekt des Unterfunktionsdiabetes aus, hat also bei richtiger Verteilung substituierenden Charakter,* leider sind reine Formen außerordentlich selten. Ein extremer *Überfunktionsdiabetes läßt sich dagegen durch endogenes und exogenes Insulin, zumindest nicht auf physiologischem Niveau, völlig ins Gleichgewicht* bringen. Dieses gelangt nur zu beschränkter Wirksamkeit infolge vermehrter entgegengesetzt angreifender humoraler, vor allem aus dem HVL stammender Faktoren. Wie schon gesagt wurde, kann eine kohlehydratreiche Kost deutliche Besserungen in dieser Hinsicht erzeugen. *Eine Überinsulinisierung sollte wegen unerwünschter Ankurbelung der Insulinantagonisten immer vermieden werden,* die richtige Plazierung der Injektion ist Vorbedingung für ein ökonomisches, die Reizung dieser Gegenregulation ersparendes Vorgehen. Ohne sie ist ein ausgeglichenes Stoffwechselprofil nicht zu erreichen. Der große Nutzen der gerade in dieser Hinsicht den *Verzögerungsinsulinen* zu danken ist, zeigt sich *nicht nur* an einer *Insulinersparnis, sondern auch in der Tendenz der Blutzuckerregulation, sich in Richtung auf die Norm zu verändern* (PANNHORST und BARTELHEIMER), auch erkennbar an dem korrigierten Blutzuckertagesprofil (BANSE). Wenn auch reaktionslos ertragene, oft zufällig entdeckte ungewöhnlich tiefe Hypoglykämien zeigen, wie wenig und wie spät die Depotinsuline eine Gegenregulation auslösen, so ist ein dann einsetzender Shock um so bedrohlicher, die Stoffwechselerschütterung eine um so größere. Deswegen auch nicht um jeden Preis alles Insulin in eine Spritze zusammenziehen! Ein *ruhiges Blutzuckerprofil* ist viel wichtiger, am meisten natürlich bei der Zuckerkrankheit durch Überproduktion der antagonistischen diabetogenen Substanzen. Häufig in kurzen Abständen *wiederholte kleine kohlehydrathaltige Mahlzeiten* lassen durch den „*Bahnungseffekt*" (STAUB, STÖTTER u. a.) eine besonders günstige Ausnutzung der Produktion endogenen Insulins zu, erkennbar an vermehrter Kh-Assimilation bzw. Ersparnis zugeführten Insulins. Bei der Deutung sollte aber nicht vergessen werden, daß auf diese Weise auch die Gegenregulation am wenigsten herangezogen wird. STÖTTER zeigte, wie bei der Akromegalie auf höherem, aber gleichbleibendem Blutzuckerniveau in Abständen gegebene Kh umgesetzt werden.

Während der *Überfunktionsdiabetes,* abgesehen von autochthonen Toleranzschwankungen, in deren Verlauf sich auch die Insulinansprechbarkeit vorübergehend außerordentlich bessern kann, solche Phasen nicht eingerechnet, nur eine *geringe Neigung zum Shock besitzt,* ist diese naturgemäß beim reinen Unterfunktionsdiabetes erhöht gegenüber dem Stoffwechsel Gesunder. Denn auch die durch kontrainsuläres HVL-Hormon und Adrenalin beherrschte unmittelbare Insulinreaktion beantwortet den Dauerdefekt des Inselorgans absolut genommen mit einer Funktionsminderung, so daß gewissermaßen eine reversible Insulinüberempfindlichkeit erzeugt wird, die durch Insulinzufuhr wieder verringert wird.

3. Muskelarbeit. Als dritter, *gleich wichtiger Behandlungsweg des Diabetes* ist, wie die *Garzer Erfahrungen* am eindrucksvollsten lehren, die *individuell* *dosierte Muskelarbeit* zu nennen. Sie nutzt beiden Diabetesgruppen, wenn auch extrainsulär beherrschten vielleicht nicht in dem gleichen Umfang. Beim Überfunktionsdiabetes erfährt die Anwendung durch den höheren Altersdurchschnitt und wegen der leider nur zu oft infolge hormonaler Verknüpfung vorhandenen Kreislaufstörungen Einschränkungen. Über die Arbeitstherapie des Diabetes enthalten die Arbeiten von Katsch, Brauch, Banse und Spickernagel, die die letzten *Garzer* Ergebnisse ausgewertet haben, alles Wesentliche.

Schon früh hat Katsch den weniger ausgiebigen Erfolg der Arbeitstherapie bei Vorhandensein eines ausgesprochenen Regulationsanteils der Stoffwechselstörung hervorgehoben. Falta beobachtete den Nutzen der Muskelarbeit vornehmlich bei insulinempfindlichen Fällen, das Glucoseäquivalent wurde höher. Grafe, Priesel und Wagner bestätigten das. Katsch betont den größeren Zuckerverbrauch. Die Ursache der Stoffwechselbesserung sieht Bürger in verbesserter Durchblutung der Muskulatur, in der das Insulin seine Wirkung zu entfalten hat, Umber nahm eine Steigerung der Eigenproduktion des Insulins an. Für das Gesamtergebnis ist die oft neue und wieder positive Einstellung zum Leben, die *die von* Katsch *inaugurierte produktive Diabetesfürsorge* dem Zuckerkranken vermittelt (Velde, Gülzow), nicht zu vergessen. Der Diabetes als Regulationskrankheit läßt sogar Umstellungen des steuernden vegetativen und des davon abhängigen hormonalen Mechanismus als ihre günstige Folge ahnen.

4. Duodenal- und Pankreasextrakte. Im außerdeutschen Schrifttum vor allem taucht in den letzten Jahren eine große Zahl von Mitteilungen auf, die über *günstige Wirkung von Duodenal- und Pankreasextrakten auf die diabetische Stoffwechselstörung bei oraler Anwendung* berichten. Kurz einiges Wichtige darüber. Der Macallum-Laughton-*Duodenalextrakt* und das *Duocrin* de Barbieris sind die meist angewandten, beide wirken insulinsynergistisch und antagonistisch gegenüber dem HVL. Ihre Wirkung bleibt noch Wochen und Monate nach der Absetzung erkennbar, was Flint und Michaud an einem hypophysären Diabetes zeigen konnten, dessen Insulinresistenz sich zudem verringerte. La Barre und Mitarbeiter sahen beim pankreatektomierten Hund auch einen hypoglykämisierenden Effekt ihres *Inkretins,* das aus dem Secretin abgespalten wurde. Allerdings werden von den meisten Autoren die Stabilisierung des Insulins und ein direkter Einfluß auf die Langerhansschen Inseln in den Vordergrund gestellt. Die Azidose, Fett- und Eiweißstoffwechsel sollen, wenigstens nach Flint, durch den Macallum-Extrakt nicht oder nur wenig beeinflußt werden. De Barbieri u. a. sahen aber auch durch solche Auszüge die Acidose geringer werden. Die Blutzuckersenkung tritt nach alimentärer und Adrenalin-Belastung am deutlichsten in Erscheinung. Schon 1929 betonte Heller eine solche Wirkung seines vom Secretin durch Hydrolyse getrennten *Duodenins.*

Aber nicht alle Autoren beobachteten die gleichen Blutzuckersenkungen nach Duodenalauszügen, diese blieben aus oder es kam sogar zur Blutzuckersteigerung. Macallum isolierte *außer dem Synergisten einen Insulinantagonisten,* also eine entgegengesetzt angreifende Substanz, deren wechselnder Gehalt in den Extrakten die ungleichen Resultate erklären sollte. Aber schon früher hatten ja Bürger u. a. einen im Pankreas enthaltenen hyperglykämisierenden Faktor, der dem Insulin chemisch verwandt war und der adrenalinartig wirkte, eingehend studiert, das Glukagon. Képinov u. a. bestätigten *glykogenolytische Begleitsubstanzen des Insulins.*

Es ist nur zu gut begreiflich, daß die Einordnung dieser humoral angreifenden Substanzen mit hypoglykämisierenden und hyperglykämisierenden Fähigkeiten auch mit Veränderung der Insulinansprechbarkeit in das glykoregulatorische System als *parallele, sich teilweise mit den antidiabetogenen und diabetogenen Hormonen überdeckende humorale Regulation* neuerdings unternommen wird (FLINT u. a.). DUNCAN unterschied einen extraktresistenten von einem insulinresistenten und vom Insulinmangeldiabetes. So außerordentlich bedeutungsvoll diese Regulatoren zu werden versprechen, einstweilen sind sie noch zu wenig studiert und geprüft worden, um die Richtigkeit so weitgehender Schlüsse entscheiden zu können. Über therapeutische Erfolge (mit Duocrin) haben in letzter Zeit vornehmlich Italiener berichtet. Es würde zu weit gehen, hier noch mehr Einzelheiten anzuführen.

Wieweit diese Therapie ursächlich in die Regulationsvorgänge eingreift, muß also noch genauer geklärt werden.

b) Kausal.

Die Fähigkeit des Pankreas, zugrunde gegangene oder geschädigte LANGERHANS*sche Inseln neu zu bilden, ist beschränkt,* und eigentlich nur *nach Verschluß des Pankreasausführungsganges* mit Atrophie des tubulären Gewebes wurden höhergradige Inselhyperplasien mit entsprechenden Hypoglykämien gesehen. Eine besonders schöne Beobachtung haben vor kurzem BRINCK und SPONHOLZ veröffentlicht, bei der ein stenosierender Pankreasstein die Ursache war. Während dies — nach einer Reihe von Tierversuchen — die erste derartige Beobachtung am Menschen war, bei der ein Diabetes fehlte, haben JOSLIN, VAN BUCHEM und VAN GRIEND, ZECKWER und FRIEDLÄNDER, wie BRINCK schreibt, bei Diabetikern erhebliche Toleranzverbesserungen, ja tödliche Hypoglykämien gesehen. Hierbei weiß man natürlich heute noch keineswegs, wie sich währenddessen die Insulinsynergisten und -antagonisten aus Duodenum und Pankreas verhalten. Jedoch konnten M. B. SCHMIDT sowie BURKHARDT pathologisch-anatomische Inselneubildungen erkennen, letzterer bei stenosierenden Kopfcarcinomen. *Für eine kausale Behandlung des Pankreas-Unterfunktionsdiabetes ließen sich daraus aus mannigfachen Gründen noch keine klinischen Konsequenzen ziehen.* Unter anderem ist, wie neuerdings die BERGERsche Klinik (SCHNETZ) betont hat, schon *der Ausfall der Fermente der Bauchspeicheldrüse für die diabetische Stoffwechsellage nicht ohne Belang.* Ebensowenig läßt die *Röntgenbestrahlung des Pankreas* — TERBRÜGGEN und HEINLEIN erzeugten dadurch beim Kaninchen Hypoglykämien — therapeutische Erfolge erhoffen. Die mit *Kurzwellen* steht noch ganz in den Anfängen.

Von den beiden Möglichkeiten, die der Zuckerkrankheit zugrunde liegende hormonale Regulationsstörung auszugleichen, scheidet also die erste, die Vermehrung der antidiabetogenen Kräfte, praktisch aus. Eine erfolgreiche kausale Therapie des Unterfunktionsdiabetes wird damit wenig aussichtsreich. *Vielversprechend ist dagegen die zweite, die Verminderung der Produktion diabetogener Wirkstoffe.* Grundsätzlich stehen hierzu *drei* Wege zur Verfügung, das ist die *operative Verkleinerung oder Ausschaltung überproduzierender diabetogener Inkretdrüsen, eine schädigende Röntgenbestrahlung und ferner die* Möglichkeit, *durch antagonistische Hormone dämpfend ihre Tätigkeit zu beeinflussen.* Gleichzeitig lassen sich so auch am Menschen *auf klinische Weise Argumente für die Richtigkeit der vertretenen Anschauung über die Genese des Überfunktionsdiabetes* liefern. Und darin liegt einstweilen noch der Hauptwert solcher Maßnahmen, eine eigentliche *Therapie muß erst ausgebaut werden.* Vor deren Einleitung ist es vor allem wichtig festzustellen, ob die diabetogene Überproduktion noch besteht und nicht etwa nur ein rückbildungsunfähiges endokrines Narbensyndrom vorliegt, wie das zum Beispiel oft bei der Akromegalie vorkommt. Bei der Stoffwechselprüfung sind die Insulinresistenz und vielleicht auch eine übermäßige Azidoseneigung oder eine konstante Lipämie wegweisend.

1. Operatives Angehen diabetogener Inkretdrüsen. *Durch operative Entfernung der Hypophyse* eines Diabetikers einen *„Houssay-Menschen"* zu schaffen, verbietet die Fülle von Ausfällen anderer von der Hirnanhangsdrüse ausgeübter Funktionen. Nichtsdestoweniger ist dieser Eingriff im amerikanischen Schrifttum wiederholt erwogen worden. Chabanier hat wohl als Erster den übrigens histologisch nicht veränderten Vorderlappen bei einem schweren Diabetes mit gewissem Erfolg exstirpiert, der Insulinbedarf wurde anschließend erheblich geringer. Anders ist es mit der *Ausschaltung* von hyperplastischen Vorderlappenteilen mit vermehrter diabetogener Inkretion, also *von eosinophilen, weniger von basophilen Adenomen* beim Akromegalie- bzw. Cushing-Diabetes. Die Erfolge, auch was Hebung der Kh-Toleranz und Insulinresistenz anlangt, sind nicht selten sehr erfreulich. In Cushings Händen hatte der Eingriff nur eine Mortalität von 7%, und so ist es begreiflich, daß Joslin im Gegensatz zu deutschen Autoren, die die Röntgenbestrahlung bevorzugen, gern dazu riet.

Die *Exstirpation eines stoffwechselstörenden NNR-Tumors,* der einen primären Interrenalismus erzeugt, soll immer, wenn die Diagnose gestellt werden kann, ausgeführt werden, sobald wesentliche endokrine Störungen vorliegen. Die Minderung der allgemeinen Resistenz dieser Patienten verpflichtet allerdings zu größter Sorgfalt. Immer muß dabei festgestellt werden, ob die zweite Nebenniere intakt ist. Besonders dankbar sind natürlich Fälle mit Rindencarcinom, wie Kepler und Wilder sie mehrfach heilen konnten. Da bei solchen die diabetische Stoffwechselverschiebung sich gar nicht so selten schon langsam entwickelt, bildet die Möglichkeit eines malignen Tumors auch bei jüngeren Menschen eine wichtige Operationsindikation. Dabei kann eine plötzlich einsetzende endokrine Fettsucht dem Unbefangenen die Bösartigkeit des Leidens verdecken. Solche Fälle sind beschrieben worden. *Die Frühoperation schafft auch sonst in der Chirurgie der Inkretorgane eine günstigere Prognose,* da so eher irreversible hormonale Restzustände an den Antagonisten vermieden werden, hier die sekundäre Schädigung des Inselorgans.

Broster hat mehrfach beim genitoadrenalen Syndrom, selbst nach der Herausnahme einer nicht nennenswert vergrößerten, anscheinend gesunden Nebenniere, günstige Erfolge behauptet. Im ganzen genommen sollte sich wegen der anscheinend nicht geringen Mortalität hierbei die Aktivität auf jüngere, vor allem sonst unbelastete Kranke konzentrieren.

Vor einer Reihe von Jahren hat der Vorschlag Cinimatas, *die Nebennieren* einseitig oder besser doppelseitig beim Diabetiker *zu entnerven,* eine bewegte Diskussion ausgelöst. Insbesondere Nothmann und Lucke, der zeigen konnte, daß allenfalls nur eine vorübergehende Besserung eintritt, haben dagegen Verwahrung eingelegt. Mit Recht, wie heute bestätigt werden kann, denn durch die

Entnervung wird das Mark ausgeschaltet und nur zu einem Bruchteil die Rinde. Gerade dieser aber kommen diabetogene Funktionen zu. Entsprechend beseitigt die *Ausschaltung eines Paraganglioms* Blutdruck- und Blutzuckerkrisen, aber nicht den Diabetes, wenn es tatsächlich einmal dazu gekommen sein sollte, da dieser ein sekundärer Pankreasdiabetes zu sein pflegt. Eine Besserung durch Beruhigung des vegetativen Systems kann nicht geleugnet werden. Ebenso haben die *Exstirpation des Ganglion coeliacum und Splanchnicusdurchschneidung* (DE TACÁTS) wohl die Insulinansprechbarkeit etwas heben können, aber eine einschneidende Verringerung der Zuckerkrankheit blieb aus.

Die *totale Thyreoidektomie,* die ebenfalls die Glykogenolyse verringert, hatte bei einem schweren Diabetiker WILDERs und seiner Mitarbeiter eine günstige Stoffwechselwirkung, ähnlich in wenigen anderen Fällen der Literatur. Das entstehende Myxödem läßt jene Autoren jedoch vor einer solchen Therapie warnen. Wie anderen auf die Schilddrüse gerichteten Behandlungsmethoden kommt der *subtotalen Exstirpation* beim Hyperthyreose-Diabetes naturgemäß eine große praktische, allerdings, was die Beseitigung des Diabetes anlangt, nicht zu überwertende Bedeutung zu.

Der einzigartige Fall KRÖNKE und PARADEs, bei dem ein *HVL-Gewebe enthaltendes Ovarialteratom* ein Cushing-Syndrom verursachte, verpflichtet, ebenso wie die Möglichkeit des Vorhandenseins eines *Arrhenoblastoms,* aus therapeutischen Gründen zu sorgfältiger gynäkologischer Untersuchung. Das Suchen nach einem endokrin wirksamen *Thymustumor* verlangt die gründliche Röntgenuntersuchung des Thorax.

Insgesamt sind also die *chirurgischen Möglichkeiten,* der diabetogenen Überproduktion zu begegnen, recht *beschränkt,* und nicht nur wegen des geringeren Risikos ist es einstweilen angeraten, das Hauptgewicht auf die Röntgenbestrahlung zu legen.

2. Röntgenbestrahlung diabetogener Inkretdrüsen. *Die Röntgenbestrahlung in geübter Technik* ist heute die *Methode der Wahl* in der Behandlung von Akromegalie und Morbus Cushing. Die gute, beim Vollsyndrom oft beobachtete stoffwechselregulierende Wirkung durch dieses in seiner Gefahr fast allgemein überschätzte Vorgehen sollte auch *beim Akromegalie-Typ und* CUSHING-*Typ des Überfunktionsdiabetes* zu breiterer Anwendung führen. Um Enttäuschungen zu vermeiden, ist, wie gesagt, streng darauf zu achten, nur *Fälle mit florider Überfunktion* mit Insulinresistenz und einer Zuckerbelastungskurve, die eine genügende Insulinreaktion verrät, u. a. auszuwählen und beim CUSHING-Typ, wenn möglich, zu entscheiden, wo die primäre Störung sitzt, in dubio Hypophyse und Nebennieren zu bestrahlen. Einstweilen, solange noch keine großen Erfahrungen vorliegen, dürfte es immerhin angeraten sein, ausgesprochen oligosymptomatische Formen weniger einem solchen Versuche zu unterziehen.

Am meisten wird *bei der Hypophysenbestrahlung der Fehler unzureichender Dosierung* gemacht. Die Versuche von KOLTA und IRANYI und schon vorher die von GRUMBRECHT, KELLER und LOESER sowie von PALZ haben gezeigt, daß selbst große Strahlenmengen keine morphologischen Schädigungen der Hirnanhangsdrüse verursachen. GELLER beobachtete allerdings bei jungen Tieren eine Atrophie des Vorderlappens mit Wachstumsstillstand. Völlig unempfindlich ist der HHL, der Zwischenlappen steht in der Mitte. Bei wiederholter

Bestrahlung des gesamten Kopfes — die nicht ganz harmlos ist — sahen Loeser und Mitarbeiter eine Anreicherung von thyreotropem und gonadotropem Hormon, sie vermuten, infolge verminderter Abgabe. Jores schreibt, daß *Schädigungen bei der Hypophysenbestrahlung am Menschen noch nicht gesehen* wurden. Weniger strahlenresistent als die gesunde Hypophyse sind offenbar Adenome oder Zellen mit gesteigerter Funktion und dadurch eröffnen sich therapeutische Chancen. So wurden *beim basophilen Pituitarismus,* wenn auch keineswegs regelmäßig, aber doch schon in großer Zahl, *erfreuliche Erfolge* erreicht, von Cushing selbst, von Jamin, Bauer, Moore und Young, Sohilling, Kessel, Assmann, Hoff, Hantschmann u. v. a. Engel erlebte die *Stoffwechselbesserung auch beim Akromegalie-Diabetes* — dabei hatte Prévôt die Dosierung angegeben — ebenso Invernizoi und Sala u. a. Ein Fall Cannavòs zeichnete sich durch hervorstechende Rückbildung der Insulinresistenz aus. Auch Himsworth sah die Zunahme der Empfindlichkeit. Die mit Hyperthyreose kombinierte Akromegalie, die Thaddea beschrieben hat, ließ trotz sonstiger klinischer Besserung keinen Anstieg der verringerten Insulinblutzuckersenkung nach Hypophysenbestrahlung erkennen. Langeron und Alvarez, Hantschmann, auch Hutton, Culpepper und Ohlson, die mit kleineren Strahlenmengen arbeiteten ebenso wie einige Italiener, sahen bei hypophysärem bzw. Hypertonie-Diabetes mehrfach Abnahme der Glykosurie und Toleranzsteigerung, allerdings bestrahlten sie teilweise auch die Nebennieren. Die Beschränkung auf die Nebennieren wurde nicht nur (von Raab und auch Hadorn) beim genetisch verwandten essentiellen Hypertonus, sondern auch bei der Angina pectoris besonders gelobt. Eine Beeinflussung des Adrenalsystems versuchten Seyfried und Wachner durch Verfolgung der Blutzuckertageskurve zu ergründen.

Wie zu erwarten war, haben v. Kolta und Iranyi bei 5 unausgewählten Diabetikern nur einmal eine Stoffwechselwirkung feststellen können und Johnson, Selle und Westra bei pankreatektomierten Hunden überhaupt keinen Effekt. Ein Versuch Bartelheimers, die Stoffwechsellage eines normal insulinansprechbaren *Akromegalie-Diabetes* mittels Hypophysenbestrahlung durch weitere Ausschaltung des Vorderlappens noch mehr in Richtung auf die Insulinüberempfindlichkeit zu verändern, ließ keine Reduktion der Zuckerkrankheit erkennen.

Die *Radiumbestrahlung* hat Hirsch durch Einlegen in die Keilbeinhöhle, Clairmont und Schinz haben sie nach operativer Freilegung der Hypophyse empfohlen. Pattison und Swan erzielten erst ein zufriedenstellendes Endergebnis bei vergeblich röntgenbestrahlten Cushing-Kranken, nachdem sie Radium in die etwas incidierte Hypophyse gelegt hatten.

3. **Therapeutische Anwendung von Sexualhormonen.** Dem Ausfall der Sexualhormone folgt bei der Kastration und im Klimakterium der Frau die Überfunktion des Vorderlappens, darüber kann heute kein Zweifel mehr sein. Nicht nur das gonadotrope Hormon wird dann in abnormer Menge produziert, die enge Koppelung läßt auch — in wechselndem Ausmaß — die übrigen Vorderlappenstoffe, unter ihnen die stoffwechselaktiven, im Überschuß entstehen. Klinisch kann das durch Diabetes, Hochdruck, Fettsucht, ja Längen- und Spitzenwachstum deutlich werden. Selbst die anatomischen *Kastrationsveränderungen im HVL waren durch Sexualhormone wieder zum Verschwinden zu bringen* (Fichera, Dohrn und Hohlweg, Grumbrecht und Loeser u. a.).

Es ist daher keineswegs verwunderlich, daß *Zufuhr von Sexualhormon,* aber nur in großen Mengen, *auf eine primäre Vorderlappenüberfunktion ebenfalls dämpfend* wirken kann. Ganz besonders *vom basophilen Pituitarismus ist das heute erwiesen.* Eine große Zahl von Angaben liegt darüber vor (DUNN, SANSONE, GILL und MORTON, LAQUEUR u. v. a.). In lang dauernder Behandlung (von 3—12 Monaten) sah DUNN unter großen Mengen Progynon (10 000—50 000 E. pro Woche), zum Teil kombiniert mit Proluton (1—2 E. pro Woche) erfreuliche Besserungen. Und immer wieder war dabei gerade der stoffwechselregulierende Effekt erkennbar. *Unter hypophysären Diabetikern* konnte BARTELHEIMER, *ebenfalls vor allem beim* CUSHING-*Typ, das Absinken von Hyperglykämie und Glykosurie nach einer Reihe von Progynon-* (bei Frauen) *und Testovironinjektionen* (bei Männern) beobachten. Unden und Menformon wirkten gleichfalls, aber auch nur in großen Dosen. Orale Zufuhr blieb ebenso wie die von Ovarialgesamtextrakten erfolglos. Auch Proviron (bei Männern) versagte. Cyren, eine der modernen, biologisch sonst die Sexualhormone substituierenden Stilbenverbindungen, führte nur vereinzelt zur Blutzuckersenkung. Anscheinend sind diese sonst noch nicht in ihrer Beziehung zum Stoffwechsel studiert worden[1]. Leberschädigungen (LOESER) und andere toxische Symptome mahnen gerade beim Zuckerkranken zur Vorsicht.

Günstige Resultate der Keimdrüsentherapie *beim klimakterischen Diabetes* berichten MARX, HOFF, GYÖRGYI u. a., POLITZER *bei Ovarialinsuffizienz, die ja auch die Folge einer hormonalen (hypophysären) Sterilisation sein kann.* Den *Altersdiabetes* haben VEIL und LIPPROSS schon durch gelegentliche Hormonstöße eine Zeitlang bessern können. Allerdings gibt VEIL an, auch bei einer jüngeren Patientin das gleiche Ergebnis (mit Hombreol) erzielt zu haben. GYÖRGYI[2] behandelte jüngere und ältere Diabetiker erfolgreich mit Hodenhormonen. DEL CASTILLO und Mitarbeiter konnten nicht nur durch Progynon, sondern auch durch Auszüge aus Schwangerenurin den Blutzucker zur Norm senken, gleichfalls heterosexuelle Merkmale beeinflussen. Romanische Autoren geben teils ähnliche Stoffwechseleffekte (RATHERY und FROMENT), teils entgegengesetzte an, vor allem denken sie vielfach an eine unmittelbare Wirkung auf das Pankreas. KUHLMEY aus der Klinik UMBERs erreichte *bei Zuckerkranken mit Impotenz, die aber ja vornehmlich auf nervösen Faktoren beruht, keine Stoffwechseländerung.* Der Weg der Hormonwirkung über die Hypophyse legt außerordentlich nahe, daß solche Unterschiede durch die *Indikation der hypophysären Überfunktion* (BARTELHEIMER) zu erklären sind. Dafür spricht ferner, daß VEIL und LIPPROSS bei gesunden jüngeren Individuen keine Veränderung des Blutzuckers bemerkten. Die *Beseitigung von Spontankreatinurien* durch Proviron, die SCHITTENHELM und BÜHLER bei verschiedenen Funktionsstörungen endokriner Drüsen schon vor mehreren Jahren sahen, erfahren durch die von BRENTANO betonte Parallelität mit glykogenolytischen Vorgängen in der Muskulatur eine erweiterte Bedeutung für Stoffwechselfragen.

Über Angriffspunkte der *Sexualhormone im Fett- und Cholesterinstoffwechsel* liegen einstweilen noch keine eindeutig gesicherten Ergebnisse vor. Die Kastra-

---

[1] Inzwischen hat SCHÖNE auch eine uneinheitliche Wirkung beschrieben (Klin. Wschr. **1940 I.** 657).

[2] THADDEA u. HAMPE heben ebenfalls neuerdings die günstige Beeinflussung des Altersdiabetes hervor [Z. klin. Med. **137,** 760 (1940)].

tionshypercholesterinämie konnte Zahler zur Norm senken, im Tierversuch erreichten Bühler und Romanoff dasselbe. Von der Voraussetzung ausgehend, daß am Ende des ovariellen Zyklus, also zur Zeit der Menstruation, die HVL-Wirkung über die der Sexualdrüsen weit überwiegt, behandelte Tietze[1] eine Diabetikerin, die jedes Jahr im Frühjahr während der Menstruation ins Koma kam, mit 25 000 E. Follikelhormon (am 1. Tag der Regelblutung) mit dem Ergebnis, daß eine Azidose ausblieb, eine Beobachtung, die bei der Ketonneigung mancher zuckerkranker Frauen während der Regel eine weitere Nachprüfung verdient.

Soviel ist heute gesichert: *Die Sexualhormone nehmen in der Therapie von hypophysären Stoffwechselregulationen einen beachtenswerten Platz ein,* zumal die Industrie hochwirksame, konstante und bequem anwendbare Präparate reichlich zur Verfügung stellt. Wo die Grenzen der Erfolgsmöglichkeiten liegen, läßt sich allerdings noch nicht sagen. Einstweilen sollte sich die Indikation auf Fälle mit HVL-Überfunktion konzentrieren, ganz besonders, wenn auch noch eine Keimdrüseninsuffizienz erkennbar ist.

Aber noch aus anderen Gründen wird die Indikation dringlicher gestaltet. *Zahlreiche bei Zuckerkranken häufige Komplikationen,* mögen sie nun unmittelbar auf dem Ausfall der Keimdrüsenhormone oder der veränderten Hypophysentätigkeit beruhen, *antworten günstig auf die künstliche Hormonzufuhr. Arthritiden* konnte Bartelheimer beim *Akromegalie-Typ* und Cushing-*Typ* des hypophysären Diabetes subjektiv und objektiv bessern. *Periphere Gefäßstörungen,* soweit sie noch funktionellen Charakter haben, verringern sich, wie die Beobachtungen von Teitge, Ratschow, Bühler, Vogt u. v. a. gezeigt haben, ein *essentieller Hypertonus* sinkt nicht selten ab (v. Bergmann, Arndt, Dennig u. a.). Und im übrigen könnten noch manche besonders der beim Cushing-Typ besprochenen, den Diabetiker beeinträchtigenden Beschwerden einen aussichtsreichen Behandlungsversuch rechtfertigen. *Solche klinischen Erfolge übertreffen nicht selten die Stoffwechselwirkung.* Veil und Lippross konnten ergographisch die *Zunahme der Muskelkraft* bestimmen.

Der regulierende Effekt anderer Hormone auf die HVL-Überfunktion — Parathormon beim Cushing-Syndrom (Lendvai) — kann ebenfalls kaum anders als über den HVL erklärt werden. Gerade beim basophilen Pituitarismus ist ja eher an ein Zuviel parathyreotropen Hormons mit sekundärer Nebenschilddrüsenankurbelung, ähnlich wie es für das Verhältnis von gonadotropem Hormon und Sexualdrüsen gilt, als an einen Nutzen durch Ausgleich eines Defizits zu denken. Das hat bisher aber nur theoretisches Interesse.

Die Beobachtung, daß tägliche *Zufuhr von Desoxycorticosteron oder Cortin* bereits in 8—14 Tagen eine Abnahme der Nebennieren auf die Hälfte bewirkt, veranlaßt Verzár zu dem Vorschlag einer therapeutischen Überprüfung auch beim sekundären Interrenalismus.

Sollte ein Versuch mit Inkretpräparaten verschiedener Drüsen geplant sein, so empfiehlt es sich heute noch, worauf neuerdings unter anderen Janssen, auch Bischoff hingewiesen haben, nacheinander die einzelnen Hormone zu verabfolgen und nicht die in der Praxis bevorzugten Kombinationspräparate. Einmal wird die Beurteilung klarer, zuweilen soll auch der Erfolg ein besserer sein. Unerwünschte Begleiterscheinungen werden eher vermieden.

4. Sonstige regulierende Einwirkungen. Die *Geringgradigkeit der Restitution eines insuffizienten Inselorgans* — eigentlich nur *nach Verschluß des Ductus Wirsungianus* ließ sich eine wesentliche Proliferation der Inseln und damit die Zunahme antidiabetogener Kräfte beim Menschen feststellen — wurde bereits besprochen. Man kann wirklich von einem Defekt sprechen, wie Katsch es

---

[1] Tietze: Persönliche Mitteilung.

getan hat. So unterliegt es andererseits auch kaum einem Zweifel, daß bei *Diabetikern auftretende Toleranzschwankungen in allererster Linie auf Zu- und Abnahme der diabetogenen Produktion innerhalb der Stoffwechselregulation* beruhen. Diese sind dementsprechend ja ein Charakteristikum des Überfunktionsdiabetes. Die dabei oft sehr deutliche Rhythmik läßt außer der HVL-Tätigkeit übergeordnete nervöse — mesencephale — Einflüsse vermuten.

Auch direkt vermögen den Organismus treffende Noxen die Stoffwechselfunktion von Hypophyse und Nebenniere zu variieren. Fieberhafte Krankheiten stehen gern am Beginn der Akromegalie (CURSCHMANN), Fettsucht und Striaebildung nach Pneumonien Jugendlicher verraten die Auslösung einer Hyperfunktion des basophilen Anteils. Der Ausbruch eines Diabetes in solchen Phasen rückt dadurch in ein neues Licht, ebenso wie Toleranzverschlechterungen und Insulinresistenz bei vorhandenem. Kaum sind das allerdings die alleinigen Ursachen. Ebenso treten, wenn auch seltener, statt jener Überfunktionszustände gelegentlich Funktionsminderungen auf. *Simmonds* und *Addison* können Infekten folgen. In seltenen Fällen bessert sich auf diese Weise im Verlauf einer fieberhaften Erkrankung eine Zuckerkrankheit (BERTRAM, HOFF, LUNDBERG, ROSENBERG). Unterzieht man die wenigen Fälle der „Spontanheilung eines Diabetes" einer kritischen Betrachtung, so kann man sich dem Eindruck nicht verschließen, daß es sich überwiegend um Formen mit diabetogener Überfunktion gehandelt hat. GRIPWALL sah einen Akromegalie-Diabetes nach einer fieberhaften Erkrankung verschwinden, OPPENHEIMER sogar nach einem Koma, ZONDEK und Mitarbeiter einen dem CUSHING-Typ angehörigen. Außerdem ließ sich der Diabetes eines hypophysären Zwerges, offenbar mit eosinophilem Hypopituitarismus (Zwergwuchs, Hypothyreose), aber gleichzeitig deutlichen Zügen des basophilen Hyperpituitarismus (Hypergenitalismus, Knochenentkalkung usf.) *durch Behandlung mit einer Typhusvaccine* erheblich verringern. Das Maximum der Toleranzsteigerung, nach mehreren Wochen, wurde durch die nach Fortfall der hypophysären Stimulation hypotrophierenden, an der Diabetesgenese beteiligten NNR erklärt. Eine Anzweiflung dieser Anschauung durch SALMON, der das Einsetzen einer Hypertrophie des Vorderlappens als Ursache der Stoffwechselbesserung vermutet, wird durch zahlreiche klinische und experimentelle Erfahrungen, die eine pankreotrope Wirksamkeit desselben in ihrer praktischen Bedeutung denkbar einschränken, gegenstandslos.

Solche Beobachtungen, wenn sie auch zu den Ausnahmen gehören, lassen die SINGERsche *Reizkörpertherapie* — in der gezielten Indikation eines nicht durch wesentliche absolute Pankreasschwäche belasteten Überfunktionsdiabetes — einer erneuten Überprüfung wert erscheinen. Fehlschlüsse infolge spontaner Stoffwechselschwankungen müssen allerdings durch eine langdauernde Überwachung ausgeschaltet werden.

RATNER erlebte den Rückgang eines genito-adrenalen Syndroms nach Bandwurmabtreibung, wohl infolge Fortfalls der die NNR-Tätigkeit steigernden Intoxikation. Erfahrungsgemäß vermag eine solche zur Hypertrophie zu führen.

Toleranzsteigerungen durch Leberschädigung oder Verschwinden einer Glykosurie im Verlauf einer Nephrosklerose dürfen selbstverständlich nicht mit einer wirklichen Besserung verwechselt werden.

Remissionen und „Spontanheilung" eines Diabetes werden sonst am ehesten beim Altersdiabetes verständlich, solange die reversible Plusentgleisung noch vorwiegt. Auch Joslin, Strieck, Illmann und Wendt u. a. haben das Verschwinden diabetischer Stoffwechselstörungen beschrieben, ohne daß immer der Grund klar festzustellen war.

Der *Diabetes von Luetikern*, der unter spezifischer Behandlung sich zurückbildet, kann ebenso vom HVL wie von cerebralen Herden aus entstanden sein. Bei dieser Genese ist die Stoffwechselbesserung am ehesten zu verstehen, weniger bei einer luischen Pankreascirrhose.

Neben der experimentell geschaffenen Grundlage kann kaum etwas anderes besser die Richtigkeit und vor allem die Wichtigkeit einer sorgfältigen Analyse der dem Diabetes zugrunde liegenden Regulationsstörung entscheiden als die angeführten, in ihrer Gesamtheit allerdings noch keineswegs übermäßig zahlreichen kausalen Therapieerfolge und -versuche. Oberstes Gebot für eine aussichtsreiche Behandlung, sei sie ursächlich oder symptomatisch ausgleichend, ebenso wie für das Angehen von Komplikationen ist die Schaffung klarer Indikationen. Diese werden erst durch die vom Überfunktionsdiabetes ausgehende Betrachtung des diabetischen Geschehens in großem Umfang erschlossen. Gleichzeitig wird von diesem Standpunkt aus die Struktur des Regulationsmechanismus am eindrucksvollsten enthüllt.

So vermittelt die heute — weit besser als die mesencephale oder vegetative — gefestigte hormonale Regulation zahlreiche neue Ausblicke in das Wesen der Diabetespathogenese, die der schnell vorgetriebenen Erforschung grundsätzlich wichtigster experimenteller und in zunehmendem Maße auch klinischer Entdeckungen zu danken sind. Daher verdienen die hormonalen Regulatoren des Stoffwechsels heute, ganz in den Mittelpunkt gestellt zu werden, obgleich sie nur einen Teil dieses fein eingespielten Steuerungsmechanismus darstellen, unbestritten aber wohl immer den wichtigsten.